机 械 识 图

（第二版）

主 编

李景仲　王秀杰

副主编

王 颀　赫英歧　何玉林

编著者

赵林林　边 巍　林 伟

主 审

徐建高

金盾出版社

内 容 提 要

　　本书依据《国家职业技能标准》机械类各工种中有关读图与绘图的技能要求编写,主要内容有:制图基本知识、正投影基础、基本体及表面交线、组合体、轴测图、机件的表达方法、常用机件的特殊表示法、零件图、装配图、零部件测绘、焊接图、展开图简介。

　　本书以增强应用性和培养能力与素质为指导,以体为主线,遵循图形的认知规律,紧密结合实践,特色鲜明,力求将专业知识和操作技能有机地融为一体。

　　本书可作为机械类各工种的各个等级职业技能的培训教材和自学用书,还可以作为技工学校和职业学校机械类、近机械类专业的培训教材或学习参考书,亦可作为成人教育的教学用书,以及有关工程技术人员的参考用书。

图书在版编目(CIP)数据

机械识图/李景仲,王秀杰主编. —2 版. —北京:金盾出版社,2018.3
ISBN 978-7-5186-1344-1

Ⅰ.①机… Ⅱ.①李… ②王… Ⅲ.①机械图-识图-教材 Ⅳ.
①TH126.1

中国版本图书馆 CIP 数据核字(2017)第 157519 号

金盾出版社出版、总发行
北京太平路 5 号(地铁万寿路站往南)
邮政编码:100036　电话:68214039　83219215
传真:68276683　网址:www.jdcbs.cn
封面印刷:双峰印刷装订有限公司
正文印刷:双峰印刷装订有限公司
装订:双峰印刷装订有限公司
各地新华书店经销
开本:705×1000 1/16　印张:19.5　字数:449 千字
2018 年 3 月第 2 版第 2 次印刷
印数:10 001～14 000 册　定价:63.00 元

第二版前言

随着我国改革开放的不断深入和工业的飞速发展,企业对技术工人的素质要求越来越高。企业有了专业知识扎实、操作技术过硬的高素质人才,才能确保产品加工质量,才能有较高的劳动生产率、较低的物质消耗,使企业获得较好的经济效益。我们本着"以就业为导向,重在培养能力"的原则,依据《国家职业技能标准》对机械类各工种中,有关读图与绘图的技能要求,结合现代制造业职业岗位对机械制图的需求,总结多年教学与培训经验,编写了《机械识图(第二版)》。我们在第二版编写中注意精练文字,精选图形,注重在实践的基础上,对课程内容体系进行重构,以方便机械识图课程的教学和学习。

传统的制图教学,常常分成工程技术人员学"制图",技术工人学"识图"。然而,制图(包括相应的作业)是本课程的实践,即"实际训练""实际操作",只有通过"制图",才能学好本课程。另外,在各个机械工种的《国家职业技能标准》中,从中级开始,就要求能绘制不同复杂程度的机械图样,即技术工人也要会绘图。在《国家职业技能标准》中,制图的内容分散于从初级到高级技师的各个不同的等级,但这只是按不同等级的操作者、不同的学时,人为划分本课程的内容。实际上制图的学习有连续性,分散开来的学习只能增加学习的时间,重复学习的内容。所以本书仍以系统、完整的写法介绍本课程,可供学习者全面掌握,同时只要选用相关内容,也可供任一等级技术培训时使用。本书主要有以下特点:

①各章有复习思考题、练习题及答案,有利于学习者参考学习。

②形成"投影理论—基本形体—组合形体—零件—装配—焊接、展开"的主线,采取由局部到整体、由浅入深的体系,注重理论联系实际,遵循"由物到图"的感性认知方法,符合识图学习特点。

③在内容取舍及章节划分时,既考虑到内容的系统性,又兼顾了方便教学。对传统的画法几何基本理论进行优化组合,删去了工程实际中应用甚少的内容,以掌握基本概念、强化实际应用、培养识图技能为教学重点。内容简明实用、形象直观、具体浅显、通俗易懂,图例典型、以图释义。

④为强化实践性教学,培养学生分析问题和解决实际工程问题的能力,教材中增加了零部件测绘、焊接图识读等实际工程方面的内容。

⑤全部采用我国最新颁布的《技术制图》与《机械制图》国家标准,以及与制图有关的其他标准。

在第二版中增加"焊接图"一章,供学习者和教育者根据需要选用。在内容排列上把各章练习题与其参考答案分开,以便于学习者独立思考,提高解决问题的能力。

参加本书编写工作的有李景仲、王秀杰、王顾、赫英歧、何玉林、赵林林、边巍、林伟。

本书由徐建高教授任主审,并提出了许多宝贵的意见和建议。

本书在编写过程中参考了一些国内同类著作,在此特向有关作者致谢。

在本书编写过程中,得到了江苏财经职业技术学院、北京信息科技大学、辽宁省交通高等专科学校、陕西航空职业技术学院、张家界航空工业职业技术学院、广州华立科技职业学院等院校的大力支持,在此一并表示衷心的感谢。

本书可作为普通高等学校、高等职业院校机械类、近机械类专业的教材,亦可作为成人教育学院机械类、高等教育自学考试相关专业的教学用书,以及有关工程技术人员的参考用书。

由于编者水平有限,书中难免有不足之处,恳请读者提出宝贵意见。

作　者

目　　录

绪　　论

一、本课程的性质和任务

在现代化生产中,各类机械设备的设计、制造与维修,或是房屋、桥梁等工程的设计与施工,都是按一定的投影方法和技术要求,用图形来表达各自的形状、大小及其制造、施工要求的。在工程技术中,根据投影原理、标准或有关规定,表示工程对象,并有必要的技术说明的图,称为图样。

图样和文字一样,也是人类借以表达、构思、分析和交流技术思想的基本工具。图样是人类语言的补充,是人类智慧和语言在更高层次上的具体体现。人们常把图样称为"工程技术界的语言"。

技术图样可分为:机械图样、建筑图样、水利工程图样、电气工程图样、化工图样等。

机械图样是用来准确地表达机械零部件的形状、尺寸、制造和检验时所需技术要求的图样。在机械制造行业中,设计师通过机械图样表达他们的设计意图,工艺师根据图样设计工艺方案,工人根据图样进行加工,检验人员根据图样检查鉴定产品,用户根据图样安装、调试。因此,机械图样是机械制造业用以表达和交流技术思想的重要工具,是技术部门设计、改进、制造产品的一项重要技术文件。

"机械识图"是研究机械图样的图示原理及绘制和识读方法的一门课程,以此来培养形象思维能力,贯彻有关国家标准,掌握符合现代工业生产需要的绘图和读图方法;它是一门既有系统理论又有较强技能性、实践性的重要技术基础课。

本课程的主要任务如下:

①学习正投影法的基本理论及其应用,掌握正确绘制图形的方法,并具有一定的绘图、读图技能和技巧;

②学习、贯彻国家标准《技术制图》和《机械制图》的有关规定;

③培养绘制简单机械图样和阅读机械图样的能力;

④按需要选学焊接图和展开图的内容;

⑤培养和发展对工程形体三维形状的空间想象能力。

此外,还必须重视对自学能力、分析问题和解决问题的能力以及审美能力的培养。

二、本课程的学习方法

本课程以"图"为导学,以图示、图解贯穿始终,是一门实践性很强的技术基础课程,因此要注重理论联系实际,既注重学好基本理论、基础知识和基本方法,又要注重强化动手能力,练好基本功。

①建立"图"与"物"的联系。尽管本课程的基本理论和基本技能都反映在"图"上,但"图"所表达的对象是物体,因此不断地"由图想物、由物画图"才能掌握平面图形与空间物体间的转化规律,并逐步培养空间想象力。

②重视课程内容的实践环节。学好本课程的关键是培养图形表达能力和空间想象能

力,通过一系列的绘图和读图实践,逐步掌握绘图和读图的方法和步骤,从而提高绘图和读图能力,并使读图能力得到强化。

③处理好绘图和读图的关系。读图过程主要是形象思维过程,它是学习的重点和难点,一定量的绘图训练可以加深对图和物间关系的理解,从而提高读图能力。轴测图的绘制也是提高读图能力的一种手段。

④遵守国家标准的规定。国家标准《技术制图》和《机械制图》有关的技术规定,是评价机械图样是否合格的重要依据,因此,在看图和画图的过程中,应熟悉机械图样的基本规定和基本知识,学会查阅和使用有关的手册和国家标准。

⑤处理好计算机和手工绘图的关系。尽管计算机绘图在工程上已得到广泛应用,但在培养构思能力、图形表达及读图能力等方面,手工绘图训练仍起着计算机绘图不可替代的作用,而且徒手绘图越来越得到重视。

⑥机械图样在生产中起着重要作用,不能画错或看错图样,否则会造成重大损失。因此,在学习中要培养实事求是的科学态度和严肃认真、耐心细致、一丝不苟的工作作风。

第一章 制图基本知识

培训学习目的 本章主要学习国家标准《技术制图》和《机械制图》中的图纸幅面及格式、比例、字体、图线、尺寸标注的有关规定,绘图时应认真执行;学习绘图工具的正确使用和常见几何图形的画法,从而保证绘图质量,提高绘图速度。

第一节 国家标准《技术制图》和《机械制图》摘录

一、图纸幅面及格式

1. 图纸幅面

GB/T 14689—2008《技术制图 图纸幅面和格式》规定了图纸的五种基本幅面(见表1-1),各种图纸的幅面大小规定是以 A0 为整张,自 A1 开始依次是前一种幅面大小的一半(沿长边对折所得),如图 1-1 所示。

表 1-1 图纸幅面尺寸

幅面代号	A0	A1	A2	A3	A4
$B \times L$	841×1 189	594×841	420×594	297×420	210×297
a	25				
c	10			5	
e	20		10		

绘图时,应优先选用基本幅面。必要时,允许采用加长幅面,但加长后幅面的尺寸必须是由基本幅面的短边成整数倍增加得出。不过,由于受到打印机尺寸的限制,在中、小公司,A3 和 A4 的加长幅面,通常比 A2,A1,A0 及其加长幅面应用得多。

2. 图框格式

在图纸上必须用粗实线画出图框,其格式分为留有装订边和不留装订边两种,但同一产品的图样只能采用一种格式。

(1)留有装订边的图纸 图框格式如图 1-2 所示。尺寸 a 和 c 根据不同图纸幅面按表 1-1 选定。

(2)不留装订边的图纸 图框格式如图 1-3 所示。尺寸 e 根据不同图纸幅面按表 1-1 选定。

3. 标题栏的方位

每张图纸必须绘制标题栏,标题栏的位置应位于图纸的右下角,如图 1-2 和图 1-3 所示。标题栏的配置方向与读图方向一致,所以标题栏中的文字方向为看图方向。

4. 标题栏

GB/T 10609.1—2008《技术制图 标题栏》规定了两种标题栏格式,如图 1-4 所示。除

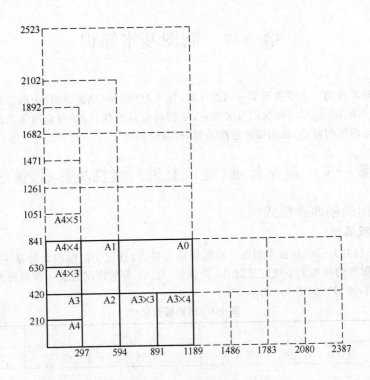

图 1-1　图纸幅面关系

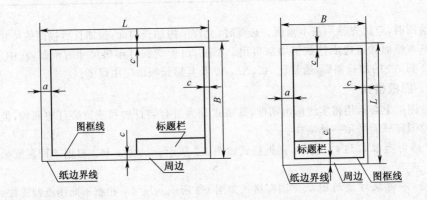

图 1-2　留装订边的图框格式

签名外,其他栏目中的字体应符合 GB/T 14691－1993《技术制图　字体》的规定。

　　制图练习用标题栏,建议采用图 1-5 和图 1-6 所示的简明格式。标题栏外框用粗实线,内格用细实线。标题栏内的图样名称、单位名称用 10 号字,其余用 5 号字。

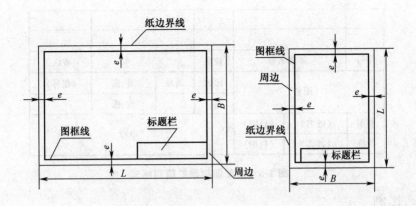

图 1-3 不留装订边的图框格式

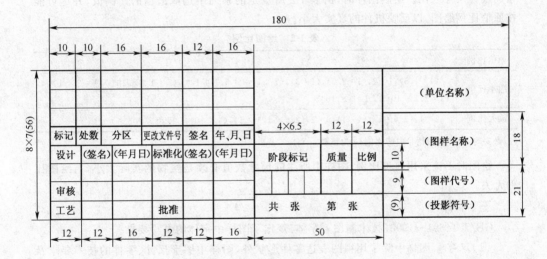

图 1-4 标题栏

								(单位名称)
标记	处数	分区	更改文件号	签名	年、月、日	4×6.5	12	12	(图样名称)
设计	(签名)	(年月日)	标准化	(签名)	(年月日)	阶段标记	质量	比例	
审核									(图样代号)
工艺			批准			共 张 第 张			(投影符号)

			比例	数量	材料	(图号)
(图名)						
制图	(姓名)	(日期)	单位			
校核	(姓名)	(日期)				

图 1-5 零件图标题栏简明格式

序号	零件名称		数量			备注
（图名）			比例	质量	第　张	（图号）
					共　张	
制图	（姓名）	（日期）	单位			
校核	（姓名）	（日期）				

图 1-6　装配图标题栏简明格式

二、比例

GB/T 14690－1993《技术制图　比例》规定，图样的比例是图中图形与其实物相应要素的线性尺寸之比。绘制图样时，由表 1-2 所规定的系列中选取适当的比例值，并尽可能按原值比例绘图，以反映机件的真实大小。

表 1-2　绘图比例

原值比例	$1:1$
缩小比例	$(1:1.5),1:2,(1:2.5),(1:3),(1:4),1:5,1:10^n,(1:1.5\times10^n),1:2\times10^n,$ $(1:2.5\times10^n),1:5\times10^n$
放大比例	$2:1,(2.5:1),(4:1),5:1,(2.5\times10^n:1),(4\times10^n:1),5\times10^n:1$

注：必要时，允许选用括号内的比例；n 为整数。

绘图时不论采用何种比例，图样中所注的尺寸数值必须是实物的实际大小，与绘图比例无关。

三、字体

GB/T 14691－1993《技术制图　字体》规定了图样中字体的书写要求。

（1）汉字　图样中除了用视图表达零件形状外，图样中图形尺寸、零件的技术要求及标题栏等则需要用汉字、数字及字母书写。书写时必须做到字体端正、笔画清楚、间隔均匀、排列整齐。

图样中的汉字应写成长仿宋体，并应采用国家公布推行的简化字。字体大小用字号来表示，即字体的高度（单位：mm），分别为 1.8,2.5,3.5,5,7,10,14,20。汉字的高度 h 应不小于 3.5mm，字体的宽度一般为 $h/\sqrt{2}$。

（2）字母和数字　字母和数字分 A 型和 B 型。A 型字体的笔画宽度（d）为字高（h）的 1/14；B 型字体的笔画宽度（d）为字高（h）的 1/10。字母和数字可写成斜体和直体。在同一图样上，只允许选用一种型式的字体。斜体字字头向右倾斜，与水平基准线呈 75°。

四、图线

（1）图线的线型及应用　GB/T 17450－1998《技术制图　图线》和 GB/T 4457.4－2002《机械制图　图样画法　图线》规定了图线的名称、线型、代号、宽度以及在图上的一般应用，见表 1-3 和图 1-7。

表 1-3 图线的线型及应用

图线名称	线 型	图线宽度	图线一般应用
粗实线	——————————	$b=0.25\sim2\text{mm}$	1. 可见棱边线； 2. 可见轮廓线； 3. 可见相贯线； 4. 螺纹牙顶线； 5. 螺纹长度终止线； 6. 齿顶圆(线)； 7. 模样分型线； 8. 剖切符号用线； 9. 系统结构线(金属结构工程)
粗虚线	▬ ▬ ▬ ▬ ▬ ▬ ▬ ▬		允许表面处理的表示线
粗点画线	▬ · ▬ · ▬ · ▬		限定范围表示线
细实线	——————————	约 $b/2$	1. 过渡线； 2. 尺寸线； 3. 尺寸界线； 4. 指引线和基准线； 5. 剖面线； 6. 重合剖面的轮廓线； 7. 短中心线； 8. 螺纹牙底线； 9. 表示平面的对角线； 10. 零件成形前的弯折线； 11. 范围线及分界线； 12. 重复要素表示线，例如：齿轮的齿根线； 13. 锥形结构的基面位置线； 14. 叠片结构位置线，例如：变压器叠钢片； 15. 辅助线； 16. 不连续同一表面连线； 17. 成规律分布的相同要素线
波浪线	～～～～		1. 断裂处边界线； 2. 视图与剖视图的分界线。 注：在一张图样上一般采用一种线型，即采用波浪线或双折线
双折线	∿∿∿		
细虚线	- - - - - - - -　3～6　1		1. 不可见棱边线； 2. 不可见轮廓线
细点画线	— · — · — · —　15～20　2～3		1. 轴线； 2. 对称中心线； 3. 分度圆(线)； 4. 孔系分布的中心线； 5. 剖切线

续表 1-3

图线名称	线　　　型	图线宽度	图线一般应用
细双点画线	————————	约 $b/2$	1. 相邻辅助零件的轮廓线； 2. 可动零件的极限位置轮廓线； 3. 重心线； 4. 成形前轮廓线； 5. 剖切面前的结构轮廓线； 6. 轨迹线； 7. 毛坯图中制成品的轮廓线； 8. 特定区域线； 9. 延伸公差带表示法； 10. 工艺用结构轮廓线； 11. 中断线

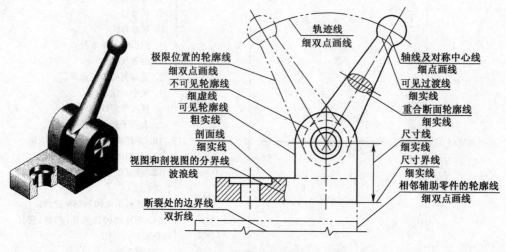

图 1-7　图线应用示例

图线分为粗线、细线两种。粗线宽度根据图形的大小和复杂程度，在 $0.25\sim2$mm 选择，细线宽度约为 $b/2$。

图线宽度推荐系列为：$0.13,0.18,0.25,0.35,0.5,0.7,1,1.4,2$。

手工绘制图形可选择粗线宽度 0.5mm，细线宽度 0.25mm。太粗铅笔磨损快，太细则复印不清楚。

（2）图线画法

①同一图样中，同类图线的宽度应基本一致。虚线、细点画线及双点画线的线段长度和间隔应各自大致相等，建议采用的图线规格见表 1-3。

②两平行线之间的距离应不小于粗实线的两倍宽度，其最小距离不得小于 0.7mm。

此外，画图时还应注意图线的交、接、切处的一些规定画法，如图 1-8 所示。

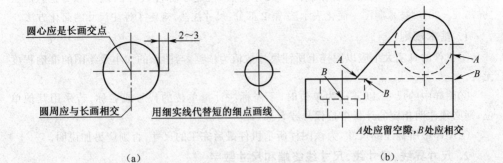

图 1-8　图线画法举例

(a)圆的对称中心线的画法　(b)虚线连接处的画法

绘制图线时的注意事项可参阅表 1-4。

表 1-4　图线的画法

注意事项	正	误
细虚线或细点画线与其他图线相交时,都应交在线段处,不应交在空隙处		
当细虚线为粗实线的延长线时,分界处应留有空隙		
绘制圆的中心线时,圆心应为线段的交点		
细点画线的首末两端是线段,一般超出 2~3mm; 在较小的图形上绘制细点画线有困难时,可用细实线代替		

五、尺寸注法

图样中应正确而清晰地标注尺寸,以确定形体各部分的大小和相互位置,为制作提供依据。GB/T 4458.4－2003《机械制图　尺寸注法》规定了标注尺寸的规则和方法,GB/T 16675.2－2012《技术制图　简化表示法 第2部分:尺寸注法》规定了标注尺寸的简化方法。

1. 基本规则

①机件的真实大小应以图样上所注尺寸数值为依据,与图形的大小及绘图的准确程度无关。

②图样中的尺寸,以 mm 为单位时,不需标注计量单位的代号或名称;若采用其他单位,则必须注明相应的计量单位代号或名称。

③图样中所标注的尺寸,为该图样所示机件最后完工的尺寸,否则应另加说明。

2. 尺寸界线、尺寸线、尺寸线终端和尺寸数字

(1)尺寸界线　它表示尺寸的度量范围,一般用细实线画出,也可利用轴线、中心线和轮廓线作为尺寸界线,如图1-9所示。尺寸界线一般与尺寸线垂直,也允许倾斜,如图1-10所示。

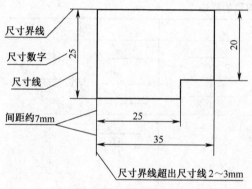

图 1-9　尺寸的组成

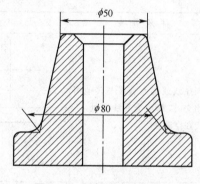

图 1-10　倾斜尺寸的标注

(2)尺寸线　它表示所注尺寸度量方向和长度。它必须用细实线单独给出,不能由其他线代替。标注直线尺寸时,尺寸线应与所注尺寸部位的轮廓(或尺寸方向)平行,且尺寸线之间不应相交。尺寸线与轮廓线间距 7～11mm。尺寸界线超出尺寸线 2～3mm,如图1-9所示。

(3)尺寸线终端设置　尺寸线终端有两种形式:

①箭头。箭头的形式如图1-11(a)所示,适用于各种类型的图样。

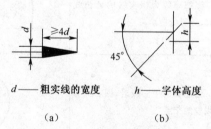

d —— 粗实线的宽度　　h —— 字体高度

(a)　　　　　(b)

图 1-11　尺寸线终端的两种形式

(a)箭头　(b)斜线

②斜线。斜线用细实线绘制,其画法如图1-11(b)所示。当尺寸线的终端采用斜线形式时,尺寸线与尺寸界线必须相互垂直,因此,标注圆的直径、圆弧半径和角度的尺寸线时,其终端应该用箭头。

同一张图样中,除圆、圆弧、角度外,应采用一种尺寸线终端形式。

(4)尺寸数字　线性尺寸数字一般应注写在尺寸线的正上方,也允许注写在尺寸线的中断处；同时，尺寸数字不能被任何图线穿过，否则应将该图线断开，如图1-12所示。

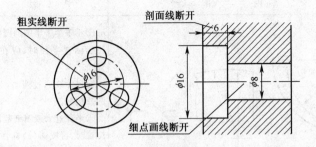

图1-12　尺寸数字的标注方法

常见的尺寸标注见表1-5。

表1-5　常见尺寸的标注方法

项目	图　例	说　明
线性尺寸数字	（a）　　（b）	线性尺寸数字方向按图（a）所示的方向注写。水平数字，字头朝上；垂直方向数字，字头朝左；倾斜方向数字，字头保持向上的趋势。尽量避免在图（a）所示的30°范围内标注尺寸；无法避免时，可按图（b）所示的形式标注
角度	60° 15° 65° 75° 5° 20°	①角度数字一律写成水平，填在尺寸线的中断处，也可按右图的形式标注。 　②尺寸线用圆弧绘制，圆心为该角的顶点。 　③尺寸界线应沿径向引出
圆的直径	$\phi40$ $\phi54$ $\phi36$	①圆或大于半圆的弧应标注直径。 　②标注直径尺寸时，应在数字前加符号"ϕ"。 　③尺寸线应通过圆心，并在接触圆周的终端画箭头。 　④标注小圆尺寸时，箭头和数字可分别或同时注在外面

续表 1-5

项目	图　　　　　例	说　　　明
圆弧半径	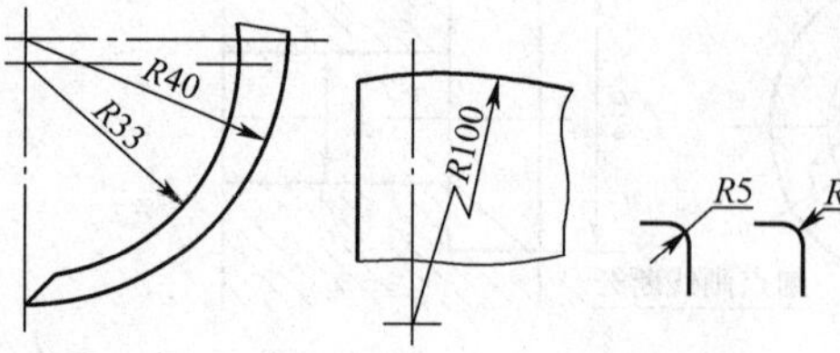 (a)　　　　　(b)　　　　　(c)	①小于等于半圆的圆弧应标注半径。 ②标注半径时，应在数字前加注符号"R"。 ③尺寸线通过圆心，带箭头的一端应与圆弧接触。 ④半径过大或图纸范围内无法标其圆心位置时，可按图(a)标注；若不需标出其圆心位置时，可按图(b)形式标注。 ⑤标注小半径时，可将箭头和数字注在外面，如图(c)所示
球的直径或半径	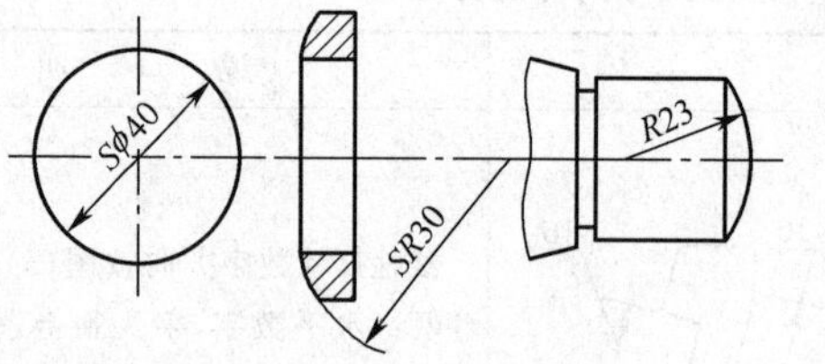	①标注球的直径或半径时，应在符号"ϕ"或"R"前再加符号"S"。 ②在不致误解时，如螺钉的头部，可省略"S"
小部位的线性尺寸	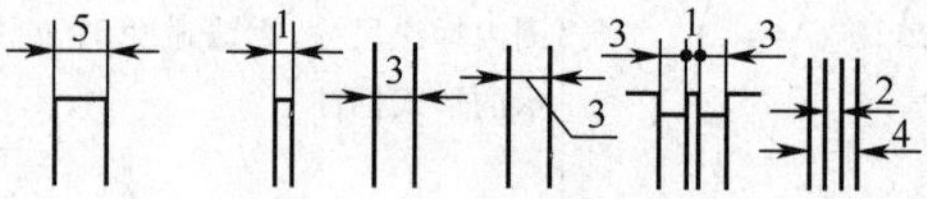	①小尺寸连续标注时，箭头画在尺寸界线的外侧，其中间可用小圆点或斜线代替箭头。 ②数字可写在中间、尺寸线上方、外面或引出标注

第二节　绘图工具和仪器的使用方法

常用的绘图工具和仪器有图板、丁字尺、铅笔、绘图仪器、绘图模板等。正确地使用与维护绘图工具，是提高绘图质量和速度的前提。

一、图板、丁字尺和三角板

(1)图板　图板一般用胶合板制成，板面要求平整光滑，左侧为导边；使用时，应当保持板面的整洁完好。常用的图板规格有 0 号、1 号和 2 号三种。

(2)丁字尺　丁字尺由尺头和尺身构成，主要用来画水平线。使用时，尺头内侧必须靠紧图板的导边，用左手推动丁字尺上、下移动，如图 1-13(a)所示。由左至右画水平线，由下至上画垂直线，如图 1-13(b)所示。

绘图时，禁止用尺身下缘画线，也不能用丁字尺画垂直线。为保持丁字尺平直准确，用完后应吊挂在墙上，以避免尺身弯曲变形。

(3)三角板　三角板与丁字尺配合使用时，可画垂直线以及与水平线成 30°，45°，60° 的斜线。若同一副三角板配合使用，还可画 15°，75° 的斜线，如图 1-14 所示。

利用三角板可以做任意已知直线的平行线或垂直线,如图 1-15 所示。

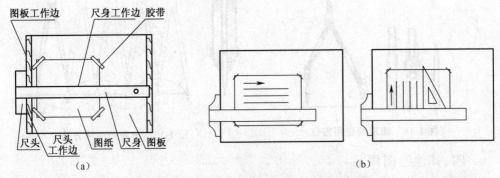

图 1-13 丁字尺的正确使用及水平、垂直线画法

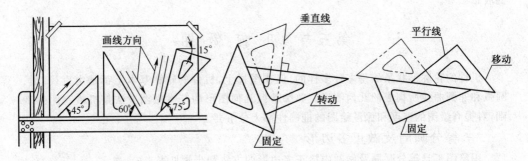

图 1-14 斜线的画法　　　　图 1-15 做已知线段的平行线和垂直线

二、绘图铅笔和图纸

(1)绘图铅笔　绘图铅笔的铅芯有软硬之分。"B"表示铅芯的软度,号数越大铅芯越软;"H"表示铅芯的硬度,号数越大铅芯越硬。铅芯太硬不利于图形复制,太软则铅笔磨损快,且不易保持图纸干净。一般画底稿用 2H,描深细线类(含文字、符号)用 H,描深粗线类(含文字、符号)用 B。圆规所用铅芯应比铅笔的铅芯软一号。

(2)图纸　绘图纸要求质地坚实,用橡皮擦拭不易起毛。必须用图纸的正面画图。识别方法是用橡皮擦拭几下,不易起毛的一面或迎光比较光亮的一面为正面。图纸的位置如图 1-13(a)所示。

三、圆规和分规

(1)圆规　圆规是用于画圆和圆弧的工具。附件有钢针插脚、鸭嘴插脚和延伸插杆等。画圆时,用钢针尖轻轻扎圆心,用右手拇指和食指捏紧圆规手柄做顺时针方向旋转,并略向前进方向倾斜。画图之前调整好钢针和铅芯的长度,并根据圆的半径调整铅芯和钢针的角度,使两脚与纸面垂直,如图 1-16 所示。

(2)分规　分规是用来从尺上量取尺寸、等分线段和移置线段的工具。使用前应将两脚的钢针调齐,分规的使用方法如图 1-17 所示。

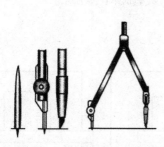

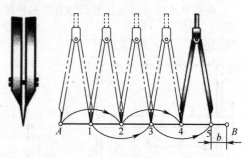

图 1-16　圆规的使用方法　　　　　图 1-17　分规的使用方法

四、其他绘图用品

其他常用的绘图用品有:曲线板、擦图片、橡皮、磨铅板、掸灰屑用的毛刷、固定图纸用的胶带纸等。

第三节　几何做图

机件的轮廓形状虽然是多种多样的,但在图样上,机件的轮廓基本上都是由直线、圆、圆弧和非圆曲线所构成的几何图形。熟练掌握几何图形的基本做图方法是机械制图的基础,对提高绘图的速度和保证绘图的准确性都十分重要。

一、等分圆周及做正多边形

用绘图工具等分圆周及做圆内接正多边形的方法和步骤见表 1-6。

表 1-6　圆内接正多边形的做图方法

等　　分	画　　法	说　　明
五等分圆周和做正五边形		做半径 OK 的垂直平分线于 M 点,以 M 点为圆心,MA 为半径画圆弧交 KM 延长线于 H 点,以 AH 为弦长等分圆周,依次截得 A,B,C,D,E,依次连接,即得正五边形
六等分圆周和做正六边形		方法一:分别以 A,D 为圆心,以 OA 为半径画圆弧交被等分圆于 B,F 和 C,E,依次连接 A,B,C,D,E,F 六点,即得正六边形。方法二:用一个角为 $60°$ 的直角三角板的短边靠紧丁字尺,使斜边通过 A,D 点,过 A,D 点沿斜边做直线 AB,DE,翻转三角板,用同样的方法做直线 AF,CD,连接 BC,EF,即得正六边形

续表 1-6

等 分	画 法	说 明
n 等分圆周和做正 n 边形	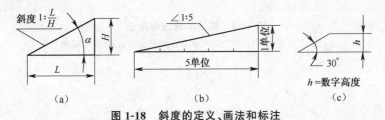	以七等分圆周为例,将直径 AK 七等分,以 K 点为圆心,以直径 AK 为半径画弧,交 AK 的垂直平分线于 M,N,将 M,N 与 AK 上的偶(奇)数点相连并延长,交圆周分别得到 B,C,D,E,F,G 点,依次将各点相连,即得正七边形

二、斜度与锥度

(1)斜度 斜度是指一直线或平面对另一直线或平面的倾斜程度。其大小用它们之间夹角的正切来表示,如图 1-18(a)所示,斜度=tanα=H/L。在图样中,以 $1:n$ 的形式标注,在前面加注符号"∠"。标注时斜度符号的方向与斜度方向一致,如图 1-18(b)所示。符号的画法如图 1-18(c)。

图 1-18 斜度的定义、画法和标注
(a)斜度的定义 (b)斜度的画法 (c)斜度的符号

(2)锥度 锥度是指正圆锥底面直径与圆锥高之比。如果是圆台,则为上下底面圆直径差与圆台高之比,即锥度=D/L=$(D-d)/L$=2tanα,如图 1-19(a)所示。在图样中,以 $1:n$ 的形式标注,在前面加注符号"◁",标注时符号的尖端指向应与锥度方向一致。锥度符号的画法和标注如图 1-19(b)所示,锥度的画法如图 1-19(c)所示。

三、圆弧连接

圆弧连接是指用已知半径的圆弧,光滑地连接直线或圆弧。这种起连接作用的圆弧,称为连接弧。做图时,要准确地求出连接弧的圆心和连接点(切点),才能确保圆弧的光滑连接。

1. 用圆弧连接两直线

用圆弧连接两直线的做图步骤如图 1-20 所示。

①做与已知两直线分别相距为 R 的平行线,交点 O 为连接圆弧的圆心;

②过 O 点向已知直线做垂线,垂足 M,N 即为两切点;

③以 O 为圆心,以 R 为半径,在 M,N 之间画出连接圆弧。

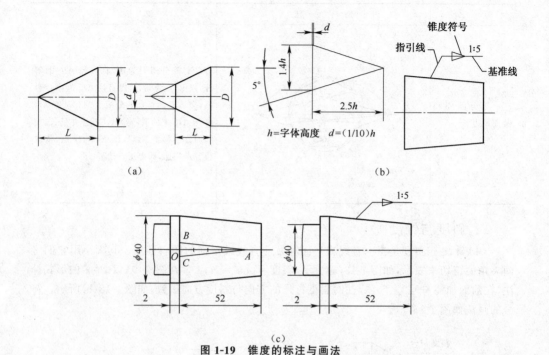

（a）　　　　　　　　　　　　　　　　　　　　（b）

（c）

图 1-19　锥度的标注与画法

（a）锥度的定义　（b）锥度符号的画法和标注　（c）锥度的画法

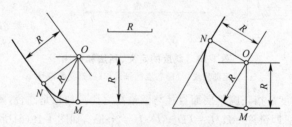

图 1-20　用圆弧连接两直线

2. 用圆弧连接已知两圆弧

（1）外连接（外切）　已知两圆弧的圆心和半径分别为 O_1，O_2 和 R_1，R_2，用半径为 R 的圆弧外接，其做图步骤如图 1-21 所示。

①分别以 O_1，O_2 为圆心，以 $R+R_1$，$R+R_2$ 为半径画弧，两弧的交点 O 即为连接圆弧的圆心；

②过 OO_1，OO_2 交两弧于 T_1，T_2，即为两切点；

③以 O 为圆心，以 R 为半径，在 T_1，T_2 之间画出连接圆弧，最后加粗。

（2）内连接（内切）　用半径为 R 的圆弧内切于已知两圆弧的做图步骤如图 1-22 所示。

①分别以 O_1，O_2 为圆心，以 $R-R_1$，$R-R_2$ 为半径画弧，两弧的交点 O 即为连接圆弧

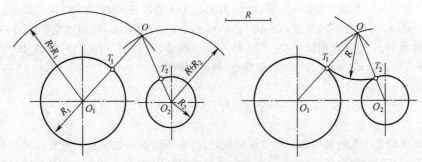

图 1-21 用圆弧连接圆弧——外切

的圆心;

②过 OO_1,OO_2 交两弧于 T_1,T_2,即为两切点;

③以 O 为圆心,以 R 为半径,在 T_1,T_2 之间画出连接圆弧,最后加粗。

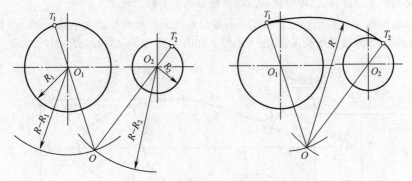

图 1-22 用圆弧连接圆弧——内切

四、椭圆画法

椭圆的画法很多,这里仅介绍两种常用的椭圆画法。

(1)同心圆法 如图 1-23(a)所示,已知长、短轴,以 O 为圆心,以长半轴 OA 和短半轴 OC 为半径分别画圆。由 O 做若干射线与两圆相交,再由各交点分别做长、短轴的平行线,即可交得椭圆上各点;用曲线板光滑连接各点,即得椭圆。

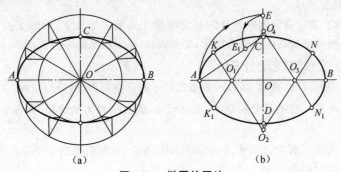

图 1-23 椭圆的画法

(a)同心圆法 (b)四心法

（2）四心法　如图1-23（b）所示，以 O 为圆心，OA 为半径画弧，交 OC 延长线于 E 点；再以 C 为圆心，CE 为半径画弧，交 AC 于 E₁。做 AE₁ 的中垂线，与两轴交于点 O₁，O₂，再取对称点 O₃，O₄。分别以点 O₁，O₂，O₃，O₄ 为圆心，以 O₁A，O₂C，O₃B，O₄D 为半径画弧，切点为 K₁，K，N，N₁，画成近似椭圆，最后加粗。

第四节　平面图形的分析和绘图

平面图形是由几何图形和一些直线组成的，分析平面图形是根据图形及其尺寸标注，分析各几何图形和线段的形状、大小和它们之间的相对位置，从而解决画图的顺序问题。

一、平面图形的尺寸分析

（1）基准　标注尺寸的起点称为基准。平面图形中有水平和垂直两个基准，常选择图形的对称中心线、较长的轮廓直线作为尺寸基准。如图1-24中，长度方向的基准是距左端15mm处的铅垂线段 A，高度方向的基准是图形的上下对称线 B。

（2）定型尺寸　定型尺寸是确定平面图形各组成部分的形状大小的尺寸。例如圆的直径、圆弧的半径、线段的长度、角度大小等。如图1-24中的 $\phi 5, \phi 20, R12, R15$ 等。

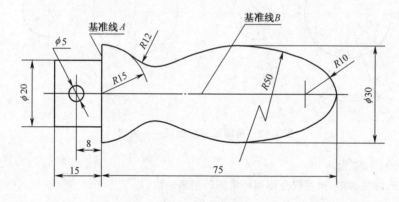

图 1-24　平面图形

（3）定位尺寸　确定平面图形中各组成部分之间的相对位置尺寸。如图1-24中的8是确定 $\phi 5$ 圆位置的尺寸。

分析尺寸时，常会遇到同一尺寸既是定位尺寸又是定形尺寸，如图1-24中的 75，$\phi 30$ 分别是决定手柄长度和高度的定形尺寸，又是 R10，R50 圆弧的定位尺寸。

二、平面图形的线段分析

平面图形中的线段（直线、圆弧），根据其尺寸的完整与否，可分为三种：

（1）已知线段　注有完整的定形、定位尺寸，能直接画出的线段，如图1-25（a）中 $\phi 20$ 等尺寸；

（2）中间线段　有定形尺寸，但定位尺寸不齐全，依赖附加的一个几何条件才能画出的线段，如图1-25（b）中 R50；

（3）连接线段　只有定形尺寸而没有定位尺寸，需要依赖附加的两个几何条件才能画出的线段,如图 1-25(c)中 R12。

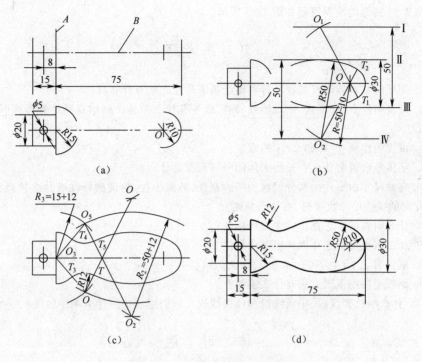

图 1-25　平面图形的画图步骤

(a)画已知的圆和线段　(b)画中间弧　(c)画连接线段　(d)擦去多余线段,描深

三、平面图形的画图步骤

1. 准备工作

①分析图形,确定线段性质——已知线段、中间线段、连接线段;

②选定比例、图幅并固定图纸;

③备齐绘图工具和仪器,修好铅笔,调好圆规;

④拟定具体的做图顺序。

2. 绘制底稿

一般用削尖的 2H 铅笔准确、轻轻地绘制底稿。先画图框、标题栏,后画图形。画图形时,首先要根据其尺寸布置好图形的位置,画出基准线、轴线、对称中心线;再画出已知线段、中间弧、连接弧,并遵循先主体后局部的原则。

3. 检查、描深

仔细检查底稿,擦去多余的做图线段,然后按线型要求按顺序描深底稿。先描深细线,再描深粗线;先描深圆或圆弧,再描深直线;这样更易保持图面的清洁。

①画出尺寸界线、尺寸线、箭头,填写尺寸数字、文字和标题栏;

②描深虚线、细点画线等细图线;

③描深圆或圆弧;

④描深粗直线、图框和标题栏。

最后检查并修饰全图。

图 1-24 图形的绘制过程如图 1-25 所示。

复习思考题

1. 图纸的基本幅面有几种？各种图纸幅面尺寸之间有什么规律？

2. 试说明粗实线、虚线、细点画线、细实线各有什么用途。画细点画线和虚线时，应注意什么？

3. 试说明比例 1∶2 和 2∶1 的意义。

4. 字体号数说明什么？长仿宋体的书写要领是什么？

5. 完整尺寸由哪几个部分组成？圆的直径、圆弧半径、角度的标注有什么特点？书写不同方向的线性尺寸数字时，有什么规则？

6. 什么叫斜度？它在图样中怎样标注？

7. 什么叫锥度？它在图样中怎样标注？

8. 试说明 ∠1∶20，◁1∶20 的含义。

9. 圆弧连接的做图方法有什么规律？

10. 什么叫已知线段、中间线段和连接线段？它们应该按照什么顺序做图？

练 习 题

在 A4 图纸上按 2∶1 比例绘制图 1-24 的平面图形，图线要符合标准，图面要干净，并按 GB/T 4458.4－2003《机械制图　尺寸注法》要求标注全部尺寸。

第二章　正投影基础

培训学习目的　本章主要学习三视图的形成及对应关系,点、线、面的正投影规律。因为正投影图能准确表达物体的形状,做图方便,度量性好,所以在工程上得到广泛的应用。正投影法的基本原理是本课程的理论基础,也是本课程学习的核心内容。

第一节　投影法的基础理论

一、投影法的概念

空间物体在光线照射下,在地面或墙壁上会产生物体的影子,这种自然投影现象,经过科学总结,形成了各种投影法。

用投射线通过物体,向选定的面投射,并在该面上得到图形的方法称为投影法,如图2-1所示。

根据投影法所得到的图形称为投影(投影图)。投影法中,得到投影的面,称为投影面。

二、投影法的种类及应用

1. 中心投影法

如图2-2所示,投射线汇交一点的投影法,称为中心投影法。

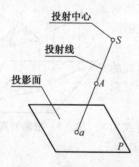

图 2-1　投影法的概念

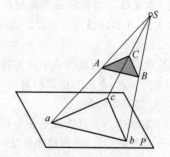

图 2-2　中心投影法

中心投影法所得投影的大小会随投射中心 S 距离空间对象的远近而变化,由此可知用中心投影法不能反映形体原来的真实大小。工程图学中常用中心投影法的原理画透视图。这种图接近于视觉映象,有较强的立体感,是绘制建筑物图示的一种常用方法;但是由于做图复杂和度量性差,在机械图样中较少采用。

2. 平行投影法

平行投影法可以看成是中心投影法的特殊情况。假设投射中心位于无限远处,此时的投射线可以看成是互相平行的;这种投射线相互平行的投影法,称为平行投影法。在平行投影法中,因投射方向的不同又可分为两种:

（1）斜投影法   投射线与投影面相倾斜的平行投影法，称为斜投影法。根据斜投影法所得到的图形称为斜投影或斜投影图，如图 2-3 所示。

（2）正投影法   投射线与投影面相垂直的平行投影法，称为正投影法。根据正投影法所得到的图形，称为正投影或正投影图，如图 2-4 所示。

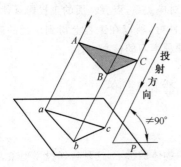

图 2-3   平行投影法——斜投影

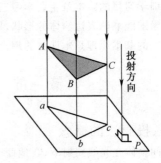

图 2-4   平行投影法——正投影

正投影法所得到的投影图能真实反映物体的形状和大小，度量性好，同时做图简单，所以在工程上得到广泛的应用。

三、正投影的基本性质

物体的正投影，实际上是做出该物体所有轮廓的投影，或做出该物体各表面的投影。因此，掌握直线和平面的正投影特性，对于绘制和阅读物体的正投影图是很重要的。

（1）真实性   当直线或平面与投影面平行时，则直线的投影为实长，平面的投影为实形。这种投影性质称为真实性，如图 2-5 所示。

（2）积聚性   当直线或平面与投影面垂直时，则直线的投影积聚为一点，平面的投影积聚为一条直线。这种性质称为积聚性，如图 2-6 所示。

（3）类似性   当直线或平面与投影面倾斜时，则直线的投影小于直线的实长，平面的投影是小于平面实形的类似形。这种投影的性质称为类似性，如图 2-7 所示。

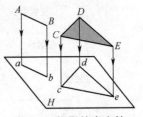

图 2-5   投影的真实性

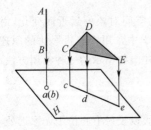

图 2-6   投影的积聚性

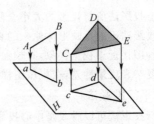

图 2-7   投影的类似性

第二节　三面视图的形成及其规律

一、三面视图的形成

根据有关标准和规定,用正投影法所绘制出的物体图形称为视图。如图 2-8 所示,设一直立投影面,把物体放在观察者与投影面之间,将人的视线规定为平行投射线,然后正对着物体看过去,将所见物体的轮廓用正投影法绘制出来,该图形称为视图。

一般情况下,一个视图不能确定物体的形状,如图 2-9 所示,三个不同形状的物体,它们在投影面上的投影完全相同。所以,要反映物体的完整形状,必须增加由不同投射方向所得到的几个视图,互相补充,才能将物体表达清楚。工程上常用的是三面视图。

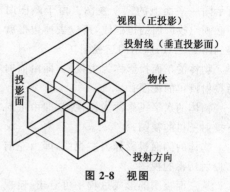

图 2-8　视图

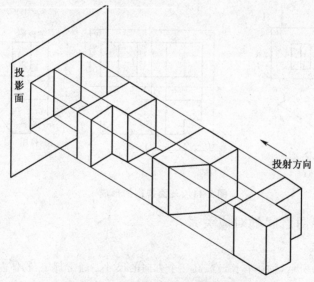

图 2-9　一个视图不能确定物体的形状

如图 2-10 所示,利用三个相互垂直的平面组成三面投影体系。三个投影面分别是:

V 面:正立的投影面——正面;H 面:水平的投影面——水平面;W 面:侧立的投影面——侧面。

投影法中,相互垂直的投影面之间的交线称为投影轴,三投影轴分别是:

OX 轴:V 面与 H 面的交线,代表长度方向;OY 轴:H 面与 W 面的交线,代表宽度方向;OZ 轴:V 面与 W 面的交线,代表高度方向。原点(O):投影轴的交点。

把物体放在观察者与投影面之间,按正投影法向各投影面投射,即可分别得到正面投影、水平投影和侧面投影。

为了画图方便,需将三个投影面展开到一个平面上。如图 2-11(a)所示,规定正面不动,将水平面绕 OX 轴向下旋转 90°,侧面绕 OZ 轴向右旋转 90°,就得到如图 2-11(b)所示同一平面上的三个视图。由于画图时不必画出投影面的边框线,所以去掉边框就得到图 2-11(c)所示的三视图。

物体的正面投影称为主视图,即由前向后投射所得的视图;

物体的水平投影称为俯视图,即由上向下投射所得的视图;

物体的侧面投影称为左视图,即由左向右投射所得的视图。

从三面视图的形成过程中可看出,俯视图在主视图的下方,左视图在主视图的右方。

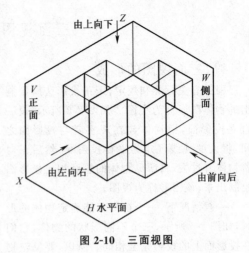

图 2-10   三面视图

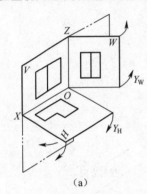

(a)

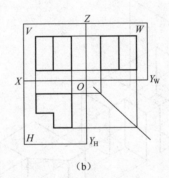

(b)

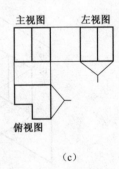

(c)

图 2-11   三面视图的形成

二、三面视图之间的对应关系

1. 投影关系

如图 2-12(a)所示,物体有长、宽、高三个方向的尺寸。通常规定:物体左右之间的距离为长(X),前后之间的距离为宽(Y),上下之间的距离为高(Z)。

从图 2-12(b)可看出,一个视图只能反映两个方向的尺寸。主视图反映物体的长和高,俯视图反映物体的长和宽,左视图反映物体的宽和高。

如图 2-12(c)所示,三视图之间的投影关系可以概括为:

主、俯视图长对正,主、左视图高平齐,俯、左视图宽相等。

"长对正、高平齐、宽相等"的投影对应关系是三视图的重要特性,也是画图和读图的依据。

2. 方位关系

如图 2-13(a)所示,物体有上、下、左、右、前、后 6 个方位。从图 2-13(b)可看出:

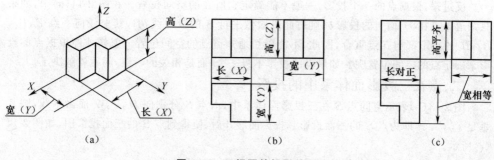

图 2-12　三视图的投影关系

主视图反映物体的上、下和左、右的相对位置关系,俯视图反映物体的前、后和左、右的相对位置关系,左视图反映物体的前、后和上、下的相对位置关系。

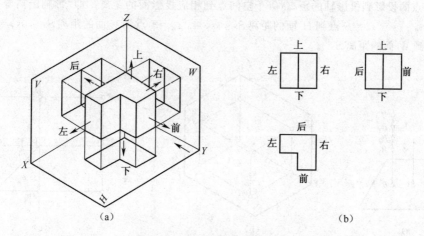

图 2-13　三面视图的方位关系

通过上述分析可知,必须将两个视图联系起来,才能表明物体 6 个方位的位置关系。画图和读图时,应特别注意俯视图与左视图之间的前、后对应关系。由于三个投影面在展开过程中,水平面向下旋转,原来的 OY 轴成为 OY_H,即俯视图的下方实际上表示物体的前方,俯视图的上方表示物体的后方;当侧面向右旋转时,原来的 OY 轴成为 OY_W,即左视图的右方实际上表示物体的前方,左视图的左方表示物体的后方。所以,物体的俯、左视图不仅宽相等,还保持前、后位置的对应关系。

第三节　点的三面投影

点是最基本的几何要素。为了迅速而正确地画出物体的三视图,必须掌握点的投影。

一、概述

当投影面和投射方向确定后,空间一点只有唯一的一个投影。在图 2-14(a)中,设投影面 H 和投射方向 S 都已给定,如果空间有一点 A,则过此点只能做唯一的一条和 S 平行的投射线,因而它和 H 面只有一个交点 a,这就是点 A 在 H 面上的投影。

反过来,根据点的一个投影,一般不能确定它所在的空间位置。在图 2-14(a)中,如果只知道某点在 H 面上的投影 b,则过此点所做平行 S 的投射线 bB,其上任何一点 B,B_1,B_2,B_3 的投影都与 b 点重合,因此,不能确切地知道点的空间位置。怎样才能根据点的投影来确定点的空间位置呢? 如果点的投影不只一个,而是相关的一组,问题就解决了。

二、点在三投影面体系中的投影

图 2-14(b)表示空间点 S 在三投影面体系中,由点 S 分别向 H,V,W 面做垂线,则其垂足 s,s',s'' 即为点 S 的三面投影。投影面展开后,便得到点 S 的三面投影图,如图 2-14(c)所示。

通过上述点的三面投影的形成过程,可总结出点的投影规律:

①点的两面投影的连线,垂直于相应的投影轴。即 $ss' \perp OX$,$ss'' \perp OZ$,$ss_{YH} \perp OY_H$,$s''s_w \perp OY_W$。

②点的投影到投影轴的距离,等于空间点到相应投影面的距离。即"影轴距离等于点面距":$s's_X = s''s_Y = S$ 点到 H 面的距离 Ss,$ss_X = s''s_Z = S$ 点到 V 面的距离 Ss',$ss_Y = s's_Z = S$ 点到 W 面的距离 Ss''。

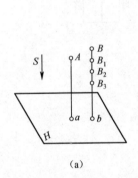 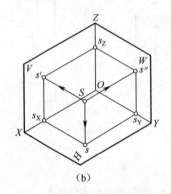 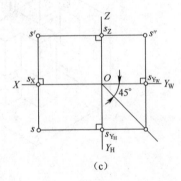

(a)   (b)   (c)

图 2-14　点的三面投影

三、点的三面投影与直角坐标

点的空间位置可以用直角坐标来表示,如图 2-15 所示,即把投影面当作坐标面,投影轴当作坐标轴,O 即为坐标原点。则:

A 点到 W 面的距离 X_A 为:$A a'' = a' a_Z = aa_Y = a_X O = X$ 坐标;

A 点到 V 面的距离 Y_A 为:$A a' = a'' a_Z = aa_X = a_Y O = Y$ 坐标;

A 点到 H 面的距离 Z_A 为:$A a = a''a_Y = a'a_X = a_Z O = Z$ 坐标。

A 点的坐标书写形式为 $A(X,Y,Z)$。

空间点的位置可由该点的坐标 (X,Y,Z) 确定。A 点三投影的坐标分别为 $a(X,Y)$,$a'(X,Z)$,$a''(Y,Z)$。任一投影都包含了两个坐标,所以一点的两个投影就包含了确定该点空间位置的三个坐标,即确定了点的空间位置。

四、两点的相对位置、重影点

(1)**两点的相对位置**　空间两点的相对位置由两点的坐标差来确定,如图 2-16 所示。左、右位置由 X 坐标差 $(X_A - X_B)$ 确定。由于 $X_A > X_B$,因此点 A 在点 B 的左方;

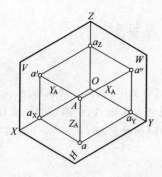 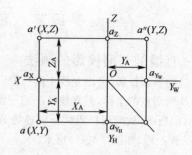

图 2-15　点的投影与坐标的关系

前、后位置由 Y 坐标差(Y_A-Y_B)确定。由于 Y_A<Y_B，因此点 A 在点 B 的后方；

上、下位置由 Z 坐标差(Z_A-Z_B)确定。由于 Z_A<Z_B，因此点 A 在点 B 的下方。

故点 A 在点 B 的左、后、下方；反之，就是点 B 在点 A 的右、前、上方。

（2）重影点　当空间两点的某两个坐标相同时，将处于某一投影面的同一条投射线上，则在该投影面上的投影相重合，称为对该投影面的重影点，如图 2-17 所示。重影点的可见性需根据这两个点不重影的坐标大小来判别，即：

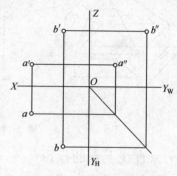

图 2-16　两点的相对位置

两点的 V 面投影重合时，需判别其在 H 面或 W 面投影，则点在前（Y 坐标值大）者可见；

两点的 H 面投影重合时，需判别其在 V 面或 W 面投影，则点在上（Z 坐标值大）者可见；

两点的 W 面投影重合时，需判别其在 V 面或 H 面投影，则点在左（X 坐标值大）者可见。

在投影图中，对不可见的点，需加括号表示。

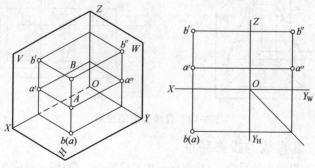

图 2-17　重影点

第四节　直线的三面投影

一、直线的三面投影的画法

直线的三面投影,可由直线上两点的同面投影连线来确定,如图 2-18(a)所示。若已知直线 AB 两端点的坐标,做直线 AB 的三面投影时,只要先求出 A,B 两点的三面投影,如图 2-18(b)所示,然后用粗实线分别连接 A,B 两点的同面投影 ab,$a'b'$,$a''b''$,即为直线 AB 的三面投影,如图 2-18(c)所示。

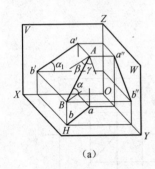 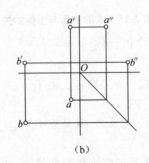 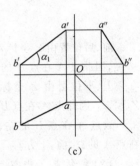

（a）　　　　　　　　　（b）　　　　　　　　　（c）

图 2-18　直线的三面投影的画法

二、直线上点的投影

(1)直线上的点　直线上的点,其投影必在该直线的同面投影上,且符合点的投影规律。如图 2-19 所示,点 C 在直线 AB 上,则点 C 的三面投影 c,c',c'' 必定分别在直线 AB 的同面投影 ab,$a'b'$,$a''b''$ 上,且符合点的投影规律。

(2)点分线段成定比　点分线段之比等于其各同面投影之比。如图 2-19 所示,点 C 把直线 AB 分成 AC 和 CB 两段,两线段与其投影有下列关系:

$$AC : CB = ac : cb = a'c' : c'b' = a''c'' : c''b''$$

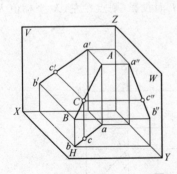 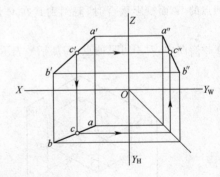

图 2-19　直线上点的投影

三、各种位置直线的投影特性

空间直线在三投影面体系中,对投影面的相对位置有三类:即一般位置直线,投影面平行线,投影面垂直线。后两类又称特殊位置直线。

1. 一般位置直线

对三个投影面都倾斜的直线,称为一般位置直线,如图 2-18 所示。其投影特性为:

①一般位置直线的各面投影都与投影轴倾斜;

②一般位置直线的各面投影长度都小于实长。

2. 特殊位置直线

(1)投影面平行线 指平行于某一个投影面而倾斜于另两个投影面的直线。投影面平行线有三种:

水平线——平行于水平投影面(H 面)而与另外两个投影面倾斜的直线;

正平线——平行于正立投影面(V 面)而与另外两个投影面倾斜的直线;

侧平线——平行于侧立投影面(W 面)而与另外两个投影面倾斜的直线。

表 2-1 列出了三种投影面平行线的实例图、轴测图、正投影图和投影特性。

表 2-1 投影面平行线的投影特性

名称	实 例 图	轴 测 图	正 投 影 图	投 影 特 性
水平线	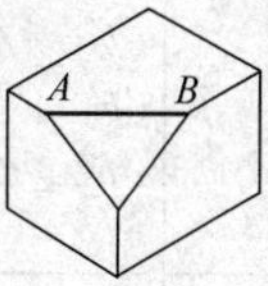	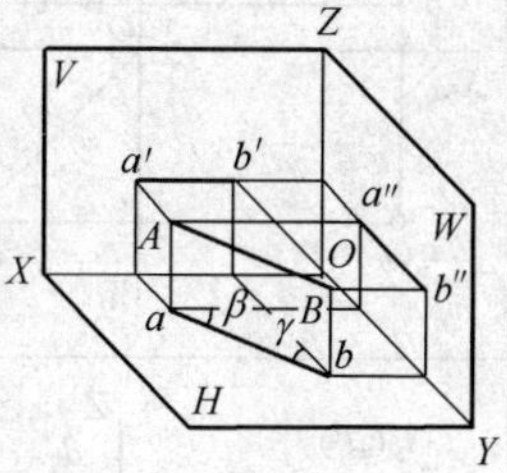	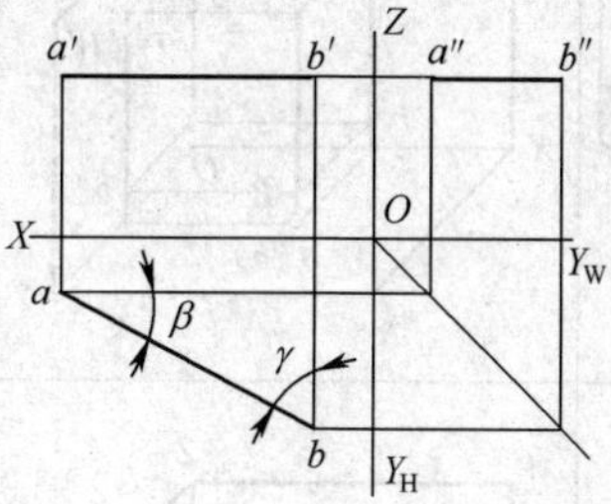	①水平投影 ab $=AB$; ②正面投影 $a'b'$ $//OX$,侧面投影 $a''b''//OY_W$,都不反映实长; ③ab 与 OX 和 OY_H 的夹角 β,γ 等于 AB 对 V,W 面的倾角
正平线	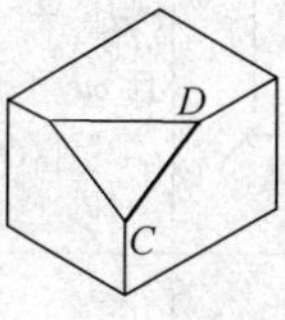	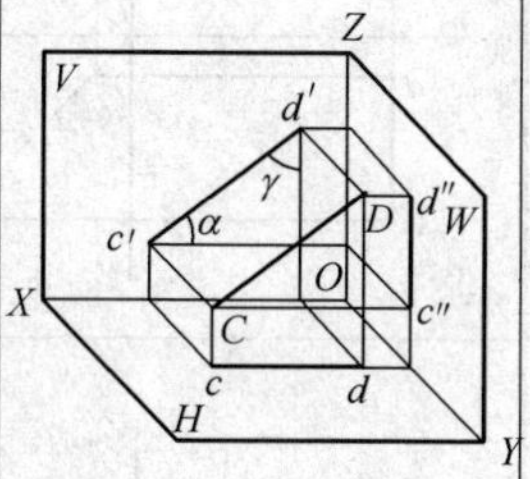	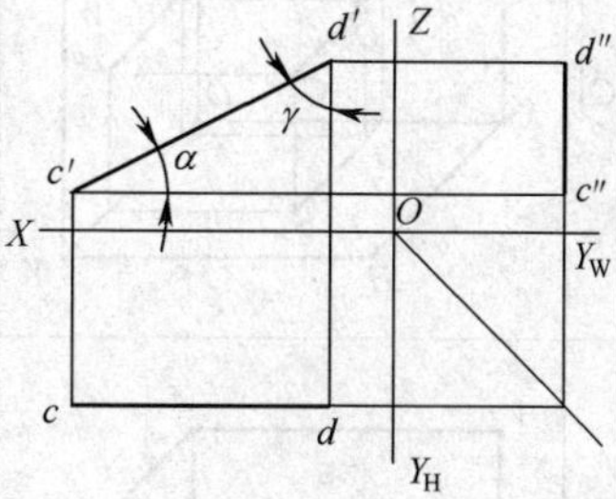	①正面投影 $c'd'$ $=CD$; ②水平投影 cd $//OX$,侧面投影 $c''d''//OZ$,都不反映实长; ③$c'd'$ 与 OX 和 OZ 的夹角 α,γ 等于 CD 对 H,W 面的倾角
侧平线	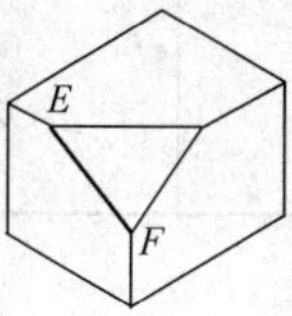	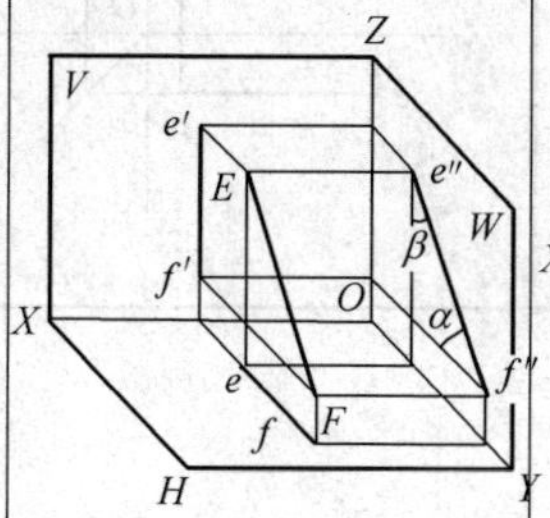	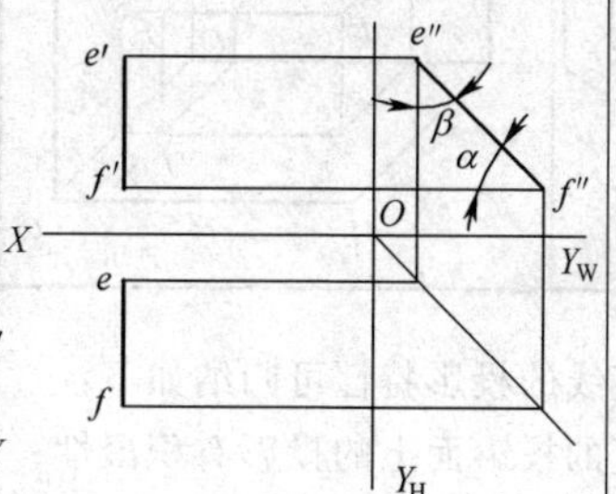	①侧面投影 e'' $f''=EF$; ②水平投影 ef $//OY_H$,正面投影 $e'f'//OZ$,都不反映实长; ③$e''f''$ 与 OY_W 和 OZ 的夹角 α,β 等于 EF 对 H,W 面的倾角

投影面平行线的投影特性可归纳如下：

①在所平行的投影面上的投影反映实长；

②其他两面投影平行于相应的投影轴；

③反映实长的投影与投影轴所夹的角等于空间直线对相应投影面的倾角。

（2）投影面垂直线　指垂直于某一投影面的直线。投影面垂直线有三种：

铅垂线——垂直于水平投影面（H 面）的直线；

正垂线——垂直于正立投影面（V 面）的直线；

侧垂线——垂直于侧立投影面（W 面）的直线。

表 2-2 列出了三种投影面垂直线的实例图、轴测图、正投影图和投影特性。

表 2-2　投影面垂直线的投影特性

名称	实　例　图	轴　测　图	正　投　影　图	投影特性
铅垂线				①水平投影 $a(b)$ 成一点，有积聚性； ② $a'b' = a''b'' = AB$ 且 $a'b' \perp OX$，$a''b'' \perp OY_W$
正垂线				①正面投影 $c'(d')$ 成一点，有积聚性； ② $cd = c''d'' = CD$，且 $cd \perp OX$，$c''d'' \perp OZ$
侧垂线				①侧面投影 $e''(f'')$ 成一点，有积聚性； ② $ef = e'f' = EF$，且 $ef \perp OY_H$，$e'f' \perp OZ$

投影面垂直线的投影特性可归纳如下：

①在所垂直的投影面上的投影有积聚性；

②其他两面投影反映实长，且垂直于相应的投影轴。

四、两直线的相对位置

空间两直线的相对位置有平行、相交、交叉三种情况,它们的投影特性分述如下。

(1)平行两直线　空间相互平行的两直线,它们的各组同面投影也一定相互平行,如图 2-20 所示,$AB /\!/ CD$,则 $ab /\!/ cd$,$a'b' /\!/ c'd'$,$a''b'' /\!/ c''d''$;反之,如果两直线的各组同面投影都相互平行,则可判定它们在空间也一定相互平行。

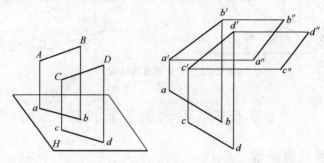

图 2-20　平行两直线的投影

(2)相交两直线　空间两直线 AB,CD 相交于点 K,则交点 K 是两条直线的共有点,如图 2-21 所示;因此,点 K 的 H 面投影 k 必在 ab 上,又必在 cd 上,故点 k 必为 ab 和 cd 的交点;同理,点 K 的 V,W 面投影 k',k'',必为 $a'b'$ 和 $c'd'$ 及 $a''b''$ 和 $c''d''$ 的交点;同时,点 K 是空间的一个点,它的三投影 k,k',k'' 必然符合点的投影规律。

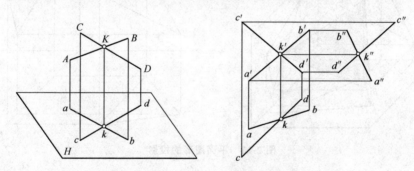

图 2-21　相交两直线的投影

(3)交叉两直线　在空间既不平行也不相交的两直线,称为交叉两直线,如图 2-22 所示,因此,它们的三面投影不具有平行或相交两直线的投影特性;反之,如果两直线的投影不符合平行或相交两直线的投影规律,均可判定为空间交叉两直线。

因 AB,CD 不平行,它们的各组同面投影不会都平行(可能有一两组平行);又因 AB,CD 不相交,各组同面投影交点的连线不会垂直于相应的投影轴,即不符合点的投影规律。

那么,它们的交点又有什么意义呢? 实际上是 AB 和 CD 上一对重影点在 H 面的投影。对重影应区分其可见性,即根据重影的两点对同一投影面坐标值大小来判断,坐标值大者为可见,小者为不可见。对于 H 面上的重影点Ⅲ,Ⅳ,由于 $Z_{\text{Ⅲ}} > Z_{\text{Ⅳ}}$,Ⅲ可见而Ⅳ不可见,故 H 面投影为 3(4)。

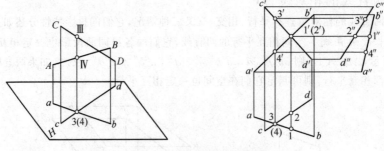

图 2-22　交叉两直线的投影

第五节　平面的三面投影

一、平面的投影过程

平面图形的边和顶点是由一些线段(直线段或曲线段)及其交点组成的。由此,这些线段集合,就表示了该平面图形的投影。做图时先画出各顶点的投影,然后将各点同面投影依次连接,即为平面的投影,如图 2-23 所示。

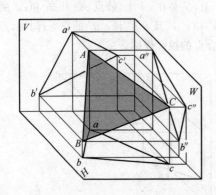
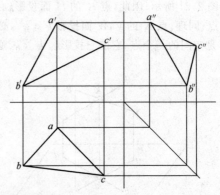

图 2-23　平面图形的投影

二、各种位置平面的投影特性

平面在三投影面体系中,按其对投影面的相对位置可分为三类:一般位置平面、投影面平行面、投影面垂直面,后两类又称特殊位置平面。

1. 一般位置平面

与三个投影面都倾斜的平面,称为一般位置平面,如图 2-23 所示。

图 2-23 中,△ABC 为一般位置平面。由于△ABC 对三个投影面都倾斜,所以各投影仍然是三角形,但都不反映实形,而是原平面的类似形。

2. 特殊位置平面

(1)投影面平行面　平行于某一投影面的平面,称为该投影面的平行面。投影面平行面有三种:

水平面——平行于水平投影面(H 面)的平面；

正平面——平行于正立投影面(V 面)的平面；

侧平面——平行于侧立投影面(W 面)的平面。

表 2-3 列出了三种投影面平行面的实例图、轴测图、正投影图和投影特性。

表 2-3 投影面平行面的投影特性

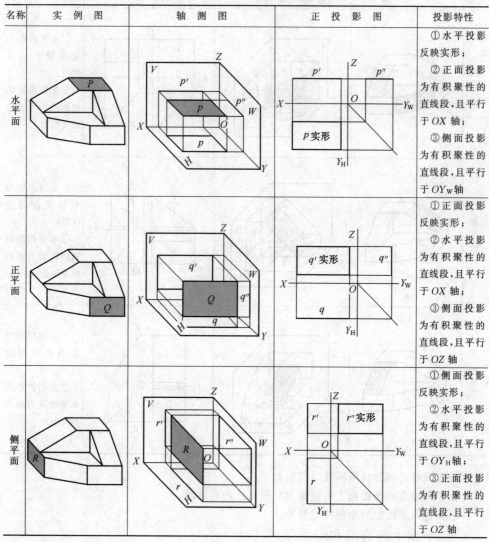

名称	实 例 图	轴 测 图	正 投 影 图	投影特性
水平面				①水平投影反映实形；②正面投影为有积聚性的直线段，且平行于 OX 轴；③侧面投影为有积聚性的直线段，且平行于 OY_W 轴
正平面				①正面投影反映实形；②水平投影为有积聚性的直线段，且平行于 OX 轴；③侧面投影为有积聚性的直线段，且平行于 OZ 轴
侧平面				①侧面投影反映实形；②水平投影为有积聚性的直线段，且平行于 OY_H 轴；③正面投影为有积聚性的直线段，且平行于 OZ 轴

投影面平行面的投影特性可归纳如下：

①在所平行的投影面上的投影反映实形；

②其他两面投影为积聚性的直线段，且平行于相应的投影轴。

（2）投影面垂直面 垂直于一个投影面而对其他两个投影面都倾斜的平面，称为该投影面的垂直面。投影面垂直面有三种：

铅垂面——垂直于水平投影面(H 面)且倾斜于另两投影面的平面；

正垂面——垂直于正立投影面(V 面)且倾斜于另两投影面的平面；

侧垂面——垂直于侧立投影面(W 面)且倾斜于另两投影面的平面。

表 2-4 列出了三种投影面垂直面的实例图、轴测图、正投影图和投影特性。

表 2-4　投影面垂直面的投影特性

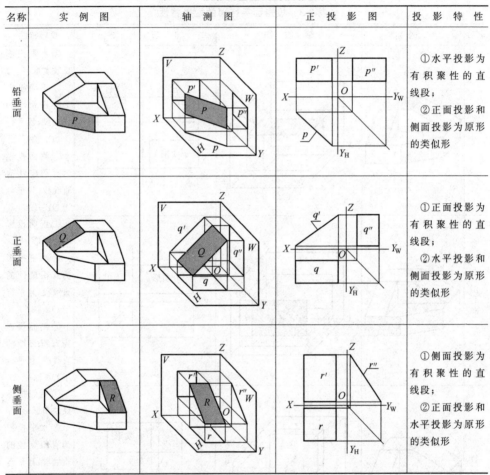

名称	实 例 图	轴 测 图	正 投 影 图	投 影 特 性
铅垂面				①水平投影为有积聚性的直线段；②正面投影和侧面投影为原形的类似形
正垂面				①正面投影为有积聚性的直线段；②水平投影和侧面投影为原形的类似形
侧垂面				①侧面投影为有积聚性的直线段；②正面投影和水平投影为原形的类似形

投影面垂直面的投影特性可归纳如下：

①在所垂直的投影面上的投影为有积聚性的直线段；

②其他两面投影为原形的类似形。

三、平面上的直线和点

1. 平面上的直线

直线在平面上的几何条件是：

①一直线经过属于平面的两点，如图 2-24(a)所示；

②一直线经过属于平面上的一点，且平行于属于该平面的另一直线，图 2-24(b)所示。

2. 平面上的点

点在平面上的几何条件:若点在平面内的任一直线上,则此点一定在该平面上。

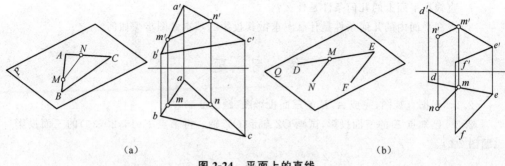

（a）   （b）

图 2-24 平面上的直线

因此,在取属于平面的点时,首先应取属于平面上的直线,再取属于该线上的点。

例 2-1 已知属于△ABC 平面上点 K 的正面投影 k',图 2-25(a)所示,试做其水平投影。

解 做图过程如下:

①过 k' 在△$a'b'c'$ 上任做辅助直线 $m'n'$,再按点的投影规律,求得辅助直线的水平投影 mn,由 k' 做 OX 轴的垂线,与 mn 相交得点 k,如图 2-25(b)所示。

②为了便于做图,辅助直线也可通过平面上一已知点,如图 2-25(c)所示,过点 K 的辅助直线 $AD(a'd',ad)$;或过点 K 做平行于平面上已知直线 AB 的辅助直线 $EK(e'k'/\!/a'b',ek/\!/ab)$,如图 2-25(d)所示,再由 k' 求做 k。

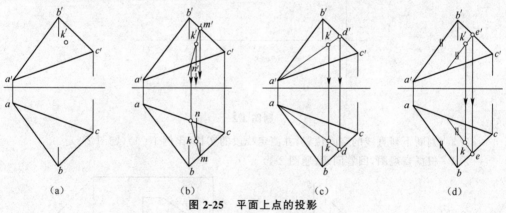

（a）   （b）   （c）   （d）

图 2-25 平面上点的投影

复习思考题

1. 什么是正投影法? 正投影有哪些基本特性?
2. 三面投影图是怎样形成的? 视图间的对应关系如何? 反映物体的方位关系如何?
3. 在三投影面体系中,点、各种位置直线、各种位置平面的投影特性是什么?
4. 在投影图中怎样判定空间两点的相对位置?
5. 直线上的点的投影特性是什么? 在投影图中,如何判别点在直线上?
6. 空间两直线的相对位置有哪几种情况? 各具有哪些投影特性?

7. 直线在平面上的几何条件是什么?

8. 点在平面内的几何条件是什么? 求做其投影的基本做图步骤如何?

练 习 题

2.1　根据直观图,完成 A,B 的三面投影图(题图 2-1)。

2.2　已知点 E 的三面投影,试画 OZ 轴和 OY 轴。再求点 $F(15,20,30)$ 的三面投影(题图 2-2)。

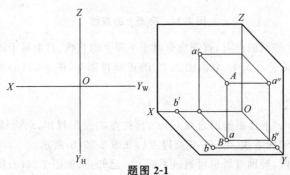

题图 2-1

题图 2-2

2.3　判断下列直线的空间位置,并测定线段的实长(比例 1∶1)(题图 2-3)。

2.4　根据直观图,回答问题(题图 2-4)。

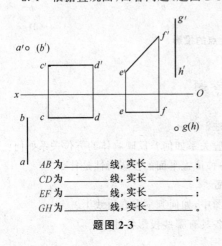

AB 为 _____ 线,实长 _____;
CD 为 _____ 线,实长 _____;
EF 为 _____ 线,实长 _____;
GH 为 _____ 线,实长 _____。

题图 2-3

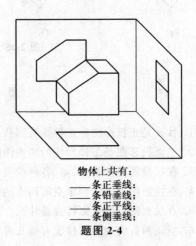

物体上共有:
_____ 条正垂线;
_____ 条铅垂线;
_____ 条正平线;
_____ 条侧垂线;

题图 2-4

2.5 判别下列两直线的相对位置(题图 2-5)。

2.6 判别下列各平面属于什么位置平面(题图 2-6)。

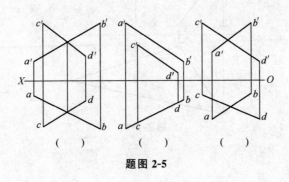

(   )   (   )   (   )

题图 2-5

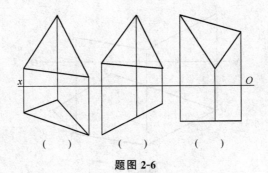

(   )   (   )   (   )

题图 2-6

2.7 做直线 KL 与 AB 平行,与 CD,EF 相交(题图 2-7)。

2.8 过点 A 做直线与 BC 和 DE 相交(题图 2-8)。

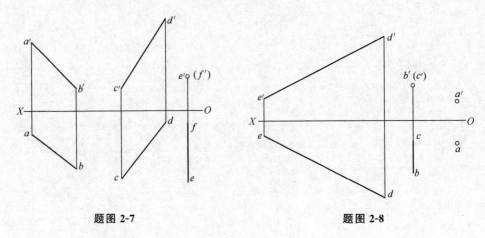

题图 2-7   题图 2-8

2.9 已知点 K 在平面 ABC 上,完成 ABC 的 V 面投影(题图 2-9)。

2.10 完成五边形 $ABCDE$ 的正面投影(题图 2-10)。

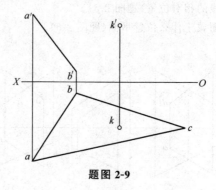

题图 2-9

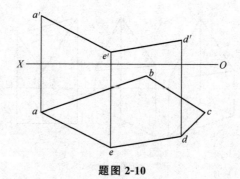

题图 2-10

第三章　基本体及表面交线

培训学习目的　基本体是组成所有立体的"细胞"。掌握基本体的视图,明确立体表面交线的画法,绘制复杂形体的视图才有了基础。

本章主要学习基本体三视图画法及立体表面交线的做图方法,以便为组合体的学习打下良好的基础。

第一节　平面立体的三视图

由于平面立体由平面围成,因此绘制平面立体的三视图,就可归纳为绘制各个表面的投影所得到的图形;又由于平面图形系由直线段组成,而每条线段都可由其两端点确定,因此,做平面立体的三视图,又可归结为绘制其各表面的交线(棱线)及各顶点的投影。

在立体的三视图中,有些表面和表面的交线处于不可见位置,在图中须用虚线表示。

一、识读棱柱体的三视图

1. 棱柱体的三视图

如图 3-1(a)所示为一个正三棱柱的投影情况,它的三角形顶面及底面为水平面,三个侧棱面(均为矩形)中,后面是正平面,其余二侧面为铅垂面,三条侧棱线为铅垂线。画三视图时,先画顶面和底面的投影,顶面和底面的水平投影均反映实形(三角形)且重影,正面和侧面投影都有积聚性,分别为平行于 OX 轴和 OY_W 轴的直线;三条侧棱线的水平投影有积聚性,为三角形的三个顶点,它们的正面和侧面投影,均平行于 OZ 轴且反映了棱柱的高。在画完上述面和棱线的投影后,即得该三棱柱的三视图,如图 3-1(b)所示。

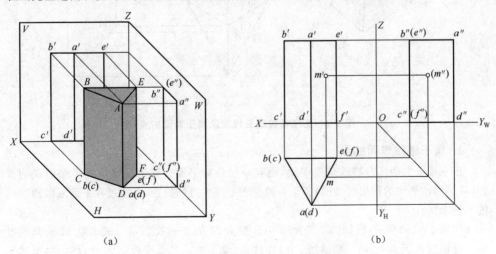

(a)　　　　　　　　　　　　　　(b)

图 3-1　三棱柱的视图及属于表面的点

2. 属于棱柱表面的点

当点属于几何体的某个表面时,则该点的投影必在它所从属表面的各同面投影范围内。若该表面的投影为可见,则该点的同面投影也可见;反之为不可见。因此在求体表面上点的投影时,应首先分析点所在平面的投影特性,然后再根据点的投影规律求得。

如图 3-1(b)所示,已知属于三棱柱右侧面上一点 M 的正面投影 m',求该点的其他两面投影。因点 M 所属平面 $AEFD$ 为铅垂面,因此点 M 的水平投影 m 落在该平面有积聚性的水平投影 $aefd$ 上;再根据 m' 和 m 求出侧面投影 m''。由于点 M 在三棱柱的右侧面内,故 m'' 不可见。

二、识读棱锥的三视图

1. 棱锥的三视图

如图 3-2 所示为正三棱锥的投影情况,它由底面△ABC 和三个相等的棱面△SAB,△SBC,△SAC 所组成。底面为水平面,其水平投影反映实形,正面和侧面投影积聚为一条直线。棱面△SAC 为侧垂面,因此侧面投影积聚为一直线,水平投影和正面投影都是类似形。棱面△SAB 和△SBC 为一般位置平面,它的三面投影均为类似形。

棱线 SB 为侧平线,棱线 SA,SC 为一般位置直线,棱线 AC 为侧垂线,棱线 AB,BC 为水平线。画正三棱锥的三视图时,先画出底面△ABC 的各个投影,再画出锥顶 S 的各个投影,连接各个顶点的同面投影,即为正三棱锥的三视图,如图 3-2(b)所示。

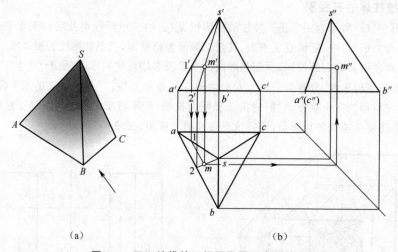

图 3-2 正三棱锥的三视图及属于表面的点

2. 属于棱锥表面的点

正三棱锥的表面有特殊位置平面,也有一般位置平面。属于特殊位置平面的点的投影,可利用该平面的积聚性做图;属于一般位置平面的点的投影,可通过在平面上做辅助线的方法求得。

如图 3-2(b)所示,已知属于棱面△SAB 的点 M 的正面投影 m',试求点 M 的其他投影。过锥顶 S 及点 M 做一辅助线 SⅡ,即过 m' 做 $s'2'$,其水平投影为 $s2$,然后根据属于直线的点的投影特性求出其水平投影 m,再由 m 和 m' 求出侧面投影 m''。另一种做法:在

$\triangle SAB$ 面上做棱线 AB 的平行线 $\text{I} M$，即做 $1'm'//a'b'$，由于 $\text{I} M$ 属于 $\triangle SAB$，且 $\text{I} M$ $//AB$，故根据线面从属关系及平行直线的投影特性，即可求出 m 和 m''。

第二节 回转体的三视图

由一条母线围绕轴线回转而形成的表面，称为回转面；回转面上任一位置的母线，称为素线；由回转面或回转面与平面组成的立体，称为回转体。如图 3-3 所示为圆柱、圆锥、圆球回转面的形成过程。

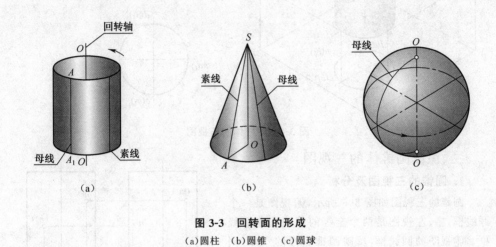

图 3-3 回转面的形成

(a)圆柱 (b)圆锥 (c)圆球

一、识读圆柱体的三视图

1. 圆柱体的三视图及分析

圆柱体的三视图如图 3-4 所示：俯视图是一个圆线框，主、左视图是两个相等的矩形线框。俯视图的圆线框，表示圆柱面积聚性的水平投影；圆线框内，是顶、底两面的水平投影，为实形。主视图的矩形线框，表示圆柱面的投影（前半圆柱面和后半圆柱面投影重合）；矩形的上、下两边分别为顶、底两面的积聚性投影；左、右两边 $a'a'_1$，$b'b'_1$ 分别是圆柱最左、最右素线的投影，这两条素线（AA_1，BB_1）是圆柱面的转向轮廓线。

左视图的矩形线框，读者可做类似分析。

2. 属于圆柱表面的点

若已知属于圆柱表面的点 M 的正面投影 m'，求另两面投影时，必须利用圆柱面水平投影的积聚性，如图 3-5 所示。

根据所给定的 m' 在后半部分（不可见）的位置，可断定点 M 在后半圆柱面的左半部分；因圆柱面的水平投影有积聚性，故 m 在后半圆周的左部，m''（可见）可由 m' 和 m 求得。

又如，已知属于圆柱表面的点 N 的正面投影 n'，求 n 和 n''。读者可参考图 3-5 自行分析。

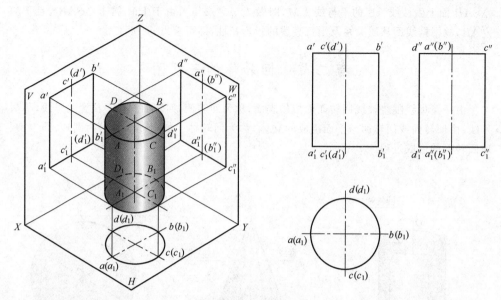

图 3-4　圆柱体的三视图

二、识读圆锥体的三视图

1. 圆锥的三视图及分析

圆锥的三视图如图 3-6 所示,俯视图是一个圆线框,主、左视图是两个全等的等腰三角形线框。俯视图的圆线框,反映圆锥底面的实形,同时也表示圆锥面的投影。主、左视图的等腰三角形线框,其下边为圆锥底面的积聚性投影。主视图中三角形的左、右两边,分别表示圆锥面最左、最右素线 SA, SB 的投影,它们是圆锥面在主视图上可见与不可见部分的分界线;左视图中的三角形的两边,分别表示圆锥面最前、最后素线 SC, SD 的投影,它们是圆锥面在左视图上可见与不可见部分的分界线。上述四条线的其他两面投影,请读者自行分析。

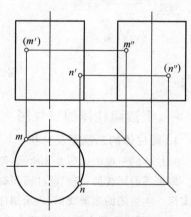

图 3-5　属于圆柱表面的点

2. 属于圆锥表面上的点

在图 3-7(a)上,已知属于圆锥表面上的点 K 的正面投影 k',求水平投影 k 和侧面投影 k'',可采用以下两种方法求解。

(1)辅助素线法　过锥顶 S 和点 K 做一辅助素线 SA,连接 $s'k'$ 并延长到与底圆的正面投影相交于 a',求得 sa 和 $s'a'$;再由 k' 根据投影规律求出 k 和 k''。如图 3-7(b)所示。

(2)辅助圆法　过点 K 在圆锥面上做垂直于圆锥轴线的水平圆(该圆的正面投影积聚为一直线),即过 k' 所做的 $1'2'$,它的水平投影为一直径等于 $1'2'$ 的圆,圆心为 s,由 k' 做 OX 轴的垂线,与辅助圆的交点即为 k,再由 k' 和 k 求出 k''。如图 3-7(c)所示。

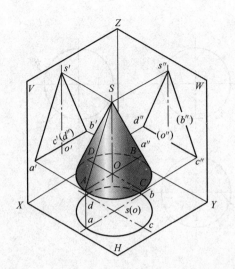
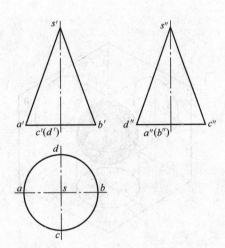

图 3-6　圆锥体的三视图

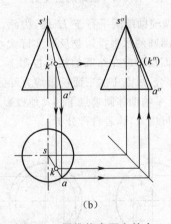
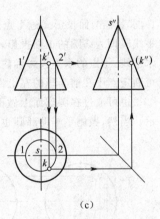

（a）　　　　　　　　　（b）　　　　　　　　　（c）

图 3-7　圆锥体表面上的点

三、识读圆球的三视图

1. 圆球的三视图及其分析

圆球的三个视图,都是与圆球直径相等的圆线框,它们均表示圆球的投影,如图 3-8(a)所示。在图 3-8(b)中,球的各个投影图形虽然都是圆,但各个圆的意义不同:正面投影的圆是平行于 V 面的圆素线 A 的投影,水平投影的圆是平行于 H 面的圆素线 B 的投影,侧面投影的圆是平行于 W 面的圆素线 C 的投影。A,B,C 三个圆素线分别是圆球前、后、上、下、左、右的转向轮廓线圆,即在视图中可见与不可见的分界线,它们的投影为圆,其他投影都与圆的相应中心线重合。

2. 圆球表面取点

在圆球表面上取点只能做纬圆。如在图 3-9(a)中,已知属于圆球的点 I 的正面投影

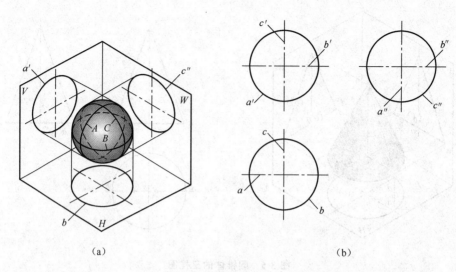

图 3-8 圆球的三视图

$1'$，求其他两面投影。过Ⅰ点做辅助纬圆平行于 H 面，为此，过点 $1'$ 做与轮廓圆相交的水平线段即为纬圆的正面投影，纬圆的水平投影是反映实际大小的圆；侧面投影积聚为一条水平线，Ⅰ点的水平投影和侧面投影就在纬圆的相应投影上。根据点Ⅰ的位置和可见性，可断定点Ⅰ在前半球的左上部分，故点Ⅰ的三面投影均为可见，如图 3-9(a)所示。

也可通过在圆球面上做正平辅助纬圆求点Ⅰ的其他投影，具体做图方法如图 3-9(b)所示。当然，做侧平辅助纬圆也可以，请读者自行分析。

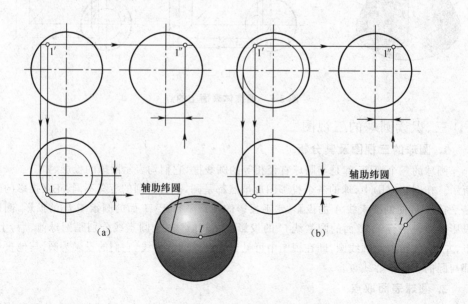

图 3-9 圆球的视图及属于球面的点

第三节 截 交 线

一、截交线的概念和基本性质

平面与立体表面的交线,称为截交线,如图 3-10 所示。用来截切立体的平面称截平面。截交线具有下列两个基本性质:

①截交线是截平面与立体表面的共有线;

②由于任何立体都有一定的范围,所以截交线一定是闭合的平面图形。

由于截交线是截平面与立体表面的共有线,截交线上的点,必定是截平面与立体表面的共有点;因此,求截交线的问题,实质上就是求截平面与立体表面全部共有点的集合。

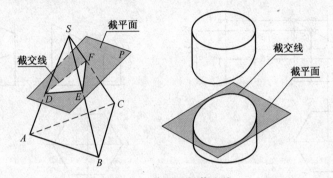

图 3-10　截平面与截交线

二、平面立体的截交线

平面立体的截交线是一个平面多边形,此多边形的各个顶点是截平面与平面立体棱线的交点;多边形的每条边,是截平面与平面立体相应各棱面的交线,如图 3-11(a)所示。

例 3-1　如图 3-11(a),(b)所示,求正六棱柱被正垂面截切后的侧面投影。

解　正六棱柱被正垂面截切,截交线是六边形,其六个顶点分别是截平面与六棱锥上六条棱线的交点,如图 3-11(b)所示。因此做平面立体的截交线的投影,实质上就是求截平面与平面立体上各被截棱线交点的投影。做图步骤如下:

①利用截平面积聚性投影,先找出截交线各顶点的正面投影 $1'$,$2'$,…。

②根据属于直线的点的投影特性,求出各顶点的水平投影 1,2,…及侧面投影 $1''$,$2''$,…,如图 3-11(c)所示。

③依次连接各顶点的同面投影,即为截交线的投影,如图 3-11(d)所示。

三、回转体的截交线

回转体的截交线一般为封闭的平面曲线,特殊情况为圆或直线。做图时,先从截平面有积聚性的那个投影入手,分别找出截交线待求的特殊点,再求出若干个一般点的投影,判别可见性,再用曲线板将它们依次光滑地连接起来,即为截交线的投影。

1. 圆柱体的截交线

平面与圆柱体相交,根据截平面与圆柱体轴线的相对位置不同,截交线的形状有三种情况,见表 3-1。

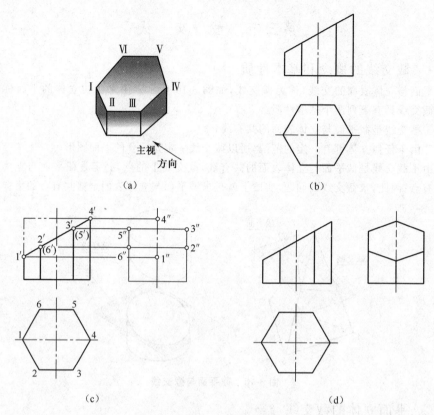

（a）　　　　　　　　　　　　　　　　（b）

（c）　　　　　　　　　　　　　　　　（d）

图 3-11　截交线的做图步骤

表 3-1　截平面与圆柱体轴线的相对位置不同时所得的三种截交线

截平面的位置	与轴线平行	与轴线垂直	与轴线倾斜
轴测图			
投影图			

例 3-2　如图 3-12(a)和(b)所示,求斜截圆柱体的投影。

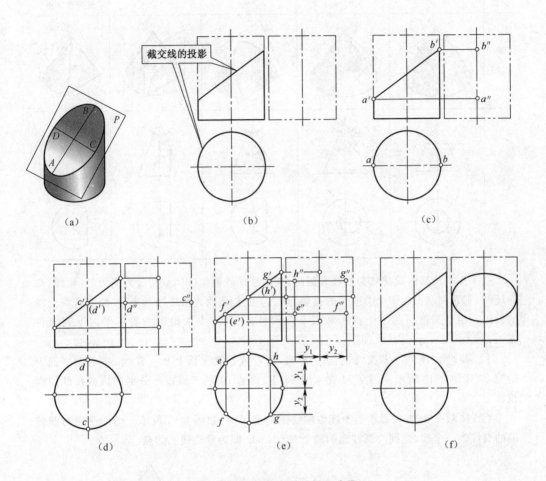

图 3-12　圆柱截交线的做图步骤

解　①分析。正垂面斜截圆柱体,截交线为椭圆;又圆柱体轴线是铅垂线,所以截交线的正面投影积聚为一直线,水平投影积聚在圆周上。为此可直接得出截交线上点的正面投影和水平投影;截交线上点的侧面投影,可根据正面投影和水平投影求出。

②求特殊点。对于椭圆应求出长、短轴的端点。其正面投影是 a'、b'、c'、d',水平投影是 a、b、c、d,根据投影关系,可求出侧面投影 a''、b''、c''、d'',如图 3-12(c)和(d)所示。

③求一般点。做适当数量的一般点时,一般在投影为圆的视图上取 4 等分或 8 等分,如图 3-12(e)所示。

④光滑连接各点。将各点的投影用曲线板光滑地连接起来,即为所求截交线的投影,如图 3-12(f)所示。

2. 圆锥体的截交线

由于截平面与圆锥体轴线的相对位置不同,其截交线有五种情况,见表 3-2。

表 3-2 圆锥体的截交线

位置	$\theta=90°$	$\theta>\alpha$	$\theta=\alpha$	$\theta=0°,\theta<\alpha$	过圆锥顶点
轴测图					
投影图					

截平面与圆锥的截交线为直线和圆时,其画法比较简单。当截交线为椭圆、抛物线、双曲线时,都需先求出若干个共有点的投影,然后将它们依次光滑连接起来,才能获得截交线的投影。由于圆锥面的三个投影都没有积聚性,求共有点的投影一般可采用下列两种方法:

(1)辅助素线法 截交线上任一点 M,可看成是圆锥面上某一素线 SI 与截平面 P 的交点,如图 3-13 所示。因点 M 在素线 SI 上,故点 M 的三面投影分别在该素线的同面投影上。

(2)辅助平面法 做垂直于圆锥轴线的辅助平面,如图 3-14 所示。辅助平面与圆锥面的交线为一个圆,此圆与圆柱面的两个交点 C,D 即为截交线上的点。

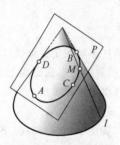

图 3-13 辅助素线法

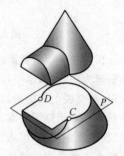

图 3-14 辅助平面法

例 3-3 如图 3-15(a)和(b)所示,求斜截圆锥体的水平投影和侧面投影。

解 ①分析。由图 3-15(a)和(b)可知,截平面 P 是正垂面,所以截交线的正面投影积聚为直线,截交线的水平投影和侧面投影需做图求出。截交线上点的投影,除一部分特殊点可根据点、线从属关系直接求出,其余各点可用辅助纬圆法求出。

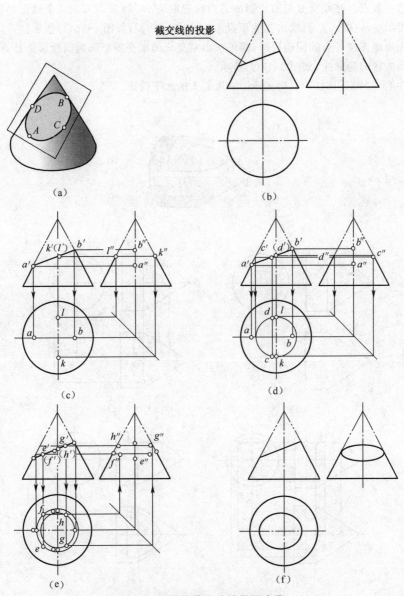

图 3-15　圆锥截交线的做图步骤

②求特殊点。点 A、点 B 是截交线的最低点和最高点,也是截交线的最左和最右点,还是椭圆长轴的端点。正面投影 a',b' 可直接得出,水平投影 a,b 和侧面投影 a'',b'',是根据其所在素线的从属关系进行投影求出。点 K,L 是圆锥体前、后素线上的点,其正面投影 k',l' 重影为一点,可先求侧面投影 k'',l'',再求 k,l,如图 3-15(c)所示。截交线最前点 C 和最后点 D 是椭圆短轴的端点。它们的正面投影 c',d' 重影于 a',b' 的中点处。过 C,D 点做辅助纬圆,该圆的正面投影为过 c',d' 点的水平线,侧面投影也为水平线,水平投影为该圆的实形。由 c',d' 求得 c,d,再由 c,d,求得 c'',d'',如图 3-15(d)所示。

③求一般点。在截交线正面投影的适当位置取 g',h' 和 e',f'，做两个辅助纬圆，先求出水平投影 g,h 和 e,f，再求出其侧面投影 g'',h'' 和 e'',f''，如图 3-15(e)所示。

④光滑地连接各点的同面投影，即可求出截交线的水平投影和侧面投影。补齐圆锥体侧面投影的转向轮廓线，如图 3-15(f)所示。

例 3-4　如图 3-16(a)和(b)所示，求顶尖头的水平投影。

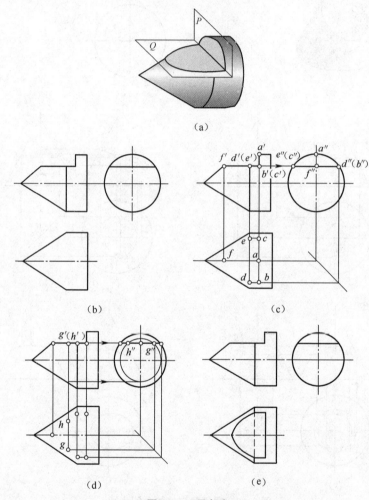

图 3-16　顶尖头

解　①分析。如图 3-16(a)和(b)所示，顶尖头被 P,Q 两个平面截切而成。截平面 P 与圆柱体轴线垂直，是侧平面，因此与圆柱体的截交线为圆弧，其正面投影积聚为直线，侧面投影为圆弧。截平面 Q 是水平面，并与圆柱体、圆锥体轴线平行，所以该截平面与圆柱面的截交线为两直线(素线)、与圆锥体的交线为双曲线，它的正面投影和侧面投影均积聚为直线。

②求特殊点。面 P 与圆柱体的截交线为圆弧，其最高点 A 和前、后两端点 B,C 的正面投影 a',b',c' 和侧面投影 a'',b'',c'' 可直接得出，由已知的两面投影可求出其水平投影 a，

b,c,其水平投影为直线。B,C 点也是截平面 Q 与圆柱截交线的两右端点,两左端点的投影 d',e' 和 d'',e'' 可直接得出,由两面投影可求出其水平投影 d,e。D,E 两点也是截交线为双曲线的两右端点。双曲线最左点 F 是双曲线的顶点,其正面投影为 f',根据点 F 所在轮廓线的从属关系可求出 f,f'',如图 3-16 (c)所示。

③求一般点。在双曲线的正面投影适当位置取 g',h' 做辅助纬圆,该圆的正面投影、水平投影均为垂直于圆锥体轴线的直线,侧面投影为该圆的实形;由 g',h' 即可求出 g'',h'' 和 g,h,如图 3-16 (d)所示。

④光滑地连接 d,g,f,h,e 各点,即得双曲线的水平投影,该投影为双曲线的实形,如图 3-16(e)所示;图中的虚线为顶尖头下部圆柱面与圆锥面交线的投影。

3. 圆球的截交线

截平面与圆球任意位置相交,所产生的截交线都是圆。圆交线在截平面所平行的投影面上的投影反映实形,另两投影积聚成直线,见表 3-3。

表 3-3　圆球的截交线

截平面的位置	正　平　面	水　平　面	正　垂　面
轴测图	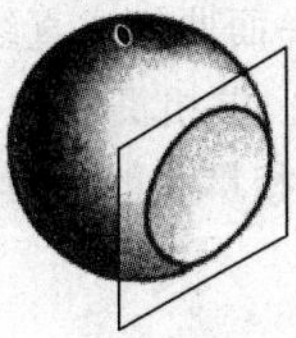	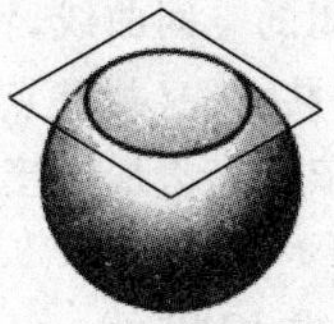	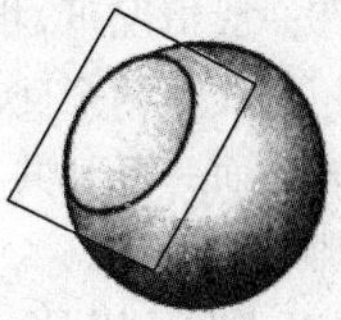
投影图	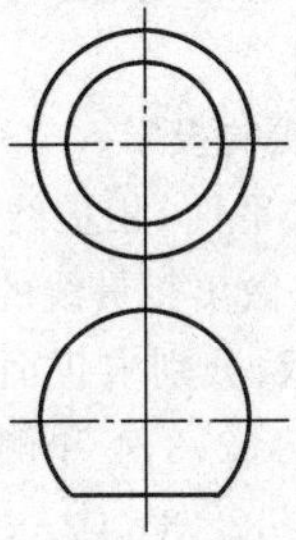	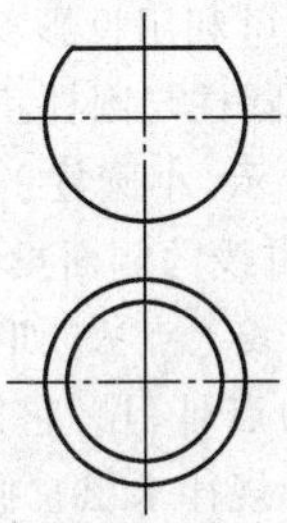	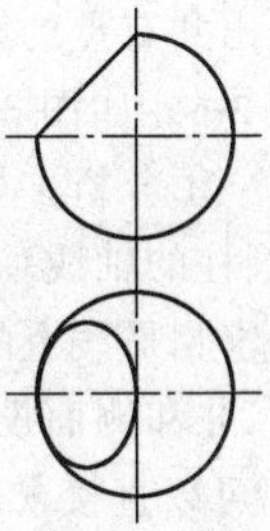

当截平面处于一般位置时,截交线的三面投影都是椭圆。

例 3-5　如图 3-17(a)所示,求半圆球开槽后的投影。

解　①分析。半圆球上的槽是由两个侧平面 P 和一个水平面 Q 截切后形成的。两个 P 平面左右对称,其截交线为完全相同的侧平圆弧,侧面投影重合并反映实形;Q 平面的截交线为一水平圆上的两段圆弧,水平投影反映实形,正面和侧面投影积聚为水平直线段。平面 P 和平面 Q 的交线都是正垂线。

②做图。求两个侧平面 P 的侧面投影和水平投影,再求水平面 Q 的水平投影和侧面投影,如图 3-17 (b)所示。因 P,Q 面交线的侧面投影不可见,故用虚线画出。

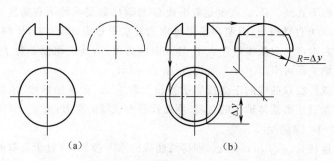

图 3-17　半圆球开槽后的投影

第四节　相　贯　线

一、相贯线的性质

两个几何体相交,其表面交线称为相贯线。相贯线具有以下性质:

①相贯线是两个回转体表面共有点的集合,也是两回转体表面的分界线;

②一般情况下,相贯线是封闭的空间曲线,特殊情况下是平面曲线或直线。

相贯线是两个回转体表面的共有线(共有点的集合),因此,求相贯线的实质就是求两回转体表面一系列共有点,然后依次光滑地连接成相贯线。求相贯线的一般方法是积聚性法和辅助平面法。

二、利用投影的积聚性求相贯线

当相交两圆柱体的轴线正交时,相贯线的两面投影具有积聚性,此时可按"二求三"的方法做出共有点的第三面投影,即可利用投影积聚性直接做图。

例 3-6　如图 3-18 所示,已知圆柱与圆柱正交,求做相贯线的投影。

解　①分析。如图 3-18(a)所示,小圆柱的轴线垂直于水平面,相贯线的水平投影为圆,大圆柱的轴线垂直于侧面,相贯线的侧面投影为圆弧,只需做出相贯线的正面投影。

②求相贯线上的特殊点(轮廓线上点)。如图 3-18(b)所示,分别求正面投射轮廓线上的点Ⅰ,Ⅱ和侧面投射轮廓线上的点Ⅲ,Ⅳ,它们的水平投影 1,2,3,4 和侧面投影 $1''$,$2''$,$3''$,$4''$都可以直接求出,再利用投影规律求出它们的正面投影 $1'$,$2'$,$3'$,$4'$。

③求一般位置点。根据连线的需要,做出适当数量一般位置点。如图 3-18(c)所示,取点Ⅴ,Ⅵ,Ⅶ,Ⅷ,可先在相贯线的水平投影上取点 5,6,7,8,再在相贯线的侧面投影上求出 $5''$,$6''$,$7''$,$8''$,然后求出 $5'$,$6'$,$7'$,$8'$。

④光滑连线。如图 3-18(d)所示,根据点的水平投影顺序,光滑连接各点相应的正面投影,因相贯线前后对称,所以只需光滑连接 $1'$,$5'$,$3'$,$6'$,$2'$,即为相贯线的正面投影。

三、利用辅助平面法求相贯线

当两回转体的相贯线不能(或不便于)用积聚性法求出时,需用辅助平面法求解。

辅助平面法的原理:用一辅助平面与两回转体同时相交,则辅助平面分别与两回转体相交得两组截交线,这两组截交线均处于辅助平面内,它们的交点为辅助平面与两回转体表面的共有点,即为相贯线上的点。

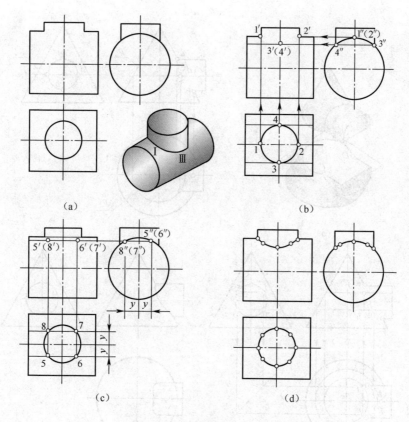

图 3-18　利用积聚性求相贯线

　　辅助平面的选取原则：为了能方便地做出相贯线上的点，应选取特殊位置平面作为辅助平面，并使辅助平面与两回转体的截交线为最简图形（直线或圆）。

　　利用辅助平面法求相贯线的做图步骤：

　　①选取合适的辅助平面；

　　②分别求出辅助平面与两回转体的截交线；

　　③求出两截交线的交点，即相贯线上的点。

　　例 3-7　如图 3-19(a)和(b)所示，求圆柱和圆锥正交的相贯线。

　　解　①分析。如图 3-19(a)所示，圆柱与圆锥轴线正交，圆柱全部贯穿于圆锥之中，相贯线是一条封闭的空间曲线，其前后对称。因圆柱的轴线垂直于侧面，故相贯线的侧面投影重合在圆柱的侧面投影圆周上。相贯线的水平投影和正面投影可利用辅助平面法求出。

　　②求相贯线上的特殊点。如图 3-19(b)所示，因两立体前后对称，所以两立体正面投影的转向轮廓线必定相交，交点为 A,B。在正面投影和侧面投影上可直接得到 a',b' 和 a''，b''，由点的两投影可求出水平投影 a,b。A,B 分别为最高点、最低点。c'',d'' 是最前、最后点 C,D 的侧面投影，为求另两投影，过圆柱的轴线做水平面 P 为辅助平面，做出 p',p''，求出 P 平面与圆锥面截交线的水平投影圆 p，P 平面与圆柱面截交线的水平投影为两直线，

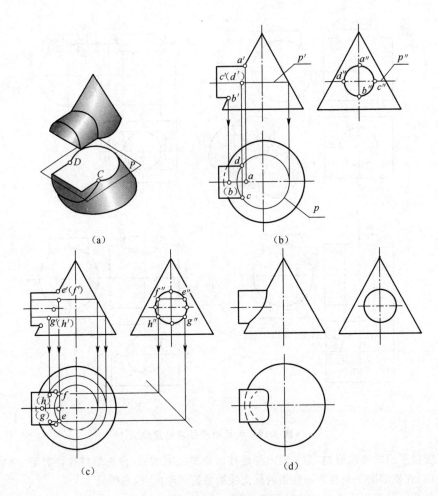

图 3-19　利用辅助平面法求相贯线

它们与水平投影圆的交点为 c,d,由 c,d 可求出 c',d'。

③求一般点。如图 3-19(c)所示,在适当位置做辅助平面 P,便可求出一般点 E,F。同法可再求几点。

④连接。如图 3-19(d)所示,将所求各点的正面投影依次光滑连接即得相贯线的正面投影。点 C,D 为水平投影可见与不可见的分界线,此两点上边的一段 $ceafd$ 可见,画成粗实线,$cgbhd$ 为不可见,画成虚线,即得相贯线的水平投影。

四、相贯线的特殊情况

本节开头讲到,在一般情况下,两回转体的相贯线是封闭的空间曲线,但在特殊情况下相贯线可能是平面曲线或直线,如图 3-20 所示。

(1)两回转体共轴线　两回转体有一条公共轴线时,它们的相贯线都是平面曲线——圆。因为两回转体的轴线平行于正投影面,所以它们相贯线的正面投影积聚为直线,水平投影为圆或椭圆,如图 3-21(a)所示。

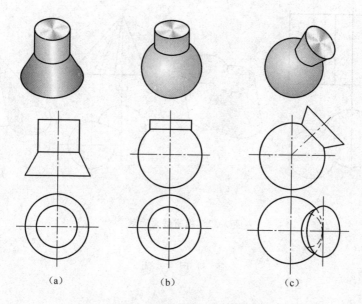

图 3-20 两回转体共轴线时的相贯线

(a)圆柱与圆锥共轴 (b)圆柱与球共轴 (c)圆锥与球共轴

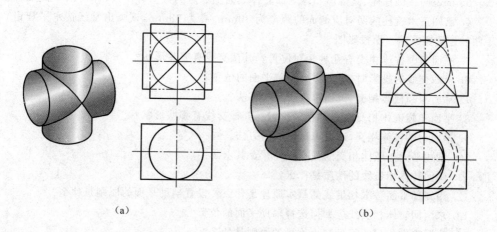

(a) (b)

图 3-21 两回转体共切于球时的相贯线

(2)两回转体共切于球 圆柱与圆柱相交、圆柱与圆锥相交,并共切于球,都属于两回转体相交,它们的相贯线都是平面曲线——椭圆。因为两回转体的轴线都平行于正投影面,所以它们相贯线的正面投影为直线,水平投影为圆,如图 3-21 所示。

(3)相贯线是直线 当两相交圆柱的轴线平行时,相贯线是圆柱上的两平行直线,如图 3-22(a)所示;两个有公共顶点的圆锥相交时,相贯线是交于顶点的两直线,如图 3-22(b)所示。

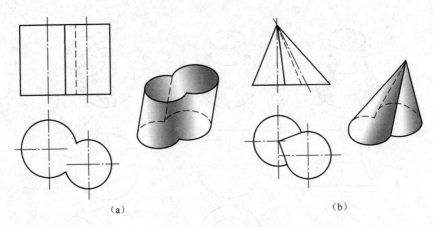

（a）　　　　　　　　　　　　　　（b）

图 3-22　相贯线是直线

复习思考题

1. 平面立体的投影图有什么特点?

2. 怎样求几何体表面上点的投影?

3. 试说明在圆柱体、圆锥体和球等回转体表面上取点的做图有什么相同和不同之处。

4. 已知正六棱柱的两对应侧面的距离为 30mm,高为 18mm,试画出轴线按水平和铅垂两种位置摆放的三面投影图。

5. 平面与圆柱体相交有几种相对位置? 其截交线有哪些形状?

6. 求截交线的投影时,应怎样分析截平面的位置?

7. 平面与圆柱体相交,试述求截交线的方法。

8. 平面和圆锥体相交有几种相对位置? 其截交线有哪些形状?

9. 平面与圆锥体相交,试述求截交线的方法。

10. 试述平面与球体相交的截交线形状及其求法。

11. 两回转体相贯线的性质是什么?

12. 用辅助平面法求相贯线的基本原理是什么? 设置辅助平面的原则是什么?

13. 求两回转体相贯线应如何选择辅助平面的位置?

14. 说明判别相贯线可见与不可见的原则是什么?

练　习　题

3.1　已知平面立体表面上点的一面投影,求其余两面投影(题图 3-1)。

3.2　已知回转体表面上点的一面投影,求其余两面投影(题图 3-2)。

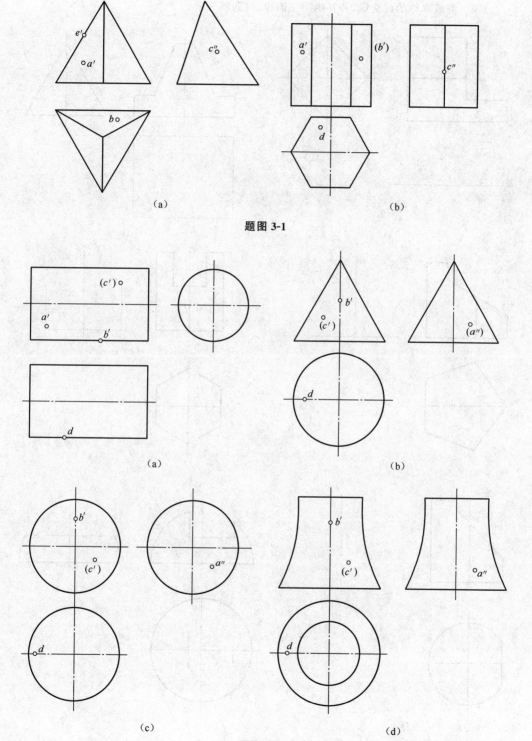

（a）

（b）

题图 3-1

（a）

（b）

（c）

（d）

题图 3-2

3.3　完成立体的截交线，并补画第三面投影（题图 3-3）。

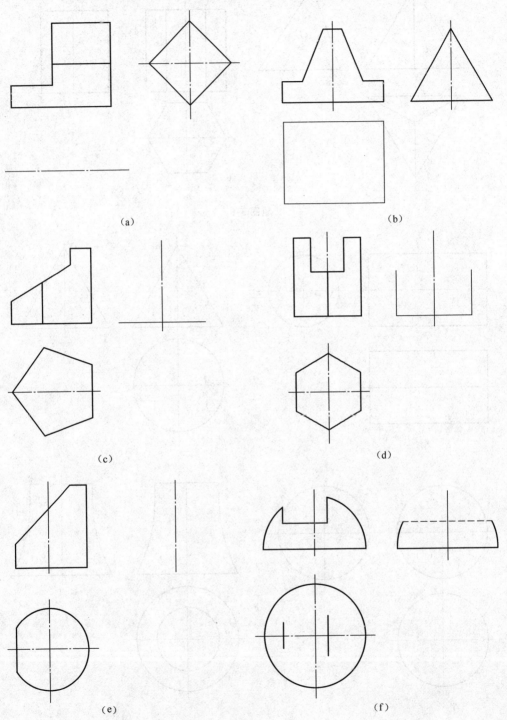

(a)

(b)

(c)

(d)

(e)

(f)

题图 3-3

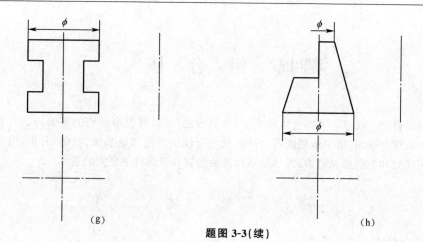

(g)   (h)

题图 3-3(续)

3.4　完成立体的相贯线(题图 3-4)。

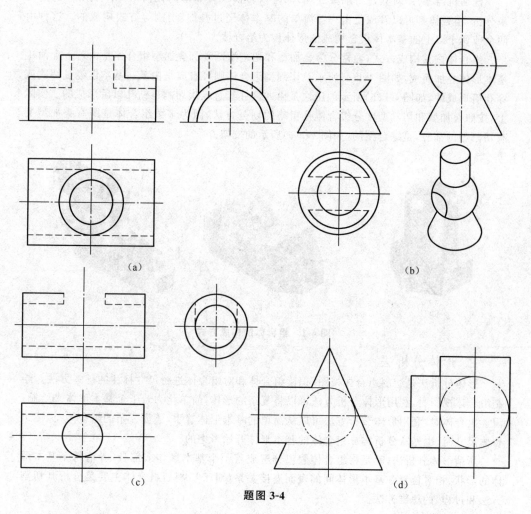

(a)   (b)

(c)   (d)

题图 3-4

第四章 组 合 体

培训学习目的 通过学习组合体的绘图、读图方法,可以将投影理论的基础知识有效地收拢并加以综合运用,集中地把画图、看图、尺寸标注的方法加以总结、归纳、升华,培养读者的分析能力和空间想象能力,为学习零件图的绘制和识读打下坚实的基础。

第一节 概 述

一、组合体的构成形式

任何机器零件,对其进行抽象处理,都可以转换成较简单的几何形体。从形体的角度来分析,组合体都可以看成是由一些简单的基本体经过叠加、切割等方式构成的。这种由两个或两个以上的基本体组合构成的形体称为组合体。

组合体按其构成方式,通常分为叠加型和切割型两种。叠加型组合体是由若干个简单基本形体叠加而成,如图 4-1(a)所示。切割型组合体则可看成是由某一基本体经过切割或穿孔后形成的,如图 4-1(b)所示的压块是由四棱柱经过五次切割再钻孔以后形成的。实际上,按照叠加型和切割型区分组合体是粗略的划分方法,因为多数组合体是既有叠加型又有切割型的部分,是综合型的,如图 4-1(c)所示的支架。

 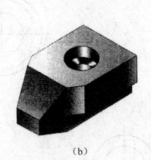 

(a)   (b)   (c)

图 4-1 组合体的构成方式

二、形体分析法

形体分析法是绘制组合体视图、识读组合体和对组合体进行尺寸标注的基本方法。绘制组合体视图时,利用形体分析方法可以将复杂的形体,简单化为若干个基本形体来绘制;识读组合体时,利用形体分析方法可以从简单的基本形体着手,读懂复杂的组合体;标注组合体尺寸时,也是从分析构成组合体的基本形体开始考虑的。

所谓形体分析法,就是将组合体假想分解成若干个基本形体或部分,弄清每个基本形体的形状、相对位置和基本形体间的表面连接关系(对于切割型组合体主要是分析其切割方法和过程)的思维方法。

如图 4-2(a)所示的轴承座,分析其形体特点,它属于叠加型组合体,可将其分解成四个基本组成部分,如图 4-2(b)所示。分析基本体的相对位置:轴承座左、右对称,支承板与底板、圆筒的后表面平齐,圆筒前端面伸出肋板前表面。分析基本体之间的表面连接关系:支承板的左、右侧面与圆筒表面相切,前表面与圆筒相交;肋板的左、右侧面及前表面与圆筒相交,底板的顶面与支承板、肋板的底面重合。

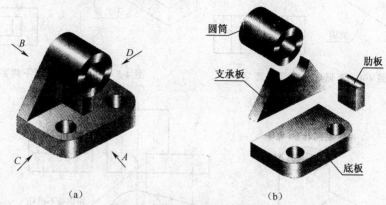

图 4-2　叠加型组合体的形体分析

再如图 4-3 所示的组合体属于切割型,它可以看成是由原形——长方体(即四棱柱),经过三次切割后形成的。分析其切割过程,可以看出第一次切割是在长方体的左上角,从前到后切掉一个三棱柱Ⅰ;第二次是在第一次切割的基础上,在形体的左侧中间切除一个柱体Ⅱ;第三次是在前两次切割的基础上,在形体右侧上部中间切去一个楔型柱体 Ⅲ。

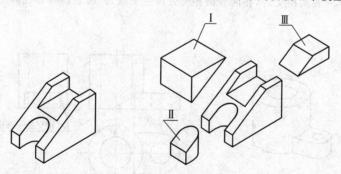

图 4-3　切割型组合体的形体分析

此外,在图 4-2(b)中的底板上加工出两个圆孔,也属于切割。

三、组合体上相邻表面之间的连接关系

不管是哪一种形式的组合体,画它们的视图,都必须正确表示各基本形体之间的表面连接关系,可归纳为以下四种情况。

①两形体的表面共面时,两表面投影之间不应画线,如图 4-4 所示;

②两形体的表面不共面时,两表面投影之间应有实线分开,如图 4-5 所示;

③两形体的表面相切时,两表面光滑过渡,故两表面投影之间不应画线,如图 4-6 所示;

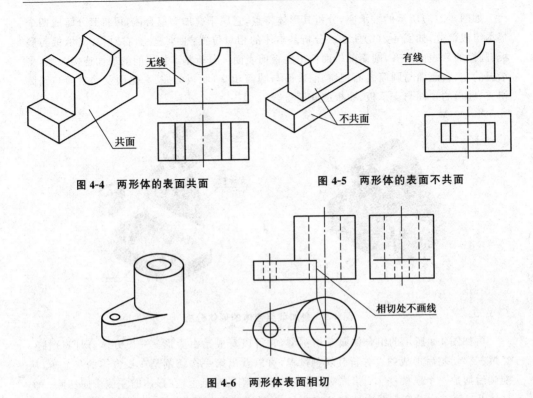

图 4-4 两形体的表面共面   图 4-5 两形体的表面不共面

图 4-6 两形体表面相切

④两形体的表面相交时,在两表面相交处产生交线,此时表面投影之间必须画出交线,如图 4-7 所示。

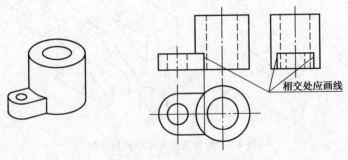

图 4-7 两形体表面相交

第二节 组合体三视图的画法

一、叠加型组合体的三视图
以图 4-2 所示的轴承座为例,说明画组合体三视图的方法与步骤。

1. 形体分析
把组合体分解成若干个基本体,明确它们的组合形式及相邻两形体相邻表面之间的连接关系,再考虑其视图选择。如图 4-2(a)所示轴承座,形体分析见上一节。

2. 选择视图

首先选择主视图。组合体主视图的选择一般应考虑两个因素:组合体的安放位置和主视图的投射方向。为了便于做图,一般将组合体的主要表面和主要轴线尽可能平行或垂直于投影面;选择主视图的投射方向,应能较全面反映组合体各部分的形状特征以及它们之间的相对位置。按图 4-2(a)所示 A,B,C,D 四个投射方向进行比较,如图 4-8 所示。若以 B 向作为主视图,虚线较多,显然没有 A 向清楚;C 向和 D 向虽然虚线情况相同,但若以 C 向作为主视图,则左视图上会出现较多虚线,没有 D 向好;再比较 D 向和 A 向,A 向反映轴承座各部分的轮廓特征明显,所以确定 A 向作为主视图的投射方向。

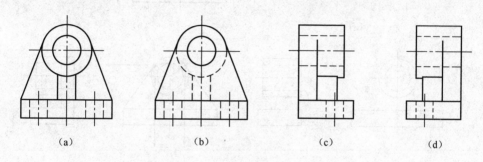

(a)　　　　　　(b)　　　　　　(c)　　　　　　(d)

图 4-8　分析主视图的投射方向
(a)A 向　(b)B 向　(c)C 向　(d)D 向

主视图选定以后,俯视图和左视图也随之确定。俯、左视图补充表达了主视图上未表达清楚的部分,如底板的形状及通孔的位置在俯视图上反映出来,肋板的形状则在左视图上表达。

3. 选比例、定图幅

视图确定之后,根据形体的大小和复杂程度,按标准确定绘图比例;再依据各视图所占幅面大小,并留有标注尺寸和画标题栏等的余量,再确定幅面。

4. 绘制底稿

(1)画基准线　以确定各视图在幅面中的位置,如图 4-9(a)所示。

(2)从形状特征明显的视图入手

①画底板的俯视图,再画主视图、左视图,如图 4-9(b)所示;

②画圆筒的主视图,再画俯视图、左视图,如图 4-9(c)所示;

③画支承板的左视图,再画主视图、俯视图,如图 4-9(d)所示;

④画肋板的主视图,再画俯视图、左视图,如图 4-9(e)所示。

注意:画图时针对形体的每一部分,最好三个视图配合着一起画出。

5. 检查、描深,完成全图

完成各基本形体的三视图后,应检查形体间表面连接处的投影是否正确,擦去多余线条,完善细微之处,最后描深,完成全图,如图 4-9(f)所示。

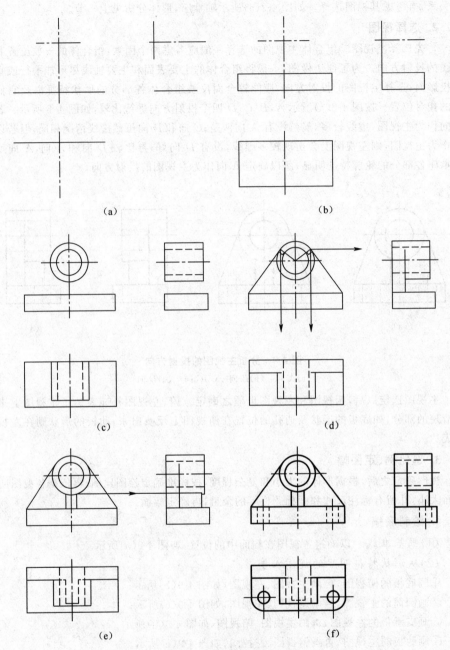

图 4-9　轴承座的画图过程

(a)布置视图,画中心线和基准线　(b)画底板三视图　(c)画圆柱体三视图

(d)画支承板三视图　(e)画肋板三视图　(f)画局部结构,检查、描深

二、切割式组合体的三视图

再以图 4-10 所示切割体为例,画组合体三视图。

1. 形体分析

该组合体为切割式组合体,可看作是一个长方体被切去 3 个部分而形成,如图 4-10(b) 所示。

2. 选择主视图

以图 4-10(a)中箭头所指方向为主视图的投射方向。

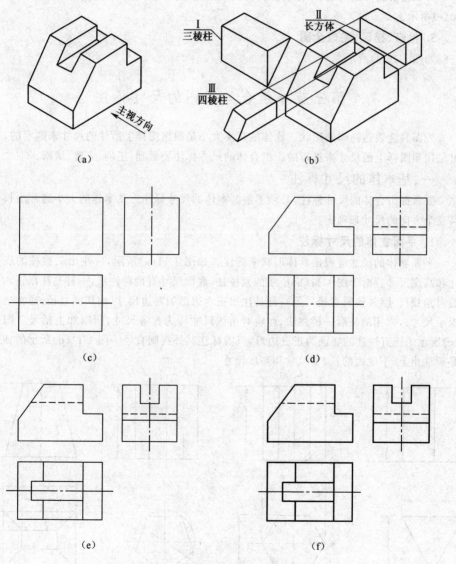

图 4-10　切割型组合体的画图步骤

(a)切割式组合体　　(b)形体分析　　(c)画基准线和长方体的三视图　　(d)切去三棱柱Ⅰ、长方体Ⅱ
(e)切去四棱柱Ⅲ　　(f)描深

3. 选比例、定图幅

4. 绘制底稿

①布置视图，画基准线，并画出长方体的三视图，如图 4-10(c)所示。

②从主视图开始，在长方体的左上角切去三棱柱Ⅰ，右上角切去长方体Ⅱ，随后完成各自的俯视图、左视图，如图 4-10(d)所示。

③从左视图开始，在长方体的上方切去四棱柱Ⅲ，随后完成其主视图、俯视图，如图 4-10(e)所示。

5. 检查、描深，完成全图

如图 4-10(f)所示。

第三节　组合体视图的尺寸标注

视图只能表达物体的形状。物体的真实大小是根据图样上所注的尺寸来确定的，加工时是按照图样上的尺寸来进行的。组合体的尺寸标注要做到：正确、完整、清晰。

一、基本体的尺寸标注

要掌握组合体的尺寸标注，必须了解基本体的尺寸标注。基本体的大小通常由长、宽、高三个方向的尺寸来确定。

1. 平面立体的尺寸标注

平面立体的尺寸应根据具体形状来标注。如图 4-11(a)所示，应注出三棱柱的底面尺寸和高度尺寸。对于图 4-11(b)所示的六棱柱，底面尺寸有两种注法，一种是注出正六边形的对角线尺寸(外接圆直径)，另一种是注出正六边形的对边尺寸(内切圆直径，通常也称为扳手尺寸)，常用的是后一种注法，而将对角线尺寸作为参考尺寸，所以加上括号。图 4-11(c)所示的正五棱柱的底面为正五边形，只需标注其外接圆直径。图 4-11(d)所示的四棱台必须注出上、下底面的长、宽尺寸和高度尺寸。

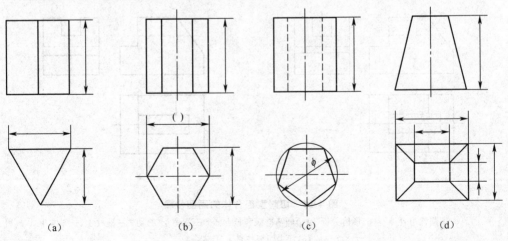

|(a)|(b)|(c)|(d)|

图 4-11　平面立体的尺寸标注

2. 曲面立体的尺寸标注

如图 4-12(a)和(b)所示,圆柱(或圆锥)应注出底圆直径和高度尺寸,圆台还要注出顶圆直径;在标注直径尺寸时应在数字前加注"ϕ"。图 4-12(c)所示的圆环要注出母线圆及中心圆直径。值得注意的是,当完整标注了圆柱(或圆锥)、圆环的尺寸之后,只要一个视图就能确定其形状和大小,其他视图可省略不画。图 4-12(d)所示的圆球也只要一个视图加注尺寸即可,圆球在直径数字前应加注"$S\phi$"。

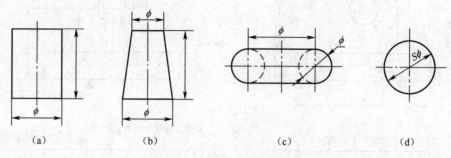

(a)　　　　　(b)　　　　　(c)　　　　　(d)

图 4-12　曲面立体的尺寸标注

3. 带切口形体的尺寸标注

对于带切口的形体,除了标注基本形体的尺寸外,还要注出确定切面位置的尺寸。必须注意,由于形体与切面的相对位置确定后,切口的交线已完全确定,因此不应在交线上标注尺寸。图 4-13 中打"×"的为多余的尺寸。

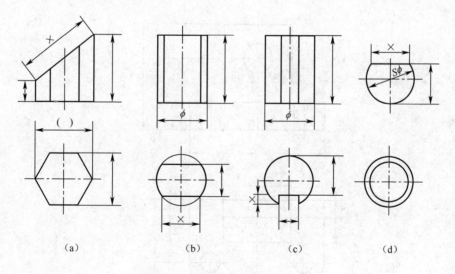

(a)　　　　　(b)　　　　　(c)　　　　　(d)

图 4-13　带切口形体的尺寸标注

二、组合体的尺寸标注

以图 4-14 所示组合体为例,说明组合体尺寸标注的基本方法。

1. 尺寸标注要完整

要做到尺寸标注完整,既不遗漏,也不重复。应先按形体分析的方法注出各基本形体的大小尺寸,再确定它们之间的相对位置尺寸,最后根据组合体的结构特点注出总体尺寸。

(1)定形尺寸　确定组合体各基本体形状大小的尺寸,如图 4-14(a)所示。

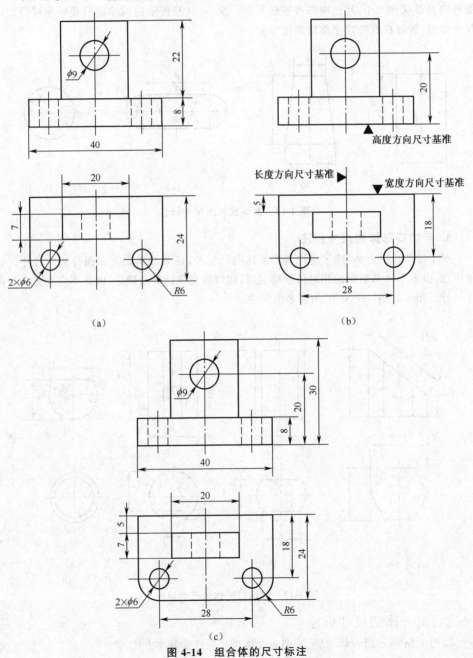

(a)　　　　　　　　　　　　　　(b)

(c)

图 4-14　组合体的尺寸标注

(a)定形尺寸　(b)定位尺寸　(c)总体尺寸

底板上长、宽、高尺寸(40,24,8),底板上圆孔和圆角尺寸(2×ϕ6,R6)。必须注意,相同的圆孔 ϕ6 要注出数量,如 2×ϕ6;但相同的圆角 R6 不注数量,两者都不必重复标注。

竖板上长、宽、高尺寸(20,7,22),圆孔直径 ϕ9。

(2)定位尺寸　确定组合体中各基本体之间相互位置的尺寸,如图 4-14(b)所示。

标注定位尺寸时,每个方向至少有一个尺寸基准,以便确定各基本形体在各个方向上的相对位置。通常选择组合体的底面、端面或对称平面以及回转轴线等作为尺寸基准。如图 4-14(b)所示,组合体的左右对称平面为长度方向尺寸基准,底板后端面为宽度方向尺寸基准,底面为高度方向尺寸基准。图中用符号"▲"表示基准的位置。

由长度方向尺寸基准注出底板上两圆孔的定位尺寸 28;由宽度方向尺寸基准注出底板上圆孔与底板后端面的定位尺寸 18,竖板与底板后端面的定位尺寸 5;由高度方向尺寸基准注出竖板上圆孔与底面的定位尺寸 20。

(3)总体尺寸　确定组合体在长、宽、高三个方向的总长、总宽和总高的尺寸,如图 4-14(c)所示。

组合体的总长和总宽尺寸,即底板的长 40 和宽 24,不再重复标注。总高尺寸 30 应从高度方向尺寸基准处注出。总高尺寸标注以后,原来标注的竖板高度尺寸 22 取消不注(或取消底板高度尺寸 8)。

当组合体以回转面为某方向轮廓时,一般不注该方向的总体尺寸,而只注回转中心的定位尺寸和外端的圆弧半径,如图 4-15 所示。

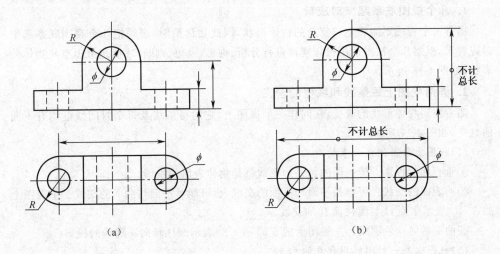

图 4-15　不标注总体尺寸的情况

(a)好　(b)不好

2. 尺寸标注要清晰

为了便于读图和查找相关尺寸,尺寸的布局必须整齐清晰。下面以尺寸已标注齐全的组合体为例,如图 4-14(c)所示,说明尺寸布置应注意的几个方面。

①突出特征。定形尺寸应尽量标注在形状特征明显、位置特征清楚的视图上。如底板的圆孔和圆角的尺寸应标注在俯视图上。

②相对集中。形体某部分的定形和定位尺寸,应集中标注在一个视图上,便于看图时查找。如底板的长、宽尺寸,圆孔的定形、定位尺寸集中标注在俯视图内;竖板上圆孔的定形、定位尺寸集中标注在主视图上。

③布局整齐。尺寸尽量布置在两视图之间,便于对照。同方向的平行尺寸,应使小尺寸在内,大尺寸在外,间隔均匀,避免尺寸线与尺寸界线相交。同方向的串联尺寸应排列在一条直线上,既整齐,又便于画图,如主、俯视图中的 8,18 和 20,24。

④尺寸应尽量避免在虚线上标注。

⑤圆的直径尺寸最好注在投影为非圆的视图上,但又由于虚线上应尽量避免标注尺寸,所以竖板上圆孔尺寸标注在主视图上。圆弧的半径必须标注在投影为圆弧的视图上,如底板圆角半径 $R6$ 标注在俯视图上。

⑥尺寸尽量注在视图的外部,以保证视图的清晰。

第四节　识读组合体的视图

根据视图想象出组合体空间形状的全过程称为读图。绘图是由"物"到"图",而读图是由"图"到"物",这两方面的训练都是为了培养和提高制图的空间想象能力和构思能力,并且它们之间是相辅相成、不可分割的。因此读图也是本课程的主要内容,必须逐步掌握。

一、读图的基本要领

1. 几个视图联系起来对应看

通常一个视图不能确定较复杂的物体形状,因此在读图时,必须把几个视图联系起来对应着看,根据几个视图运用投影规律进行分析、构思、设想、判断,才能想象出空间物体的形状,如图 4-16 所示。

2. 弄清视图上每条线和线框的含义

随着空间物体形状的改变,在同样一个视图上,它的每条线及每个封闭线框均有不同的意义,如图 4-17 所示。

(1)视图上每条图线代表的意义

①垂直面的投影。俯视图的每条边框线都是物体表面的投影。

②两表面的交线。可能是平面与平面的交线,也可能是平面与曲面的交线。主视图上的 $3'4'$ 表示平面 C 与圆柱面 B 的交线。

③曲面的转向轮廓线。左视图上的 $5''6''$ 和 $7''8''$ 表示圆柱转向轮廓线的投影。

(2)视图上每一封闭线框代表的意义

①平面。主视图上的线框 a' 和 c'。

②曲面。主视图上的线框 b'。

③平面与曲面相切。主视图上的线框 d'。

④通孔或凸台。俯视图上的线框 e。

(3)视图上相邻线框或相套封闭线框的意义

①视图上相邻线框可以代表两相交的面,主视图上的 a' 和 b' 及 b' 和 c';或错开的表面,f 和 g 是有上、下关系的两个面。

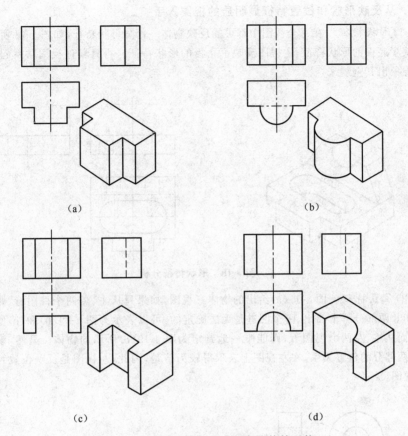

图 4-16 几个视图联系起来想象物体的形状

②视图上两相套的线框。里面的小线框可能是通孔或凸台,俯视图上的 f 和 e,e 是通孔。

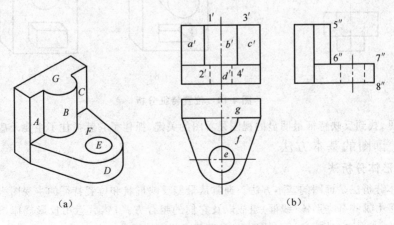

图 4-17 线和线框代表的意义

3. 从反映形状和位置特征最明显的视图入手

（1）形状特征　　在每个视图中都可能反映物体一部分形状特征，如图 4-18 所示，俯视图反映了底板的形状特征，主视图反映了立板的形状特征。再将其他视图联系起来看，就可以想象出其全貌来。

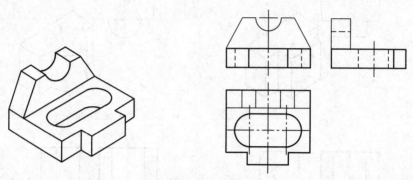

图 4-18　形状特征分析

（2）位置特征　　图 4-19(a)给出的物体三视图，如果只从主、俯两个视图看，则物体上的Ⅰ和Ⅱ两部分哪个凸出，哪个凹进是无法确定的，可以表示为图 4-19(b)和(c)所示两个物体，而从主、左两个视图看，则能唯一地判定为图 4-19(c)所示的物体。显然，该物体上Ⅰ，Ⅱ两部分的位置关系，在左视图上表示得较为清楚，因此，左视图是反映位置特征最明显的视图。

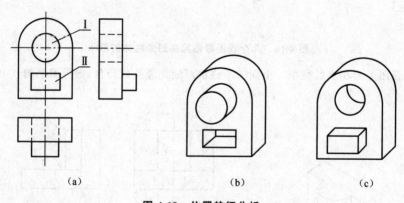

　　　　　(a)　　　　　　　　　　　　(b)　　　　　　　　　　　　(c)

图 4-19　位置特征分析

可见，找到反映特征最明显的视图是看图的关键，抓住了它就抓住了主要矛盾。

二、读图的基本方法

1. 形体分析法

形体分析法是读图的基本方法。通常从最能反映形状和位置特征的主视图入手，分析该物体是由哪些基本形体(线框)组成以及它们的组合方式；然后运用投影规律，逐个找出每个形体(线框)在其他视图上的投影，从而想象出各个基本形体的形状以及形体之间的相对位置关系，最后想象出整个物体的形体形状。

图 4-20(a)为一滑座三视图,从主视图可看出它由三部分组成。运用投影规律,读懂和想象出各个组成部分的形状和位置,如图 4-21 所示。

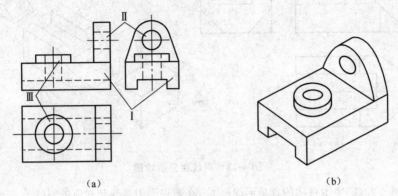

图 4-20　滑座三视图和立体图

(1)长方四棱柱　在对称面上开垂直圆孔,下方开四棱柱长槽,如图 4-21(a)所示。

(2)圆头棱柱体　在对称面上开水平圆孔,如图 4-21(b)所示。

(3)开孔扁圆柱　如图 4-21(c)所示。

分析各基本立体的相对位置以及两形体之间的连接关系,想象出整体的空间形状,如图 4-20(b)所示。

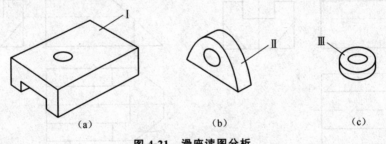

图 4-21　滑座读图分析

2. 线面分析法

在一般情况下,运用形体分析法读图,问题是比较容易解决的。然而,有些物体的局部结构比较复杂,特别是切割型的组合体,有时单用形体分析法还不够,还需采用线面分析法。

线面分析法就是根据直线及平面的投影特性,对视图上的某些线、面进行投影分析,以确定组合体该部分形状的方法。

图 4-22(a)所示为切割体的三视图,对三视图形体分析可以看出,该切割体是由长方体经过三次切割而成,如图 4-22(b)所示。虽然对物体的整体形状有了初步的了解,但要把图中某些线框和图线的含义理解清楚,还必须运用线面分析去解决。其线面分析过程如下:

①图 4-23(a)中俯视图左边的多边形线框 s。根据"长对正、高平齐、宽相等"的投影规律,找到 S 平面的另外两个投影,主视图上是一条倾斜线 s';左视图上是与其类似的多边形 s''。由此判定 S 平面为正垂面。

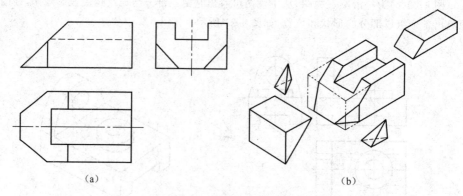

图 4-22　用线面分析读图

②图 4-23(b)中主视图的直角形线框 t'，在俯视图中可找到对应的斜线 t，左视图中找到类似直角三角形 t''。由此判定 T 面为铅垂面。

③图 4-23(c)中俯视图的矩形线框 u，在另两个视图中找到对应的直线 u'，u''。由此判定 U 面为水平面。

④图 4-23(d)中主视图的四边形线框 v'，在其他两个视图上找到对应的直线 v，v''。由此判定 V 面为正平面。

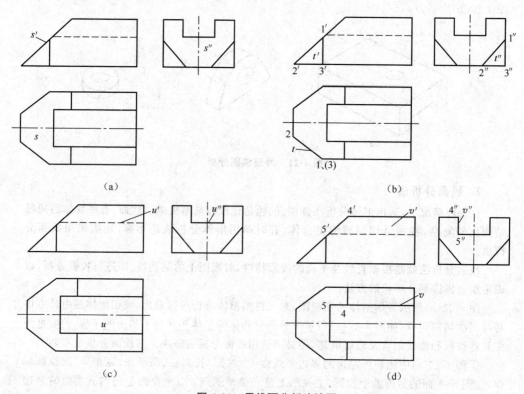

图 4-23　用线面分析法读图

其余表面不做逐一分析。综合起来可想象整体形状,如图 4-24 所示。

三、识读组合体视图举例

培养分析问题和解决问题的能力,提高识读视图的速度,需要通过众多的练习来达到。已知组合体的两个视图补画其第三视图,以及补画组合体视图中所缺的图线,是识图练习的两种方式,对于解决问题是十分重要的,应当熟练掌握。

补画第三视图和补画视图中所缺的图线的关键,是运用形体分析法和线面分析法,想清物体的形状。

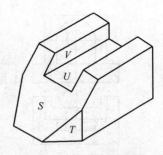

图 4-24　切割体轴测图

例 4-1　根据图 4-25(a)所示支座的主、俯视图,试想象出物体的形状,并补画出左视图。

解　做图:

(1)运用形体分析法分析已知两视图,想清整体形状　根据主、俯两视图上三个对应的封闭线框,可知该支座分为三个部分,如图 4-25(b)所示。Ⅰ为长方形底板;Ⅱ为长方形竖板,立在底板之上;二者后面平齐,从上到下又开一通槽;Ⅲ为半圆头棱柱,立在底板之上;Ⅱ和Ⅲ上又有一圆柱通孔。该支座左右对称,整体形状如图 4-25(c)所示。

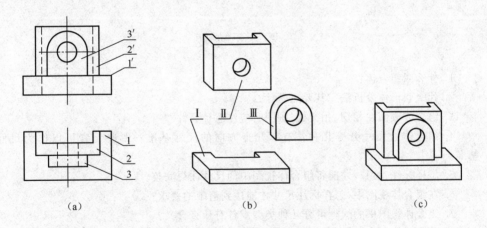

| (a) | (b) | (c) |

图 4-25　支座的两视图及形体分析

(2)补画左视图

①补画底板的左视图,如图 4-26(a)所示;

②补画竖板的左视图,如图 4-26(b)所示;

③补画半圆头柱体,凹槽及通孔,如图 4-26(c)所示;

④检查并描深,如图 4-26(d)所示。

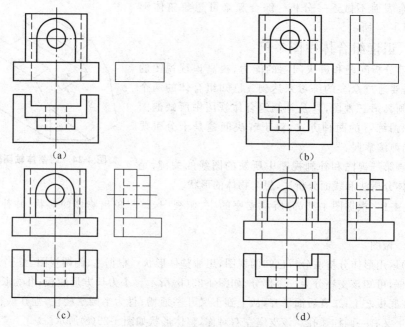

图 4-26　补画支座的左视图

复习思考题

1. 什么叫组合体?

2. 什么叫形体分析法? 其要点是什么?

3. 组合体表面在相切、相交处,画图时应注意什么?

4. 组合体的尺寸分哪几种? 有哪几个方向的尺寸基准? 哪些元素可以作为尺寸基准?

5. 怎样标注、检查,才能将组合体视图中的尺寸注得完整?

6. 在组合体视图中,怎样标注尺寸才能达到清晰的要求?

7. 组合体视图中的线框可分几种类型? 各有什么含义?

8. 什么叫线面分析法? 举例说明应用线面分析法看图的步骤。

9. 怎样根据已知的两视图补画第三视图?

10. 怎样补画视图中所缺的图线?

11. 自行构思一个含有四个基本形体的组合体。画出它的三视图,并标注尺寸。

练　习　题

4.1　根据组合体的轴测图,补画视图中所缺的图线(题图 4-1)。

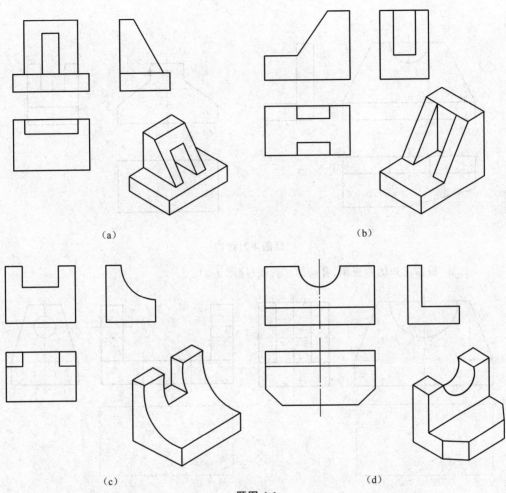

(a)　　　　　　　　　　(b)

(c)　　　　　　　　　　(d)

题图 4-1

4.2　补画视图中所缺的图线(题图 4-2)。

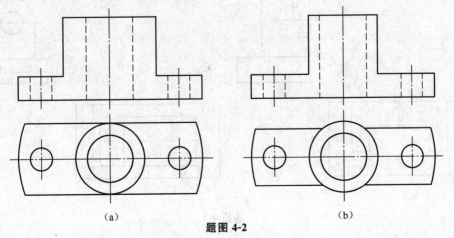

(a)　　　　　　　　　　(b)

题图 4-2

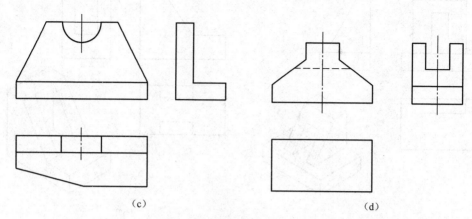

（c）　　　　　　　　　　　　　　　　　　　（d）

题图 4-2(续)

4.3　根据已知的两视图,补画第三视图(题图 4-3)。

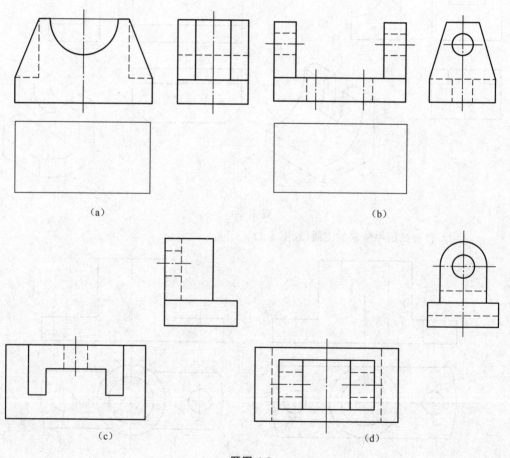

（a）　　　　　　　　　　　　　　　　　　　（b）

（c）　　　　　　　　　　　　　　　　　　　（d）

题图 4-3

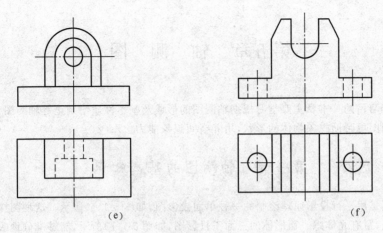

(e)   (f)

题图 4-3(续)

第五章 轴 测 图

培训学习目的 本章主要学习根据轴测图的形成及基本性质绘制正等轴测图、斜二轴测图。轴测图可帮助想象物体的形状,培养空间想象能力。

第一节 轴测图的基本知识

轴测图是用平行投影原理绘制的一种单面投影图,如图 5-1(a)所示。这种图接近于人的视觉习惯,富有立体感。而形体的三面正投影图,如图 5-1(b)所示,能够准确地表达形体的表面形状及相对位置,具有良好的度量性,是工程上广泛使用的图示方法,其缺点是缺乏立体感。因此,轴测图在工程上作为辅助图样,用于需要表达机件直观形象的场合。

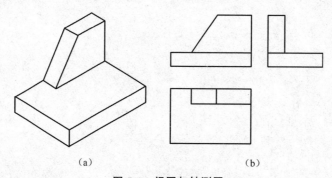

(a)　　　　　　　　　　(b)

图 5-1　视图与轴测图

一、轴测图的形成

将物体连同其直角坐标系,沿不平行于任一坐标平面的方向,用平行投影法将其投射在单一投影面上所得到的图形称为轴测投影(简称为轴测图)。轴测投影是单面投影,单靠物体的一个投影就能反映物体的长、宽、高的整体形状,如图 5-2 所示。在轴测投影中,投影面 P 称为轴测投影面,投射方向 S 称为轴测投射方向。

二、轴测图的种类

当投射方向 S 垂直于轴测投影面,即用正投影法得到的轴测投影,称为正轴测投影,如图 5-2(a)所示。当投射方向 S 倾斜于轴测投影面,即用斜投影法得到的轴测投影,称为斜轴测投影,如图 5-2(b)所示。

GB/T 4458.3—2013《机械制图　轴测图》推荐了正等测、正二测、斜二测三种轴测图。本章只介绍正等测、斜二测的画法。

三、轴测轴、轴间角、轴向伸缩系数

(1)**轴测轴**　直角坐标轴 OX,OY,OZ 在轴测投影面上的投影 O_1X_1,O_1Y_1,O_1Z_1,称为轴测投影轴,简称轴测轴。

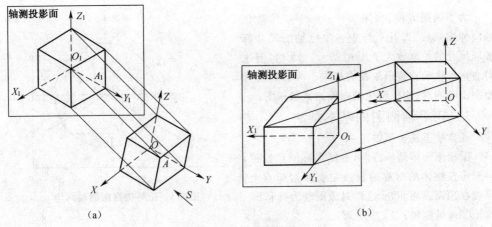

图 5-2　轴测投影的形成

(a)正轴测投影　(b)斜轴测投影

(2)轴间角　轴测投影中,任意两根直角坐标轴在轴测投影面上的投影之间的夹角,如 $\angle X_1 O_1 Y_1$, $\angle Y_1 O_1 Z_1$, $\angle X_1 O_1 Z_1$,称为轴间角。

(3)轴向伸缩系数　是直角坐标轴的轴测投影的单位长度与相应直角坐标轴上的单位长度的比值。如在空间三坐标轴上,分别取长度 OA, OB, OC,它们的轴测投影长度为 $O_1 A_1$, $O_1 B_1$, $O_1 C_1$,令:

$$p = \frac{O_1 A_1}{OA} \ , \ q = \frac{O_1 B_1}{OB} \ , \ r = \frac{O_1 C_1}{OC}$$

则 p, q, r 分别称为 OX, OY, OZ 轴的轴向伸缩系数。

四、轴测投影的基本性质

轴测投影是用平行投影法画出的,所以它具有平行投影的一切投影特性。现结合轴测投影叙述如下:

(1)平行性　空间平行的直线,轴测投影后仍平行;空间平行于坐标轴的直线,轴测投影后仍平行于相应的轴测轴。

(2)度量性　OX, OY, OZ 轴方向或与其平行的方向,在轴测图投影中轴向伸缩系数是已知的,故画轴测图时要沿轴测轴或平行于轴测轴的方向度量。这就是轴测图的得名。

第二节　正等轴测图

一、正等轴测图的形成及参数

(1)形成方法　如图 5-2(a)所示,正等轴测投影(正等轴测图)是三个轴向伸缩系数均相等的正轴测投影。此时三个轴间角相等。

(2)轴间角和轴向伸缩系数　图 5-3 表示了正等轴测图的轴测轴、轴间角和轴向伸缩系数等参数及画法。从图中可以看出,正等轴测图的轴间角均为 120°。做图时通常将 $O_1 Z_1$ 轴画成铅垂线,使 $O_1 X_1$, $O_1 Y_1$ 轴与水平线呈 30°角。且三个轴向伸缩系数相等,均为 0.82。

　　为了做图方便,采用 $p=g=r=1$ 的简化
轴向伸缩系数,即凡平行于各坐标轴的尺寸都
按原尺寸的长度放大了 $1/0.82 \approx 1.22$ 倍,但这
对表达形体的直观形象没有影响。今后在实际
绘制正等测时,均按简化轴向伸缩系数做图。

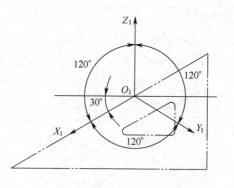

二、正等轴测图的基本画法

　　通常按下述步骤做图:

　　①根据形体结构特点,选定坐标原点位置,
一般定在物体的对称轴线或主要棱边端点上,
且放在顶面或底面处,这样对做图较为有利;

图 5-3　正等轴测图的轴间角

　　②画轴测轴;

　　③按点的坐标做点、直线的轴测图,一般自上而下,根据轴测投影基本性质,逐步做图,
不可见棱线通常不画出。

　　例 5-1　绘制如图 5-4(a)所示正六棱柱的正等轴测图。

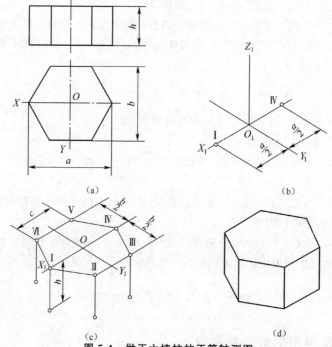

图 5-4　做正六棱柱的正等轴测图

　　解　由正投影图可知,正六棱柱的顶面、底面均为水平的正六边形。在正等轴测图中,
宜从顶面画起,且使坐标原点与顶面正六边形中心重合,做图步骤如图 5-4 所示。

　　①选择正六棱柱顶面中心为坐标原点,确定坐标轴。

　　②画轴测轴,确定点 Ⅰ,Ⅳ,如图 5-4(b)所示。

③根据 b，c（根据 b 算出）确定Ⅱ，Ⅲ，Ⅴ，Ⅵ四点，顺次连接Ⅰ，Ⅱ，Ⅲ，Ⅳ，Ⅴ，Ⅵ；然后由顶面各点向下画棱线（只需画出可见轮廓线），按尺寸 h 截取底面各点，如图5-4(c)所示。

④连接底面各点，擦去做图线，加深轮廓线，完成做图，如图5-4(d)所示。

三、平行坐标面圆的正等轴测图

（1）圆的画法 在正等轴测图中，由于空间各坐标面相对轴测投影面都是倾斜的，而且倾角相等，所以平行于各坐标面且直径相等的圆，正等测投影后椭圆的长、短轴均分别相等，但椭圆长、短轴方向不同，如图5-5所示。

正等轴测图中的椭圆通常采用近似画法——菱形法做图。现以水平圆的正等轴测图为例，说明做图方法（正平圆和侧平圆请读者自行分析），具体过程如图5-6所示。

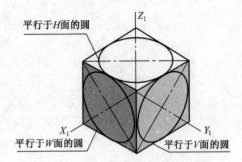

图5-5 平行坐标面圆的正等轴测图

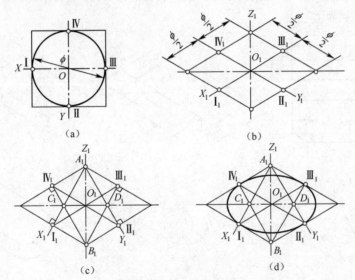

图5-6 菱形法做椭圆

①以圆心 O 为坐标原点，做坐标轴 OX，OY，做圆的外切正方形并标出切点Ⅰ，Ⅱ，Ⅲ，Ⅳ，如图5-6(a)所示。

②画轴测轴，沿轴向按圆的半径在 O_1X_1，O_1Y_1 上量取Ⅰ$_1$，Ⅱ$_1$，Ⅲ$_1$，Ⅳ$_1$，并过这些点做相应轴测轴平行线，得外切正方形的正等轴测图——菱形，如图5-6(b)所示。

③A_1，B_1 为菱形短对角线两端点，连接 A_1Ⅰ$_1$，B_1Ⅲ$_1$（或 A_1Ⅱ$_1$，B_1Ⅳ$_1$）与菱形对角线分别交与 C_1，D_1，则 A_1，B_1，C_1，D_1 为椭圆的四段圆弧的圆心，如图5-6(c)所示。

④分别以 A_1，B_1 为圆心，A_1Ⅰ$_1$，B_1Ⅲ$_1$ 为半径画大圆弧$\overset{\frown}{ⅠⅡ}$，$\overset{\frown}{ⅢⅣ}$；以 C_1，D_1 为圆心，以 C_1Ⅰ$_1$，D_1Ⅱ$_1$ 为半径画小圆弧$\overset{\frown}{ⅠⅣ}$，$\overset{\frown}{ⅡⅢ}$，如图5-6(d)所示。

⑤擦去辅助做图线,即得圆的正等轴测投影——椭圆。

（2）圆柱的正等轴测图画法　圆柱的正等轴测图画法,是先做出顶面和底面圆的正等轴测图——两椭圆,然后做出两椭圆的外公切线即可,如图 5-7 所示。

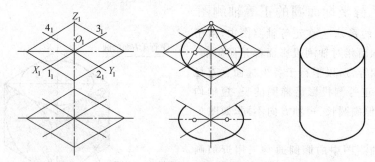

图 5-7　圆柱的正等轴测图的画法

（3）圆角的正等轴测图画法　圆角是圆的四分之一,其正等轴测图画法与圆的正等轴测图画法相同,即做出对应的四分之一菱形,画出近似圆弧。以图 5-8(a)所示水平圆角为例,做图步骤如下。

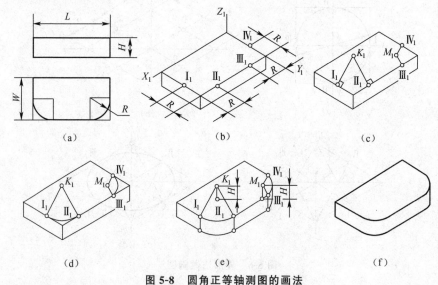

图 5-8　圆角正等轴测图的画法

①画出未切圆角前的长方体的正等轴测图,如图 5-8(b)所示。

②以圆角半径 R 为长度量取点 I_1,II_1,III_1,IV_1,从图 5-8(b)中可以看出:分别过 I_1,II_1 两点做菱形大角两边的垂线,其交点 K_1 即为大圆弧的圆心;过菱形小角两边上 III_1,IV_1 两点做垂线,其交点 M_1 为小圆弧的圆心,如图 5-8(c)所示。

③分别以 K_1,M_1 为圆心,$K_1 I_1$,$M_1 III_1$ 为半径画弧,如图 5-8(d)所示。

④用"移心法",将两弧圆心及切点下移板厚 H,画出下底面上的圆弧,画出右边圆角的外切线,如图 5-8(e)所示。

⑤擦去多余做图线,加深,即完成做图,如图 5-8(f) 所示。

四、组合体正等轴测图的画法

画组合体的轴测图,首先应对组合体进行形体分析,弄清它是由哪些基本体、按何种方式组合而成。切割型组合体一般是先画未切割之前的完整形体,然后再挖切;叠加型组合体则是按各基本形体叠加画法;大多数组合体是综合式,可把叠加法和切割法结合起来绘制。

例 5-2　画出图 5-9(a)所示组合体的正等轴测图。

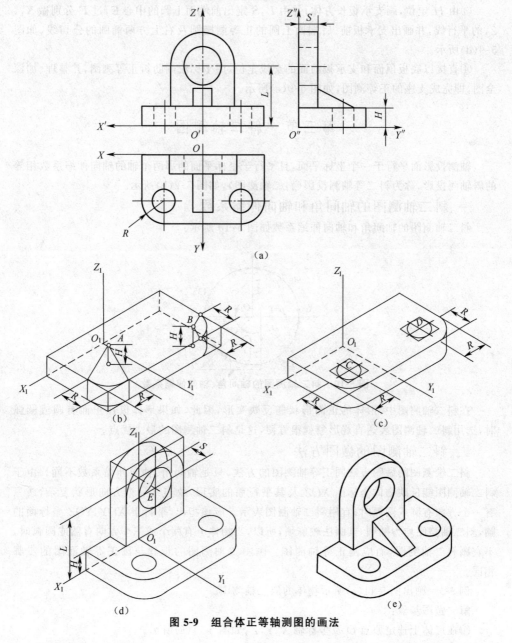

图 5-9　组合体正等轴测图的画法

　　解　①画轴测轴 X_1,Y_1,Z_1。画底板长方体,并由 R 定出顶面圆角的切点,从切点做切边的垂线,交于点 A,B,以其为圆心分别在切点间画圆弧,即得顶面圆角;由 H 用移心法画底面圆角,并画右边圆弧的公切线,如图 5-9(b)所示。

　　②由 R 分别确定底板顶面上两圆的中心 C,D,过 C,D 分别做 X_1,Y_1 的平行线,并用四圆弧近似画出底板圆孔的正等轴测图——椭圆;圆孔底面圆不可见,不需画出,如图 5-9(c)所示。

　　③由 H 定位,画支承板长方体;并由 L,S 定出前端面上圆的中心 E,过 E 分别做 X_1,Z_1 的平行线,并画出支承板前、后端面上圆的正等测椭圆及右上方两椭圆的公切线,如图 5-9(d)所示。

　　④直接以底板顶面和支承板前面的交线定位,用坐标法画肋板正等测图,并整理、加深全图,即完成支座的正等测图,如图 5-9(e)所示。

第三节　斜二轴测图

　　轴测投影面平行于一个坐标平面,且平行于坐标平面的那两个轴的轴向伸缩系数相等的斜轴测投影,称为斜二等轴测投影(斜二轴测图),如图 5-2(b)所示。

一、斜二轴测图的轴间角和轴向伸缩系数

　　斜二轴测图的轴间角和轴向伸缩系数如图 5-10 所示。

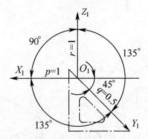

图 5-10　斜二轴测图的轴间角、轴向伸缩系数

　　在斜二轴测图中,形体的正面形状能反映实形,因此,如果形体仅在正面有圆或圆弧时,选用斜二轴测图表达直观形象就很方便,这是斜二轴测图的最大优点。

二、斜二轴测图的做图方法

　　斜二轴测图的做图方法同正等轴测图的方法,只是轴间角、轴向伸缩系数不同。由于斜二轴测图能反映物体坐标面 XOZ 及其平行面的实形,故当某一个方向形状复杂,或只有一个方向有圆或圆弧时,宜用斜二轴测图表示。应该指出,平行于 XOY,YOZ 坐标面的圆,斜二轴测图均为椭圆,其画法较麻烦,所以,当物体上有两个或三个方向有圆或圆弧时,不宜画斜二轴测图,而应画正等轴测图。画斜二轴测图的步骤与画正等轴测图的步骤相同。

　　例 5-3　画出图 5-11(a)所示物体的斜二轴测图。

　　解　做图步骤:

　　①在形体上选定原点 O 及坐标轴 X,Y,Z,如图 5-11(a)所示。

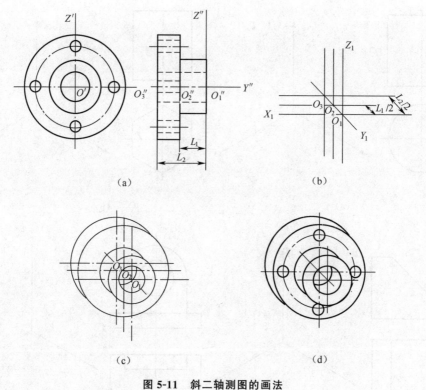

(a)　　　　　　　　　　(b)

(c)　　　　　　　　　　(d)

图 5-11　斜二轴测图的画法

②画轴测轴。从 O_1 沿 Y_1 后移 $L_1/2$ 得 O_2，后移 $L_2/2$ 得 O_3，如图 5-11(b)所示。

③以 O_1 为圆心画前端面圆，以 O_2 为圆心画中部各圆的可见部分，以 O_3 为圆心画后端面圆的可见部分，如图 5-11(c)所示。

④根据小圆弧的径向和周向定位，画出各圆孔，整理、加深全图，即完成圆盘的斜二轴测图，如图 5-11(d)所示。

复习思考题

1. 正轴测投影和斜轴测投影的区分根据是什么？

2. 试画出正等轴测图、斜二轴测图的轴测轴，并标出实际做图时采用的轴向伸缩系数。

3. 试画出平行于正面和侧面圆（$\phi 30$）的正等轴测图。

4. 斜二轴测图与正等轴测图比较，其突出优点是什么？

练 习 题

5.1　根据立体的两视图，画其正等轴测图（题图 5-1）。

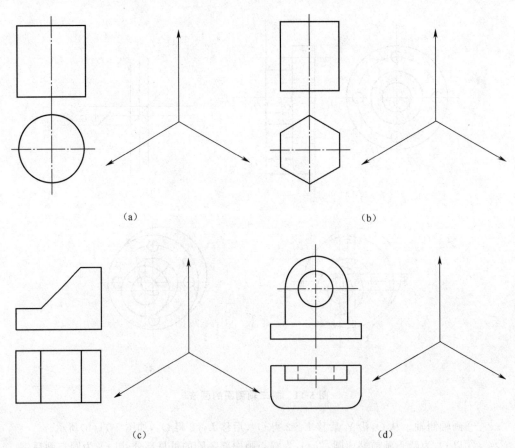

（a）　　　　　　　　　　　　（b）

（c）　　　　　　　　　　　　（d）

题图 5-1

5.2　根据立体的两视图,画其斜二轴测图(题图 5-2)。

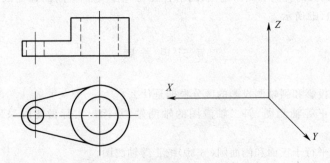

题图 5-2

第六章　机件的表达方法

培训学习目的　机件的复杂程度差别极大,形状结构简单的机件,画两面视图就可以了;形状复杂和不规则的,画三面视图还可能不足以将机件表达清楚。为此,国家标准规定了机件的各种表达方法。

本章主要学习机件各种表达方法:视图、剖视、断面、局部放大图与简化等;根据已有的机件表达图样,掌握其识读规律及方法。

第一节　视　　图

视图的国家标准中,GB/T 17451—1998《技术制图　图样画法　视图》是基础,GB/T 4458.1—2002《机械制图　图样画法　视图》是补充,另外还有 GB/T 16675.1—2012《技术制图　简化表示法　第一部分:图样画法》。

一、基本视图

基本视图是物体向基本投影面投射所得的视图。为了清晰地表达机件的上、下、左、右、前、后六个方向的结构形状,在原来3个投影面的基础上,再增加3个投影面构成了一个正六面体,将机件在其中放正,并向各基本投影面投射,便得到了6个基本视图,如图6-1所示。各视图按图6-2所示基本位置配置,可不标注视图名称。

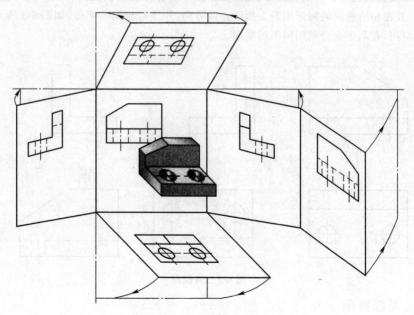

图 6-1　六个基本投影面展开

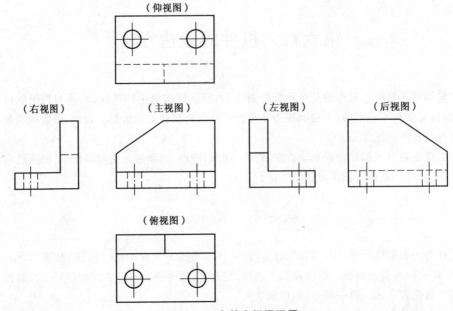

图 6-2　六个基本视图配置

　　6 个视图之间,仍符合"三等规律"。除后视图外,各视图靠近主视图的一边,均表示机件的后面,远离的一边为机件前面。

二、向视图

　　自由配置的视图称为向视图,向视图需在图形上方标注视图的名称"×"(×为大写拉丁字母)及在相应视图的附近用箭头指明投射方向,并注写相同的字母,如图 6-3 所示。向视图的应用,有利于充分利用图纸的空间。

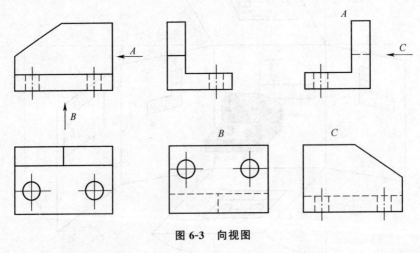

图 6-3　向视图

三、局部视图

　　局部视图是将物体的某部分向基本投影面投射所得的视图。当机件的主要形状已表达清楚,只是局部结构未表达清楚时,为了简便,不必再增加一个完整的基本视图,如图 6-4 B 视图和图 6-5 B,C 视图所示。

局部视图的断裂边界用波浪线表示。当所表示的结构是完整的,且外轮廓成封闭时,则不必画出其断裂边界线,如图 6-5 C 视图所示。

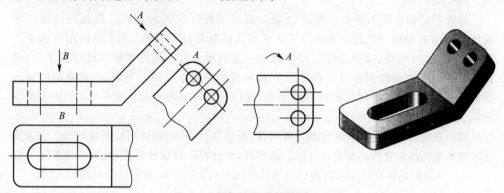

图 6-4　局部视图及斜视图(一)

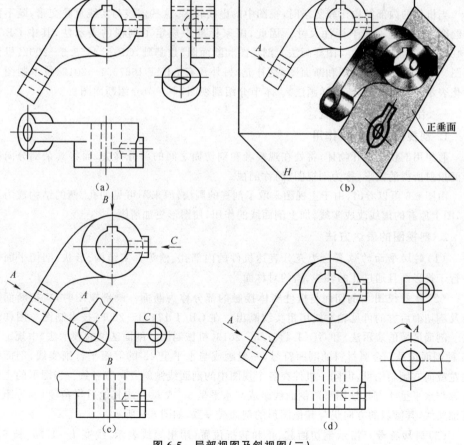

图 6-5　局部视图及斜视图(二)

标注局部视图时,通常在其上方标出"×",在相应视图附近用箭头指明投射方向,并注相同字母,如图6-5中 C 视图所示。当局部视图按基本视图配置,中间又没有其他图形隔开时,可不必标注,如图6-5(d)中俯视图所示。

四、斜视图

斜视图是物体向不平行于基本投影面的平面投射所得的视图。斜视图一般用于机件具有倾斜结构的情况。如图 6-5 所示压紧杆具有倾斜结构,其 3 个视图有两个不反映实形,这对画图、读图及标注尺寸都有一定困难。为了表达其倾斜结构的实形,选择了一个与压紧杆倾斜部分平行且与 V 面垂直的平面作为新的投影面,将倾斜部分向新的投影面投影,即得到反映倾斜部分实形的斜视图,如图 6-4 和图 6-5(c)中 A 视图所示。

因斜视图只是表达倾斜部位的局部形状,其余部分不画,所以用波浪线断开。斜视图通常按向视图的配置形式配置并标注。必要时,允许将图形旋转配置,此时在图形上方注上"×⌒"(图形名称"×"应靠近旋转符号的箭头端),如图6-4、图6-5(d)中的"⌒A"。

第二节　剖　视　图

当机件的内部结构比较复杂时,视图中的虚线较多,这些虚线与实线重叠交错,既不便于绘图、读图,也不便于标注尺寸。因此,国家标准中规定了剖视的表示法,其中 GB/T 17452—1998《技术制图　图样画法　剖视图和断面图》是基础,GB/T 4458.6—2002《机械制图　图样画法　剖视图和断面图》是补充,另外还有 GB/T 16675.1—2012《技术制图简化表示法　第一部分:图样画法》。本节介绍剖视图,下一节介绍断面图。

一、剖视图的基本概念

1. 剖视图的定义和作用

假想用剖切面剖开物体,将处在观察者和剖切面之间的部分移去,而将其余部分向投影面投射所得的图形,称为剖视图,简称剖视。

由图 6-6 可以看出,由于主视图采取了剖视的画法,原来不可见的孔、槽的结构成为可见,图上原有的虚线改成实线,加上剖面线的作用,使图形更加清晰。

2. 剖视图的表达方法

(1)剖切平面的位置　为充分表达机件的内部孔、槽等真实结构、形状,剖切平面应平行于投影面且通过孔的轴线、槽的对称面。

(2)画剖视图　剖切面与机件实体接触的部分称为断面。画剖视图时,应把断面轮廓及剖切面后方的可见轮廓线用粗实线画出。在 GB/T 17453—2005《技术制图　图样画法　剖面区域的表示法》和 GB/T 4457.5—2013《机械制图　剖面区域的表示法》中规定了15 种剖面符号。金属材料的剖面符号,一般画成与水平呈 45°的等距平行细实线,剖面线向左或向右倾斜均可,但同一机件在各个视图中的剖面线倾斜方向应一致。当图形的主要轮廓与水平呈45°时,该图形的剖面线画成与水平呈 30°或 60°(或其他适当角度)的等距平行细实线,其倾斜的方向仍与其他图形的剖面线一致,如图 6-6 所示。

(3)剖切符号　指示剖切面起、止和转折位置(用粗短线表示,线宽 1~1.5b,长 5~

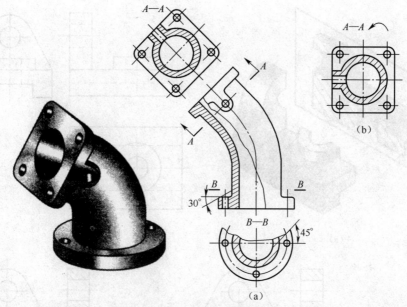

图 6-6　斜剖视图的画法

10mm)及投射方向(用箭头表示)。一般在剖视图的正上方用大写拉丁字母标注剖视图的名称"×—×",在相应的视图上用剖切符号表示剖切位置,同时在剖切符号的外侧画出与它垂直的细实线和箭头表示投射方向;剖切符号不应与图形的轮廓相交,在它的起、止或转折处应注写相同的大写字母,字母一律水平填写,如图 6-7(c)所示。

　　当剖视图按投影关系配置,中间又没有其他图形隔开时,可省略箭头。当单一剖切平面通过机件的对称平面或基本对称平面,且剖视图按投影关系配置,中间又没有其他图形隔开时,不必标注,如图 6-7(d)所示。

3. 画剖视图应注意的问题

　　①剖切面是假想的,因此,当机件的某一个视图画成剖视之后,其他视图仍按完整结构画出。

　　②剖切面后方的可见轮廓线应全部画出,不得遗漏。

　　③在剖视图中,已经表达清楚的结构,虚线省略不画。对于没有表达清楚的结构,在不影响剖视图的清晰度而又可以减少视图数量的情况下,可以画少量虚线,如图 6-8 所示。

　　初学机械制图者,往往喜欢用虚线而不用剖视来表示内部结构,这是受直观的影响,即虚线易理解。实际在一般的机械制图中,剖视的应用远远超出虚线。只要有内部结构,即使只是一个孔或一个槽,就可以大胆应用剖视,目的就是不用或少用虚线。

二、剖视图的种类

　　按剖切平面剖开机件的范围不同,可分为全剖视图、半剖视图和局部剖视图。

1. 全剖视图

　　用剖切面完全剖开物体所得的剖视图,称为全剖视图。全剖视图主要用于外形简单、内部形状复杂的不对称机件,如图 6-7、图 6-8 所示。剖切平面可以采用一个,也可以采用

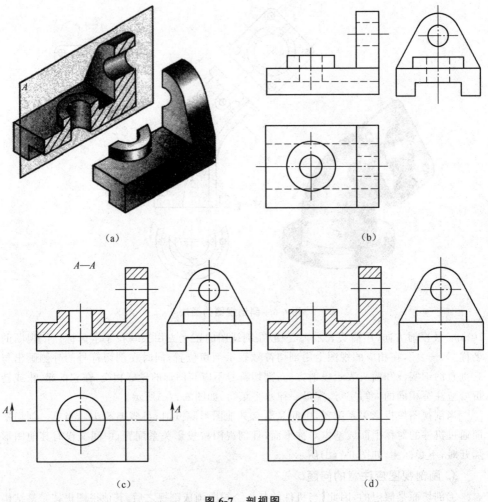

(a)　　　　　　　　　　　(b)

(c)　　　　　　　　　　　(d)

图 6-7　剖视图

几个。

2. 半剖视图

当物体具有对称平面时,向垂直于对称平面的投影面上投射所得的图形,可以对称中心线为界,一半画成剖视图,另一半画成视图,这种图形称为半剖视图,如图 6-9 所示。

半剖视图适用于机件对称或基本对称;主要优点在于被剖的一半可表达内部结构,而未剖的另一半可以表达外形,综合起来很容易想出整体结构形状。画半剖视图时应注意以下两点:

①半个视图与半个剖视图应以点画线为界。

②半剖视图中视图的一半一般不画虚线;对于那些

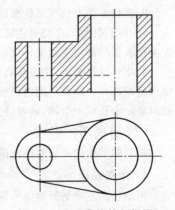

图 6-8　应画虚线的剖视图

在半个剖视图中尚未表达清楚的结构，可以在另半个视图中做局部剖视。

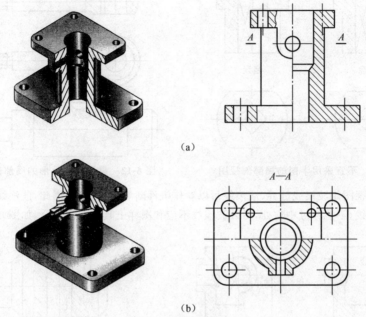

(a)

(b)

图 6-9　半剖视图

3. 局部剖视图

用剖切面局部地剖开物体所得的剖视图，称为局部剖视图，如图 6-10 所示。

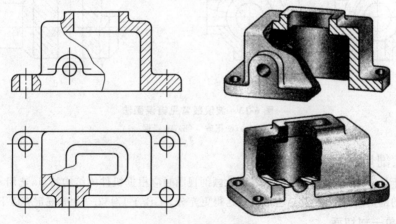

图 6-10　局部剖视图

局部剖视图具有同时表达机件内、外结构的优点，且不受机件是否对称的条件限制；但应注意，在一个视图中，数量不宜过多，以免图形过于零碎。局部剖视图常用于下列情况：

①机件虽然对称，但轮廓线和对称线重合，此时应采用局部剖视图，如图 6-11 所示；

②需要保留部分外形的不对称机件，如图 6-12 所示。

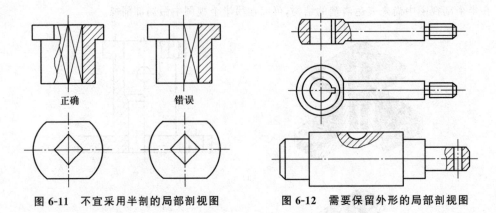

图 6-11　不宜采用半剖的局部剖视图　　　　图 6-12　需要保留外形的局部剖视图

局部剖视图用波浪线分界,波浪线可以看作机件断裂面的投影,因此,波浪线不能超出视图的轮廓线,不能穿过中空处,另外波浪线不应和图样上其他图线重合,如图 6-13 所示。

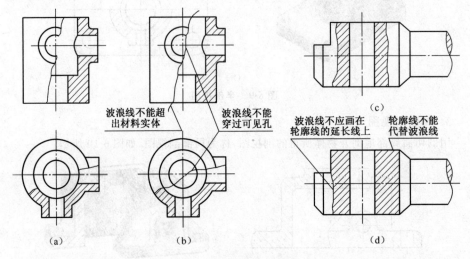

图 6-13　波浪线常见错误画法

(a)(c)正确　(b)(d)错误

三、剖切平面和剖切方法

由于机件的结构形状差异很大,因此画剖视图时应根据机件的结构特点,选用不同形式和数量的剖切面,从而使其结构形状表达得更充分。GB/T 17452—1998 规定有以下几种。

1. 单一剖切面

图 6-7 至图 6-13 都是用平行于基本投影面的单一剖切面获得的剖视图。

用与倾斜部分平行,且垂直于某一基本投影面的单一剖切平面获得的剖视图,如图 6-6 所示。与斜视图一样,通常按向视图的配置形式配置并标注,如图 6-6(a)中的"A—A";必要时允许将图形旋转配置(角度<90°),表示该图形名称"×—×"应靠近旋转符号的箭头端,如图 6-6(b)所示。

2. 几个平行的剖切平面

如图 6-14 所示是用两个平行剖切平面获得的剖视图,可形象称为阶梯剖;主要适用于机件内部有一系列不在同一平面上的孔、槽等结构的表达。采用几个平行的剖切平面绘制剖视图时应注意:

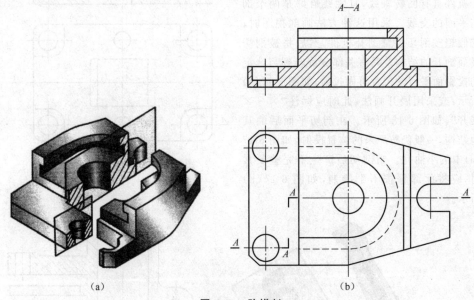

（a）　　　　　　　　　　　　　　　　　（b）

图 6-14　阶梯剖

①剖切平面的转折处,不应与视图中轮廓线重合,转折处不应画线,如图 6-15(c)所示。

②在图形内不应出现不完整要素,如图 6-15(d)所示。

③剖切平面的起止和转折处应画出剖切符号,并注写同一字母。当转折处空位狭小,不注写字母并不影响读图时,则该处的字母允许省略。

④仅当两个要素在图形上具有公共对称中心线或轴线时,可以各画一半,此时,应以对称中心线或轴线为界,如图 6-16 所示。

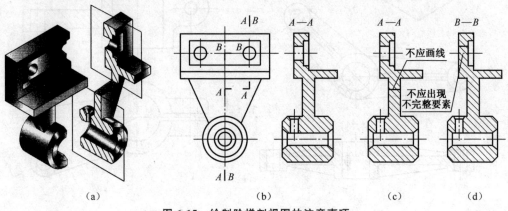

（a）　　　　　　　　（b）　　　　　　　　（c）　　　　　　（d）

图 6-15　绘制阶梯剖视图的注意事项

3. 几个相交的剖切平面（交线垂直于某一投影面）

　　用几个相交的剖切平面获得的剖视图应
旋转到一个投影平面上，如图 6-17 所示是用
两个相交剖切平面获得的剖视图。主要适用
于机件具有回转轴线，且轴线恰好是两个剖
切平面的交线。采用这种方法画剖视图时，
先假想按剖切位置剖开机件，然后将被剖切
平面剖开的结构及其有关部分旋转到与选定
的投影面平行的位置再做投射，如图 6-17(a)
所示；或采用展开画法，此时应标注"×—×
展开"，如图 6-18 所示。在剖切平面后的其
他结构，一般仍按原来的位置投射，如图 6-17
(a)中的小油孔。当剖切后产生不完整要素
时，应将此部分按不剖绘制，如图 6-17(b)
所示。

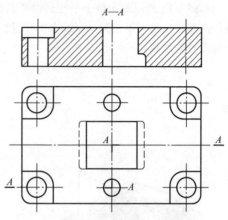

图 6-16　阶梯剖各画一半图例

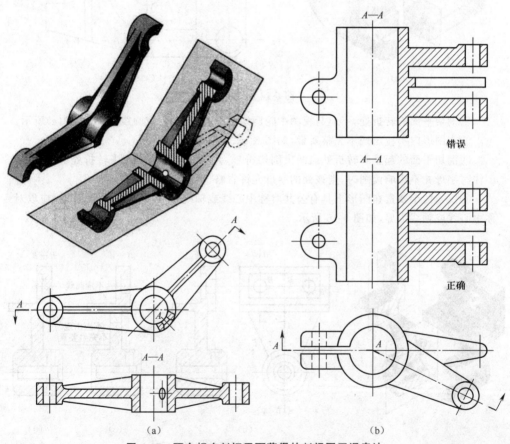

图 6-17　两个相交剖切平面获得的剖视图正误表达

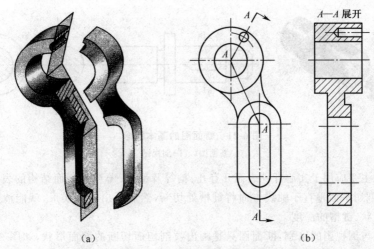

(a)   (b)

图 6-18 相交剖切平面获得的剖视图的展开画法

四、剖视图的规定画法

①对于机件上的肋板、轮辐及紧固件、轴等,如按纵向剖切,这些结构都不画剖面符号,而用粗实线将它与其邻接部位分开,即纵向剖切通常按不剖绘制。当这些结构按横向剖切时,仍画出剖面符号,如图 6-19 所示。

②带有规则分布结构要素的回转零件,需要绘制剖视图时,可以将其结构要素旋转到剖切平面上绘制,如图 6-20 中均匀分布的孔与肋板的画法。

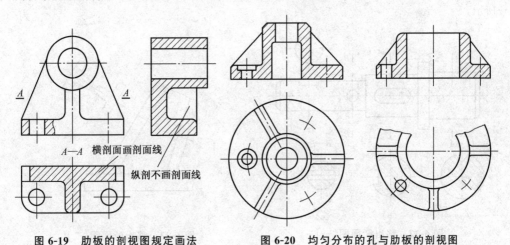

图 6-19 肋板的剖视图规定画法   **图 6-20 均匀分布的孔与肋板的剖视图**

第三节   断 面 图

一、断面图的基本概念

假想用剖切面将物体的某处切断,仅画出该剖切面与物体接触部分的图形,称为断面图。断面图可简称断面,如图 6-21 所示。

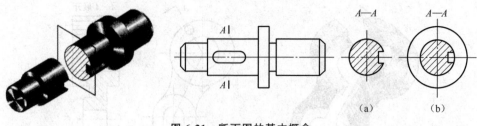

图 6-21　断面图的基本概念

(a)断面图　(b)剖视图

　　断面图主要应用于实心杆件表面开有孔、槽等及型材、薄壁等断面结构的表达。如图 6-21 所示,剖切平面垂直于轴线方向将键槽处切断,然后画出断面实形,就能清楚地表达该断面的形状、键槽的深度。

　　断面图与剖视图的区别:断面图只是画出被剖切面切断的断面形状,如图 6-21(a)所示。而剖视图则是将断面连同它后面结构的投影一起画出,如图 6-21(b)所示。

二、断面图的种类

　　根据断面图配置的位置,断面图分为移出断面图和重合断面图两种。

1. 移出断面图

　　图形画在视图之外的断面图,称为移出断面图,如图 6-22 所示。移出断面图的轮廓用粗实线绘制,通常配置在剖切线的延长线上或其他适当的位置。

　　由两个或多个相交的剖切平面剖切得到的移出断面图,一般中间应断开,如图 6-23 所示。

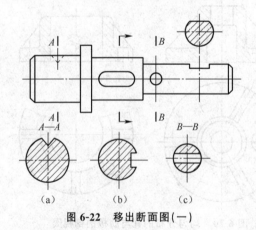

图 6-22　移出断面图(一)

图 6-23　移出断面图(二)

2. 重合断面图

　　图形画在视图之内的断面图,称为重合断面图,如图 6-24 所示。画重合断面图时,轮廓线是细实线,当视图中轮廓线与重合断面图的图形重叠时,视图中的轮廓线仍应连续画出,不可间断,如图 6-24(a)所示。

三、断面图的标注

　　移出断面图的标注同剖视图。移出断面图的配置及具体的标注方法见表 6-1。

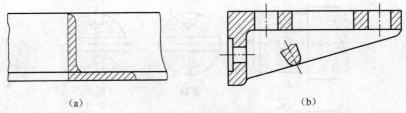

(a)　　　　　　　　　　　　　　　　　(b)

图 6-24　重合断面图

表 6-1　移出断面图的配置与标注

断面形状 配置位置	对称的移出断面	不对称的移出断面
配置在剖切线或剖切符号延长线上	剖切线（细点画线） 不必标出字母和剖切符号	不必标注字母
按投影关系配置	A—A 不必标注箭头	A—A 不必标注箭头
配置在其他位置	A—A 不必标注箭头	A—A 应标注剖切符号(含箭头)和字母

四、断面图的规定画法

　　①当剖切平面通过回转面形成的孔或凹坑轴线时,则这些结构按剖视图要求绘制,如图 6-25 所示。

　　②当剖切平面通过非圆孔出现完全分离的剖面区域时,则这些结构应按剖视图要求绘制,如图 6-26 所示。

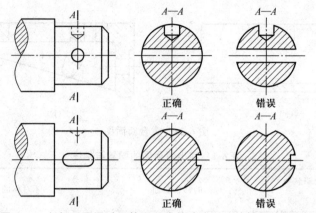

图 6-25　剖切平面通过回转面形成的孔或凹坑的轴线的断面图

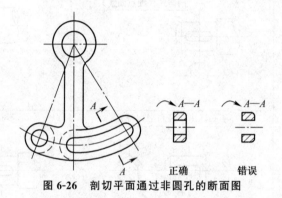

图 6-26　剖切平面通过非圆孔的断面图

第四节　其他表达方法

一、局部放大图

机件按一定比例绘制视图后,如果其中一些微小结构表达不够清晰,或不便于标注尺寸时,可以放大单独画出这些结构。将机件的部分结构,用大于原图形所采用的比例单独画出的图形,称为局部放大图,如图 6-27 所示。

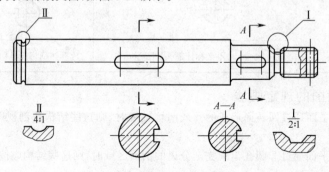

图 6-27　局部放大图(一)

局部放大图可画成视图,也可画成剖视图和断面图,它与被放大部位的表示方法无关。局部放大图应尽量配置在被放大部位的附近。

画局部放大图时,除螺纹牙型、齿轮和链轮的齿形外,应在原图上把所要放大部位用细实线圈出,如图 6-27 和图 6-28 所示。

当同一机件有多处放大的部位时,应用罗马数字依次标明被放大部位,并在局部放大图的上方采用分式标注出相应的罗马数字和所采用的比例,如图 6-27 所示;当机件上被放大的部位仅一个时,在局部放大图的上方只需注明所采用的比例,如图 6-28 所示。

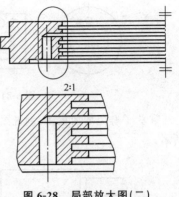

图 6-28 局部放大图(二)

二、简化画法

①在不致引起误解时,对于对称机件的视图可只画一半或四分之一,并在对称中心线的两端画出两条与其垂直的平行细实线,如图 6-29 所示。

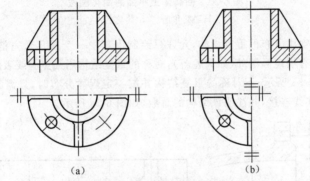

(a) (b)

图 6-29 对称机件视图的简化画法

②较长的机件(轴、杆、型材、连杆等)沿长度方向的形状一致或按一定规律变化时,可断开后缩短绘制,但标注尺寸时仍按实际长度标注,如图 6-30 所示。

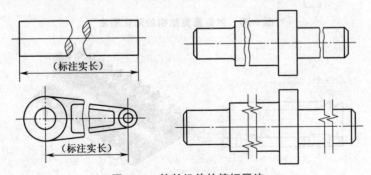

(标注实长)

(标注实长)

图 6-30 较长机件的缩短画法

③若干直径相同且成规律分布的孔,可以仅画出一个或少量几个,其余只需用细点画线或用"⊕"表示其中心位置,如图 6-31 所示。尺寸标注时,应注出孔的总数量。

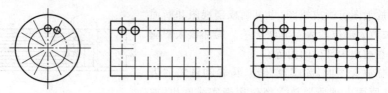

图 6-31 若干相同直径孔的简化画法

④为了避免增加视图、剖视图或断面图，可用细实线绘出对角线表示平面，如图 6-32 所示。

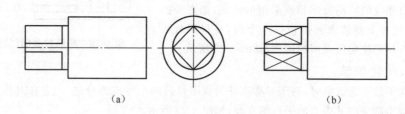

(a)   (b)

图 6-32 回转体上平面的简化画法
(a)简化前 (b)简化后

⑤零件中成规律分布的重复结构，允许只绘制出其中一个或几个完整结构，并反映其分布情况。除已有规定画法外(如齿轮等)，对称的重复结构用细点画线表示各对称结构要素的位置，如图 6-33 所示；不对称的重复结构并按一定规律分布时，只需画出几个完整的结构，其余用细实线连接，并注明该结构的总数，如图 6-34 所示。

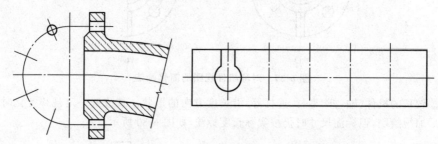

图 6-33 对称重复结构的简化画法

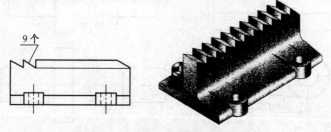

图 6-34 不对称重复结构的简化画法

⑥当机件上较小的结构已在一个图形中表达清楚时，其他图形应当简化或省略，如图 6-35 所示。

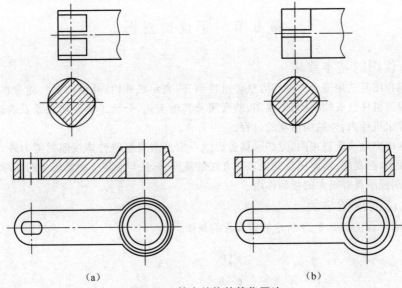

图 6-35 较小结构的简化画法
(a)简化前 (b)简化后

⑦机件上斜度和锥度等较小的结构,如在一个图形中已表达清楚,其他图形可按小端画出,如图 6-36 所示。

⑧与投影面倾斜角度≤30°的圆或圆弧,其投影可用圆或圆弧代替椭圆,如图 6-37 所示。

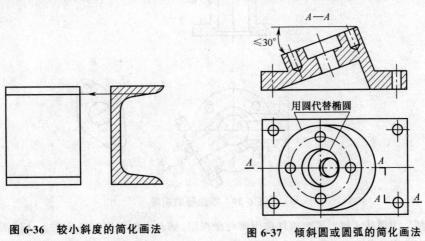

图 6-36 较小斜度的简化画法

图 6-37 倾斜圆或圆弧的简化画法

⑨滚花一般采用在轮廓线附近用粗实线局部画出的方法表示,也可省略不画,如图 6-38 所示。

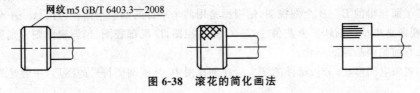

图 6-38 滚花的简化画法

第五节　识读剖视图

一、读图的基本要求

画剖视图是选用适合的剖切方法将机件剖开，表示机件内、外结构形状的过程。读剖视图是根据机件已有的视图、剖视图、断面图及其他表达，分析了解剖切关系及表达意图，从而想象出机件内、外结构形状的过程。

要能准确地读懂剖视图，除必须具备识读一定复杂程度组合体视图的能力外，还应熟悉各种视图、剖视图、断面图及其他表达方法的规则、标注与规定。熟悉较多的实际机件图形，对读剖视图具有很大的帮助作用。

二、读剖视图举例

例 6-1　识读如图 6-39 所示的四通管剖视图。

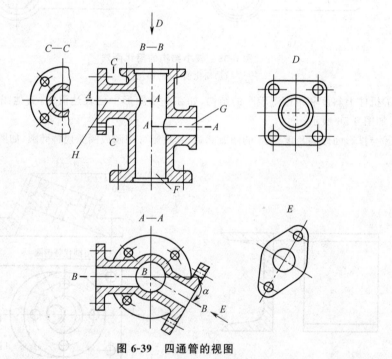

图 6-39　四通管的视图

解　①概括了解。了解机件选用哪几个视图，哪几个剖视图和断面图。从视图、剖视图和断面图的数量和位置、图形轮廓初步了解机件的复杂程度。图 6-39 所示的机件选用了主、俯、右视图，它们都是全剖视图，并选用了 D、E 等局部视图和斜视图。

②仔细分析各剖视图的剖切位置及相互关系。根据剖切符号可知，主视图是用两个相交剖切平面获得的 $B—B$ 全剖视图，俯视图是用两个平行的剖切平面获得的 $A—A$ 全剖视图，右视图是用单一剖切平面获得的 $C—C$ 全剖视图，D 局部视图、E 斜视图则分别反映了顶部和右前侧面凸缘的形状。

③想象空间形状，分析机件的结构。在剖视图中，凡画剖面符号的图形，一般是靠近观

察者的,运用读组合体视图的方法分析各线框及线条,想象出各面在空间的前后、左右、上下关系。从分析可知,该机件的基本结构为四通管体,F 为带凹坑的通孔。H,G 为两高低不同的孔,从俯视图可知该两孔轴线不在一个平面内,两孔轴线所在的平面偏转 α 角。由于安装需要,F 孔底部圆形凸缘上有均布等径的四个小孔。由 D 局部视图可知,F 孔顶部为方形凸缘,同样有等径的四个小孔。H 孔的端部为圆形凸缘,均布等径的四个小孔,在,G 孔端部为带圆角的菱形凸缘,对称分布着两个等径小孔。图 6-40 所示为该机件的轴测图。图 6-41 所示为该机件的表达方案分析图。

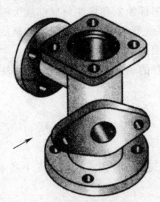

图 6-40 四通管轴测图

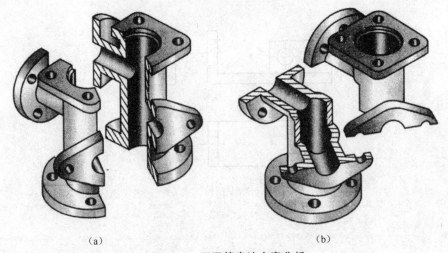

(a)　　　　　　　　　　　　　　　　(b)

图 6-41 四通管表达方案分析

复习思考题

1. 什么是基本视图?试说明六个基本视图的配置和标注的规定。
2. 试述斜视图、局部视图的应用条件。它们与基本视图怎样配合使用?
3. 斜视图、局部视图中的波浪线表示什么?怎样绘制?可否省略?

4. 什么叫剖视图？剖切面后面的实线、虚线应如何处理？

5. 剖视图有哪几种？分别说明它们的概念、应用条件和画图时应注意哪些问题。

6. 什么叫剖切面？在图形中怎样表示剖切面的位置？剖切面有哪几种？它们可以获得何种剖视图？

7. 试述剖视图的标注规则。在什么情况下标注可以做部分省略或全部省略？

8. 什么叫断面图？它和剖视图的区别是什么？

9. 移出断面和重合断面的区别是什么？

10. 什么叫局部放大图？怎样绘制和标注？局部放大图的比例指的是什么？

11. 机件上的肋、轮辐及薄壁等结构，在剖视图上的画法有何规定？

12. 试述肋板被剖切时剖面线的规定画法。

13. 何谓简化画法？简化目的是什么？常用的简化画法有哪些？简化原则是什么？

14. 怎样看剖视图？

练 习 题

6.1　根据已知主、俯、左三视图，补画右、后、仰三个基本视图（题图 6-1）。

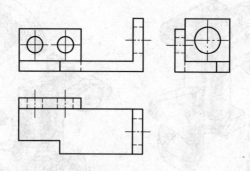

题图 6-1

6.2　在指定位置画出 A 向斜视图和 B 向局部视图（题图 6-2）。

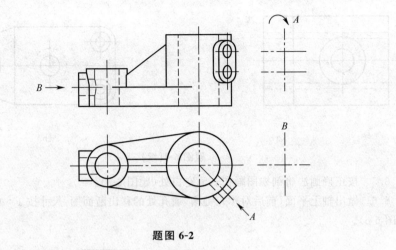

题图 6-2

6.3 补画剖视图中所缺漏的轮廓线和剖面线（题图 6-3）。

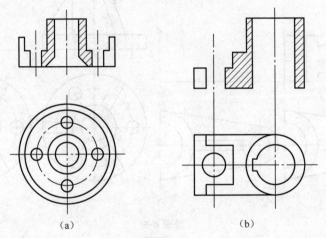

（a） （b）

题图 6-3

6.4 将主视图画成全剖视图（题图 6-4）。

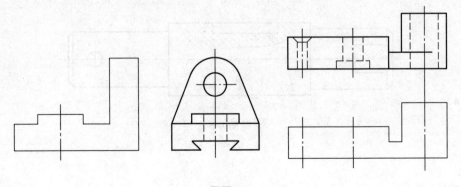

题图 6-4

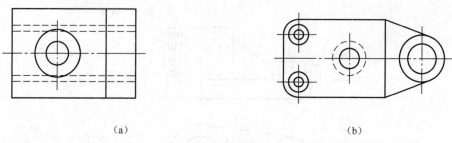

（a）   （b）

题图 6-4(续)

6.5　按正确画法将剖视图画在右侧空白处（题图 6-5）。

6.6　做出轴上平面（前后对称）、键槽、通孔处的移出断面图，尺寸按 1∶1 量取并取整（题图 6-6）。

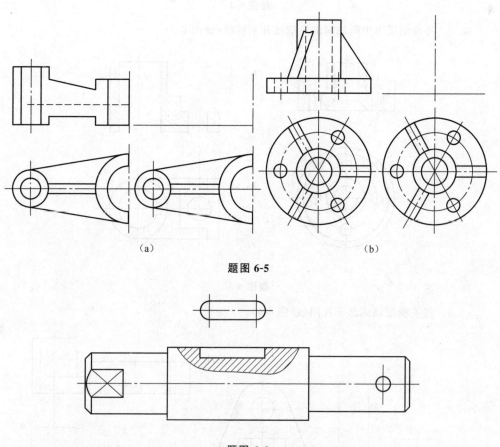

（a）   （b）

题图 6-5

题图 6-6

第七章 常用机件的特殊表示法

培训学习目的 在各种机器和设备上,经常使用到螺栓、螺柱、螺钉、螺母、垫圈、键、销等起连接作用的零件。由于这些零件使用量大,往往需要成批或大量生产;为了减轻设计工作,提高产品质量,降低生产成本,便于专业化生产制造,国家标准对这些零件的结构、尺寸及技术要求都做了统一规定,这些零件称为标准件。另外还有些零件,如齿轮、弹簧等,国家标准只对它们的部分参数和尺寸做了规定,这些零件称为常用非标准件。标准件和常用非标准件统称为常用机件。为了绘图方便,国家标准对常用机件的画法做了规定,即特殊表示法(按比例简化地表达特定的机件和结构要素)。本章将介绍它们的基本知识、规定画法和规定标记,以及标准的查阅方法。

第一节 螺纹及螺纹紧固件

一、螺纹

1. 螺纹的有关术语和结构要素

(1)螺纹牙型 在通过螺纹轴线的断面上,螺纹的轮廓形状,称为螺纹牙型。常见牙型有三角形、梯形、锯齿形和矩形等,如图 7-1 所示。

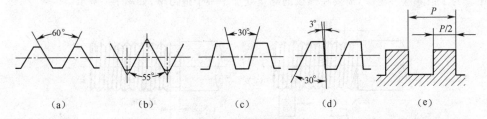

$$ (a) \qquad (b) \qquad (c) \qquad (d) \qquad (e) $$

图 7-1 螺纹的牙型

(a)普通螺纹(M) (b)管螺纹(Rc)(Rp)(R)(G) (c)梯形螺纹(Tr) (d)锯齿形螺纹(B) (e)矩形螺纹

(2)螺纹直径 螺纹直径有大径(d,D)、中径(d_2,D_2)和小径(d_1,D_1)之分,如图 7-2 所示。公称直径代表螺纹尺寸的直径,一般指螺纹大径的公称尺寸。

(3)线数(n) 螺纹有单线与多线之分。沿一条螺旋线所形成的螺纹称为单线螺纹,沿两条或两条以上在轴向等距分布的螺旋线所形成的螺纹称多线螺纹。

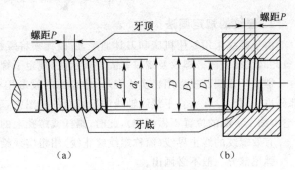

图 7-2 螺纹各部分名称

(a)外螺纹 (b)内螺纹

(4)螺距(P)和导程(L)　相邻两牙在中径线上对应两点间的轴向距离,称为螺距;同一条螺旋线上的相邻两牙在中径线上对应两点间的轴向距离,称为导程。导程和螺距有如下的关系:$L=n×P$,如图 7-3 所示。

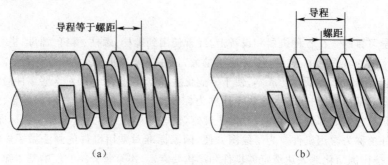

图 7-3　螺距与导程

(a) 单线螺纹　(b) 双线螺纹

(5)旋向　螺纹分右旋和左旋两种,顺时针旋入的螺纹,称为右旋螺纹;逆时针旋入的螺纹,称为左旋螺纹。工程上常用右旋螺纹。

内、外螺纹总是成对使用的,只有螺纹的牙型、大径、螺距、线数和旋向完全相同时,内、外螺纹才能相互旋合。

(6)螺尾、倒角及退刀槽　为了便于内、外螺纹的旋合,在螺纹的端部制成 45°倒角。在制造螺纹时,由于退刀的原因,螺纹的尾部会出现渐浅部分,这种不完整的牙型,称为螺尾。为了消除这种现象,需要在螺纹的终止处加工一个退刀槽,如图 7-4 所示。

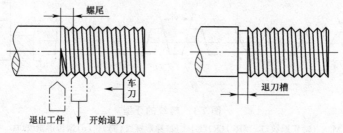

图 7-4　螺尾与退刀槽

2. 螺纹的规定画法

由于螺纹采用专用机床和刀具加工,所以无须将螺纹按真实投影做图。GB/T 4459.1—1995《机械制图　螺纹及螺纹紧固件表示法》规定了螺纹的画法。

螺纹牙顶圆的投影用粗实线表示,牙底圆的投影用细实线表示,在螺杆的倒角或倒圆部分也应画出。在垂直于螺纹轴线的投影面的视图中,表示牙底圆的细实线只画约 3/4 圈(空出约 1/4 圈的位置不做规定),此时,螺杆或螺孔上的倒角投影不应画出。

有效螺纹的终止界线(简称螺纹终止线)用粗实线绘制。

螺尾部分一般不必画出。

无论是外螺纹或内螺纹,在剖视图或断面图中的剖面线都应画到粗实线。

螺纹小径的直径确定方法有三:查表并圆整;按一定的理论公式计算,如三角螺纹小径的直径＝大径的直径－螺距;按大径的 0.85 倍。但当大、小径尺寸接近,画图两线重合时,小径要缩小画出。

图 7-5 为外螺纹规定画法。图 7-6 为内螺纹规定画法。内螺纹主视图一般应画成剖视图。

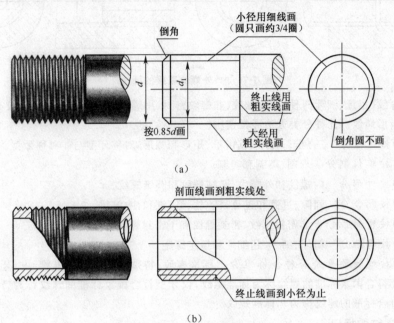

图 7-5 外螺纹规定画法

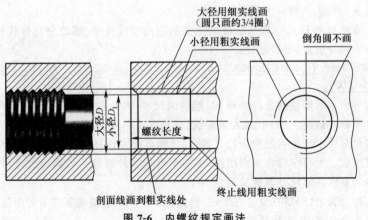

图 7-6 内螺纹规定画法

以剖视图表示内、外螺纹的联接时,其旋合部分应按外螺纹的画法表示,其余部分仍按各自的画法表示,如图 7-7 所示。

3. 螺纹的种类

(1)按用途分 紧固螺纹、传动螺纹和专用螺纹(气瓶螺纹、灯泡螺纹等)。紧固螺纹

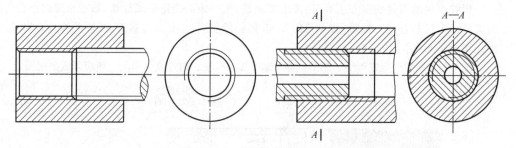

图 7-7　内、外螺纹联接的画法

有普通螺纹(粗牙、细牙两种)和管螺纹(非螺纹密封、用螺纹密封两种),传动螺纹有梯形螺纹和锯齿形螺纹。此种分类方法经常使用。

(2)按牙型分　三角形、梯形、锯齿形、矩形和圆形,对称牙型与非对称牙型。

(3)按单位制分　米制、英制和美制。

(4)按外形分　内螺纹和外螺纹,圆柱螺纹和圆锥螺纹。

(5)按配合分　间隙、过渡和过盈,柱/柱、锥/锥和柱/锥。

(6)按密封性分　非密封螺纹、密封螺纹和干密封螺纹。

(7)按螺距分　粗牙、细牙、超细牙和恒定螺距。

(8)按螺纹要素是否符合标准分　标准螺纹、特殊螺纹和非标准螺纹。牙型、直径和螺距都符合国家标准的螺纹称为标准螺纹,仅牙型符合国家标准的螺纹称为特殊螺纹,牙型不符合标准的螺纹称为非标准螺纹。

4. 螺纹的标记

由于螺纹规定画法不能表示螺纹种类和螺纹要素,因此绘制螺纹图样时,必须按照国家标准所规定的格式和相应代号进行标注。

(1)普通螺纹的标记　普通螺纹的完整标记由螺纹代号、螺纹公差带代号和螺纹旋合长度代号三部分组成,规定格式:

螺纹特征代号　公称直径×螺距　旋向—中径公差带　顶径公差带 —螺纹旋合长度

螺纹代号⌐　　　　　　公差带代号⌐　　旋合长度代号⌐

螺纹代号由表示螺纹特征的字母 M、螺纹的尺寸(大径和螺距)、螺纹的旋向构成。粗牙普通螺纹不标注螺距。LH 代表左旋螺纹,右旋螺纹不标注旋向。

公差带代号由中径公差带和顶径公差带(外螺纹指大径公差带、内螺纹指小径公差带)两组公差带组成。大写字母代表内螺纹,小写字母代表外螺纹。若两组公差带相同,则只写一组。普通螺纹各部尺寸参数见附表 A-1。

旋合长度分为短(S)、中(N)、长(L)三种旋合长度。一般情况下应采用中等旋合长度。若属于中等旋合长度时,不标注旋合长度代号。

例 7-1　某粗牙普通外螺纹,大径为 10mm,右旋,中径公差带为 5g,大径公差带为 6g,短旋合长度。

解　其标记为:M10—5g6g—S

例 7-2　某细牙普通内螺纹,大径为 10mm,螺距为 1 mm,左旋,中径公差带为 6H,小径公差带为 6H,中等旋合长度。

解　其标记为：M10×1LH—6H

对旋合长度有特殊需要时，可将旋合长度值写在旋合长度代号的位置上。例如：

$$M20—7g6g—40$$

（2）管螺纹标记　　管螺纹分为用螺纹密封的管螺纹和非螺纹密封的管螺纹。用螺纹密封的管螺纹，牙型角为55°，标注时只注螺纹的特征代号和尺寸代号；非螺纹密封的圆柱管螺纹，牙型角为55°；60°圆锥管螺纹，牙型角为60°。管螺纹的标记见表7-1。

表 7-1　管螺纹的标记

种　　类		标 记 项 目					标注形式
		特征代号	尺寸代号	公差等级代号		旋　向	
				A 级	B 级		
用螺纹密封的55°管螺纹	圆锥（内）	Rc	1½	1½		右	Rc1/2
	圆锥（内）	Rp	1½			左（LH）	Rp1½-LH
	圆锥（外）	R	1½			右	R1¼
非螺纹密封的55°管螺纹	内螺纹	G	3/4	A		右	G3/4
	外螺纹	G	3/4			左（LH）	G3/4A-LH
			3/4		B	右	G3/4B
60°圆锥管螺纹		NPT	3/8			左（LH）	NTP3/8-LH

（3）梯形和锯齿形螺纹标记　　梯形和锯齿形螺纹的完整标记由螺纹代号、公差带代号和旋合长度代号三部分组成，其规定格式如下：

螺纹特征代号　公称直径×导程（螺距）－旋向－中径公差带－旋合长度

梯形螺纹的牙型为30°，牙型代号为"Tr"；单线螺纹用"公称直径×螺距"表示，多线螺纹用"公称直径×导程（P 螺距）"表示；当螺纹为左旋时，标注"LH"，右旋省略不标；其公差带代号只标注中径；旋合长度只分中旋合长度和长旋合长度两种。标注示例如下：

Tr28×5－7H 表示梯形内螺纹，公称直径 28mm，螺距 5mm，单线，右旋，中径公差带代号 7H，中旋合长度。

Tr28×10（P5）－LH－7e－L 表示梯形外螺纹，公称直径 28mm，导程 10mm，螺距 5mm，双线，左旋，中径公差带代号 7e，长旋合长度。

锯齿形螺纹的牙型角为30°，牙型代号为"B"，其标注形式基本与梯形螺纹一致。

5. 螺纹的标注方法

对标准螺纹，应注出相应标准所规定的螺纹标记。公称直径以 mm 为单位（如普通螺纹、梯形螺纹和锯齿形螺纹），其标记应直接注在大径的尺寸线上[图 7-8(a)]或其引出线上[图 7-8(b),(c)]。管螺纹的标记一律注在引出线上。引出线应由大径处引出[图 7-8(d)]或由对称中心处引出[图 7-8(e)]。对非标准螺纹应画出螺纹的牙型，并注出所需要的尺寸及有关要求，如图 7-8(f)所示。

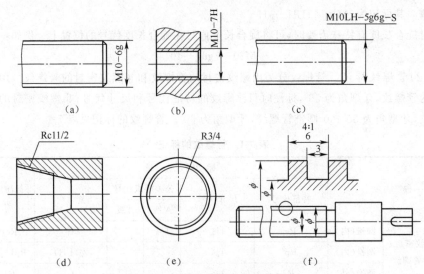

(a)　　　　　　(b)　　　　　　(c)

(d)　　　　　　(e)　　　　　　(f)

图 7-8　标准及非标准螺纹的标注

二、螺纹紧固件及其联接

螺纹紧固件种类很多,常用的有:螺栓、双头螺柱、螺钉、螺母以及垫圈等,如图 7-9 所示。常见的联接形式有:螺栓联接、双头螺柱联接和螺钉联接。

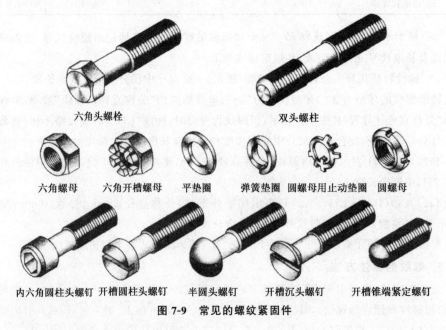

六角头螺栓　　　　　　　双头螺柱

六角螺母　六角开槽螺母　平垫圈　弹簧垫圈　圆螺母用止动垫圈　圆螺母

内六角圆柱头螺钉　开槽圆柱头螺钉　半圆头螺钉　开槽沉头螺钉　开槽锥端紧定螺钉

图 7-9　常见的螺纹紧固件

1. 螺纹紧固件的标记及规定画法

(1)螺栓　螺栓由头部和杆身组成。常用的为六角头螺栓。根据螺栓的功能及作用,六角头螺栓有"全螺纹""半螺纹""粗牙""细牙"等多种规格。其比例画法(即画图所需紧固件各部尺寸,按其大径的一定比例折算)如图 7-10 所示。

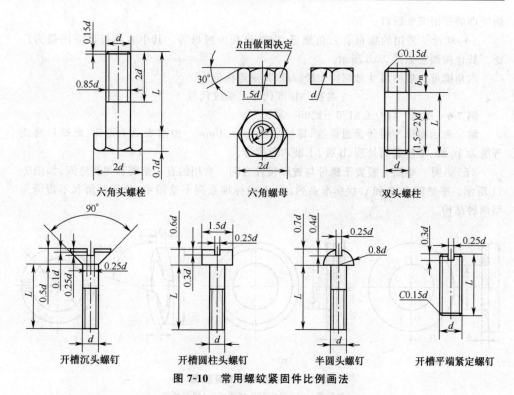

图 7-10　常用螺纹紧固件比例画法

螺栓的规格尺寸是螺纹大径(d)和螺纹长度(L),其规定标记为:

名称　标准代号　螺纹代号×长度

例 7-3　螺栓　GB/T 5782—2016　M24×100

解　根据标记可知:螺栓是粗牙普通螺纹,螺纹规格 $d=24$mm、长度 $L=100$mm。由附表 A-2 得知:此螺栓性能等级为 8.8 级、不经表面处理、杆身半螺纹、A 级六角头螺栓。

(2)双头螺柱　双头螺柱两端均制有螺纹,旋入螺孔的一端称旋入端(b_m),另一端称为紧固端(b)。双头螺柱的结构型式分 A 型、B 型两种。其比例画法如图 7-10 所示。

双头螺柱的规格尺寸是螺纹大径(d)和双头螺柱长度(L),其规定标记为:

名称　标准代号　类型　螺纹代号×长度

例 7-4　螺柱　GB/T 897—1988　AM10×50

解　表示旋入端长度 $b_m=d$,两端均为粗牙普通螺纹,螺纹大径 $d=10$mm,螺柱长度 $L=50$mm。由附表 A-3 得知:螺柱结构为 A 型(B 型不加标记)、性能等级为 4.8 级、不经表面处理的双头螺柱。

(3)螺钉　螺钉按其作用可分为联接螺钉和紧定螺钉两种。联接螺钉由钉头和钉杆组成,按钉头形状可分为:开槽盘头、开槽沉头、圆柱内六角螺钉等。紧定螺钉按其前端形状可分为:锥端、平端、长圆柱端紧定螺钉等。部分常见螺钉的比例画法如图 7-10 所示。

螺钉的规格尺寸为螺钉直径(d)和螺钉长度(L),其规定标记为:

名称　标准代号　螺纹代号×长度

例 7-5　螺钉 GB/T 68—2016　M5×20

解　表示螺纹规格 $d=$M5,$L=20$mm。由附表 A-4 得知:性能等级为 4.8 级、不经表面处理的开槽沉头螺钉。

(4)螺母 常用的螺母有六角螺母、方螺母和内螺母等。其中六角螺母应用最为广泛。其比例画法如图 7-10 所示。

六角螺母的规格尺寸是螺纹大径(D),其规定标记为:

名称 标准代号 螺纹代号

例 7-6 螺母 GB/T 6170—2000 M20

解 表示螺母为粗牙普通螺纹,螺纹规格 $D=20$mm。由附表 A-7 得知:此螺母性能等级为 10 级、不经表面处理、B 级、Ⅰ 型六角螺母。

(5)垫圈 垫圈一般置于螺母与被联接件之间。常用的有平垫圈和弹簧垫圈,如图 7-11 所示。平垫圈有 A 和 C 级标准系列;在 A 级标准系列平垫圈中,分带倒角和不带倒角型两种结构。

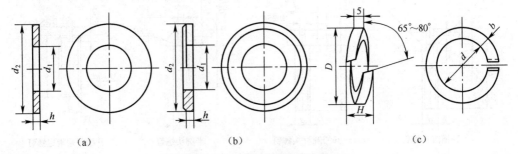

图 7-11 平垫圈及弹簧垫圈
(a)平垫圈 (b)倒角型平垫圈 (c)弹簧垫圈

垫圈的规格尺寸为螺栓直径 d,其规定标记为:

名称 标准代号 公称尺寸性能等级

例 7-7 垫圈 GB/T 97.2—2002 24-140HV

解 表示垫圈为标准系列,公称尺寸 $d=24$mm。由附表 A-8 得知:性能等级为 140HV 级、倒角型、不经表面处理的 A 级平垫圈。

需要指出的是,由于紧固件的品种、规格日益繁多,比例画法与实际尺寸差距较大。有条件时应查标准,按实际尺寸画;这有利于准确确定装配空间,并标注紧固件各部的尺寸。

2. 螺纹紧固件的联接

(1)螺栓联接 常用的螺栓紧固件有螺栓、螺母、垫圈等。适用于联接两个中等厚度的零件。联接时螺栓穿过两被联接件上的通孔,加上垫圈,拧紧螺母,如图 7-12(a)所示。

螺栓联接可按标准中查出的尺寸画图。用比例画法画出,如图 7-12(b)所示;采用简化画法,如图 7-13(a)所示。

(2)双头螺柱联接 双头螺柱联接常用于被联接件之一较厚而不能加工成通孔,而另一件是中等厚度的场合,如图 7-14(a)所示。其联接图用比例画法,如图 7-14(b)所示。采用简化画法,如图 7-13(b)所示。因为双头螺柱旋入端全部旋入螺孔内,所以螺纹终止线与两被联接件接触面在同一条直线上;其他部位的画法与螺栓联接画法相同。

(3)螺钉联接 螺钉联接一般用于轴向受力不大、而又不经常拆卸,其中被联接件之一较厚的地方。其联接图的画法如图 7-15 所示,简化画法如图 7-13(c)所示。注意:

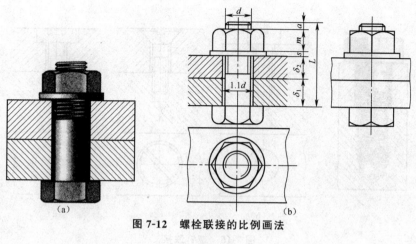

图 7-12 螺栓联接的比例画法

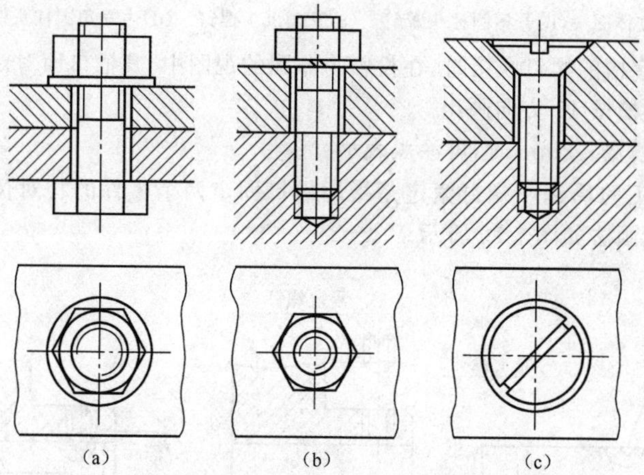

图 7-13 螺栓、螺柱、螺钉联接的简化画法

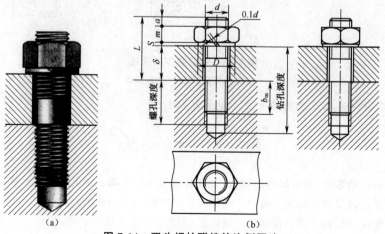

图 7-14 双头螺柱联接的比例画法

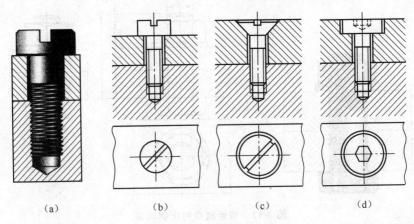

图 7-15　螺钉联接

(a)立体图　(b)开槽圆柱头螺钉　(c)开槽沉头螺钉　(d)内六角圆柱头螺钉

①采用带一字槽的螺钉联接时,在投影为非圆的视图中,其槽口面对观察者,在投影为圆的视图上,一字槽按 45°方向画出。

②当一字槽槽宽≤2mm 时,可涂黑表示。

(4)螺钉紧定的画法　螺钉紧定是指用螺钉固定两个零件的相对位置,使之不产生相对运动,其简化画法如图 7-16 所示。

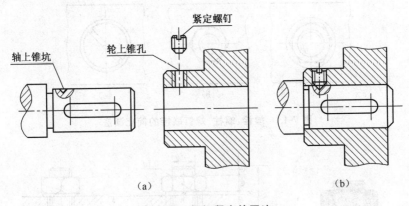

图 7-16　螺钉紧定的画法

(a)轴、孔件联接前　(b)联接后

(5)紧固件通孔及沉头座尺寸　见附表 D-1。

第二节　齿　轮

齿轮是传动零件,它可以传递动力、改变转速和传动方向。常见的传动形式有:

用于平行两根轴之间的传动——圆柱齿轮,如图 7-17(a)所示;

用于相交两根轴之间的传动——锥齿轮,如图 7-17(b)所示;

用于交叉两根轴之间的传动——蜗杆与蜗轮,如图 7-17(c) 所示。

齿轮传动的另一种形式为齿轮齿条传动,用于转动和平动间的运动转换,如图 7-18 所示。

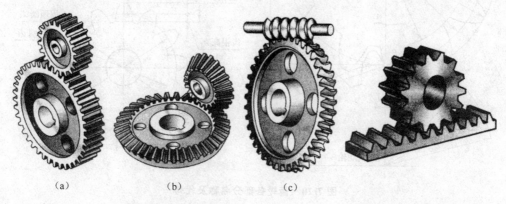

(a)　　　　　　　(b)　　　　　　　(c)

图 7-17　齿轮转动　　　　　　　　图 7-18　齿轮齿条传动

(a)圆柱齿轮　(b)锥齿轮　(c)蜗杆与蜗轮

一、标准圆柱齿轮

圆柱齿轮按其齿线方向不同可分为:直齿、斜齿、人字齿等,如图 7-19 所示。

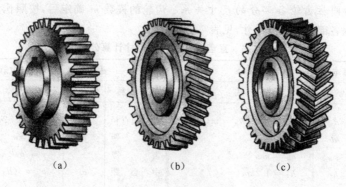

(a)　　　　　　　(b)　　　　　　　(c)

图 7-19　圆柱齿轮

(a)直齿　(b)斜齿　(c)人字齿

1. 直齿圆柱齿轮轮齿的各部分名称及代号(图 7-20)

2. 直齿圆柱齿轮的基本参数及齿轮各部分的尺寸关系

（1）模数(m)　分度圆的周长等于齿距 p 乘以齿数 z,即分度圆周长 $\pi d = pz$。令 $m = p/\pi$,则得 $d = m \times z$。

m 称为模数,单位是 mm。模数的大小直接反映出轮齿的大小,一对相互啮合的齿轮,其模数必须相等。为了减少加工齿轮的刀具,模数已经标准化,其系列值见表

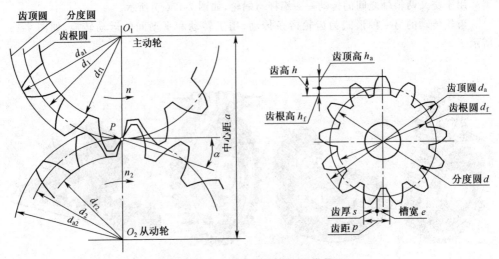

图 7-20   齿轮各部分名称及代号

7-2。

表 7-2   齿轮模数系列（GB/T 1357—2008）   (mm)

第一系列	··· 1 1.25 1.5 2 2.5 3 4 5 6 8 10 12 16 20 25 32 40 50
第三系列	··· 1.75 2.25 2.75(3.25) 3.5(3.75) 4.5 5.5(6.5) 7 9(11) 14 18 22 28 36 45

（2）直齿圆柱齿轮各部分的尺寸关系   齿轮的模数 m 确定后，按照比例关系，可算出轮齿及其他各部分的基本尺寸，见表 7-3。

表 7-3   直齿圆柱齿轮的尺寸计算公式

基本参数：模数 m 齿数 z			基本参数：模数 m 齿数 z		
名　称	代　号	计算公式	名　称	代　号	计算公式
齿顶圆直径	d_a	$d_a = d + 2h_a = m(z+2)$	齿根圆直径	d_f	$d_f = d - 2h_f = m(z-2.5)$
分度圆直径	d	$d = mz$	齿　距	p	$p = \pi m$
齿 顶 高	h_a	$h_a = m$	齿　厚	s	$s = p/2$
齿 根 高	h_f	$h_f = 1.25m$	中 心 距	a	$a = (d_1 + d_2)/2 =$
全 齿 高	h	$h = h_a + h_f = 2.25m$			$m(z_1 + z_2)/2$

3. 直齿圆柱齿轮的画法

GB/T 4459.2—2003《机械制图 齿轮表示法》规定了齿轮及齿轮啮合的画法。

（1）单个圆柱齿轮的画法   单个圆柱齿轮一般用全剖的非圆视图（主视图）和端视图（左视图）两个视图来表示。

齿轮轮齿部分：在视图中，齿顶圆和齿顶线画成粗实线；分度圆和分度线画成细点画线（分度线应超出轮齿两端 2～3mm）；齿根圆和齿根线画成细实线（可省略不画），如图 7-21（a）所示。在剖视图中，当剖切平面通过轮齿的轴线时，轮齿部分一律按不剖处理。齿根线画成粗实线，如图 7-21（b）所示。如需表明齿形，可在图形中用粗实线画出一到两个齿，或用适当比例的局部放大图表示。当需要表示斜齿与人字齿齿线的特征时,可用三条与齿线方向一致的细实线表示,如图 7-21(c)和(d)所示。齿轮其余部分按真实投影画出。

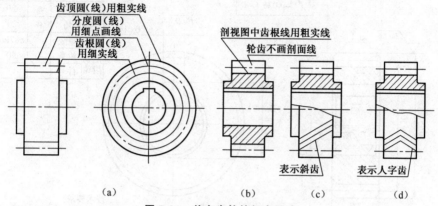

图 7-21 单个齿轮的规定画法

（2）圆柱齿轮啮合的画法 在投影为圆的视图中,两齿顶圆均用粗实线绘制,如图 7-22(b)中的左视图;啮合区内的齿顶圆也可省略不画,如图 7-22(c)所示;两齿轮的节圆应相切,齿根圆全部不画,如图 7-22(b)中的左视图和图 7-22(c)所示。

在非圆的外形视图中,啮合区的齿顶线、齿根线全部不画,分度线用粗实线绘制,如图 7-22(d)所示;其他各处的要素仍按各自的规定画法绘制。当画成剖视图且剖切平面通过两啮合齿轮的轴线时,啮合区内一个齿轮的齿顶线、齿根线均用粗实线绘制,另一个齿轮的齿根线用粗实线绘制,而齿顶线被遮挡的部分用细虚线绘制,如图 7-22(b)中的主视图所示。

注意:由于齿顶高与齿根高相差 0.25m,因此,一个齿轮的齿顶线与另一个齿轮的齿根线之间应有 0.25m 的间隙,如图 7-22(a)所示。当剖切平面不通过两啮合齿轮的轴线时,轮齿一律按不剖绘制。

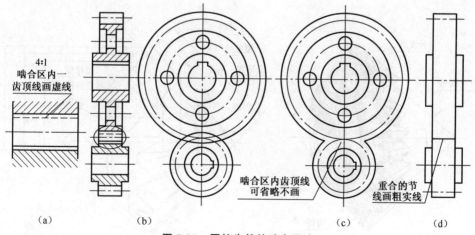

图 7-22 圆柱齿轮的啮合画法

直齿圆柱齿轮的零件图如图 7-23 所示。

模数	m	2.5
齿数	z_1	20
齿形角	α	20°
精度等级		887FL
配偶齿轮	齿数 z_2	50
	件号	

0.026 | A

$Ra\ 1.6$　$C1$　$Ra\ 0.8$　$Ra\ 0.8$　6 ± 0.015

$\phi 55_{-0.060}^{\ \ 0}$　$\phi 50$　$C1$　$22.8_{\ \ 0}^{+0.1}$

$Ra\ 1.6$　$\phi 20_{\ \ 0}^{+0.021}$　A

14

0.026 | A

$Ra\ 6.3$ $(\sqrt{\ \ })$

技术要求
热处理后齿面硬度 220～250HBW。

齿轮	材料	45	比例	
	数量		图号	
制图				
审核				

图 7-23　直齿圆柱齿轮零件图

二、锥齿轮

1. 锥齿轮的特点

锥齿轮常用于垂直相交两轴之间的传动。锥齿轮的轮齿分布在圆锥面上，如图 7-24 所示，齿厚和直径，由大端到小端是渐渐变小的。为了便于设计和制造，规定以大端模数为标准来计算各部分尺寸，模数仍按表 7-2 选取。齿顶高、齿根高沿大端背锥素线量取，背锥素线与分锥素线垂直。

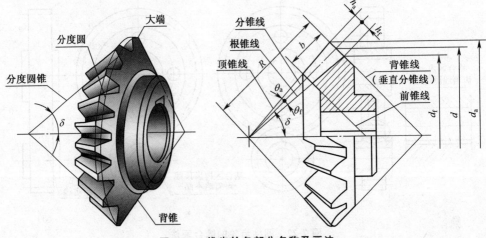

图 7-24　锥齿轮各部分名称及画法

2. 直齿锥齿轮的画法

（1）单个锥齿轮的规定画法　锥齿轮的规定画法与圆柱齿轮基本相同，一般用主、左两个视图来表示，主视图画成剖视图，轮齿按不剖处理。齿顶线、剖视图中的齿根线和大小端的齿顶圆用粗实线绘制，分度线和大端的分度圆用细点画线绘制，齿根线及小端分度圆均不必画出。单个锥齿轮的画法及步骤如图 7-25 所示。

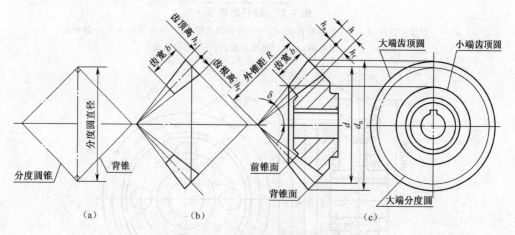

图 7-25　单个锥齿轮的画法及步骤

(a)画分度圆及背锥　(b)画轮齿各部分　(c)画其他部分并完成全图

（2）锥齿轮啮合的画法　锥齿轮啮合的画法如图 7-26 所示，主视图画成剖视图，在啮合区内，节线重合，用细点画线绘制；一个齿轮的轮齿用粗实线绘制，另一个齿轮轮齿被遮挡的齿顶线用细虚线绘制，也可省略不画。左视图画成外形图。

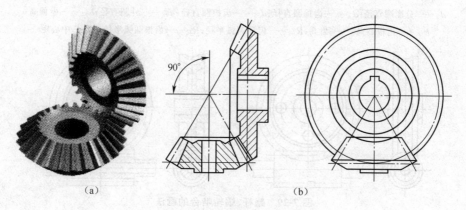

图 7-26　锥齿轮啮合的画法

(a)立体图　(b)锥齿轮啮合画法

三、蜗杆、蜗轮

蜗杆、蜗轮的画法也与圆柱齿轮基本相同，单个蜗杆的画法如图 7-27 所示，单个蜗轮的画法如图 7-28 所示，蜗杆、蜗轮啮合画法如图 7-29 所示。

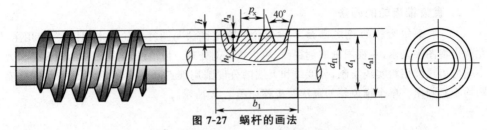

图 7-27   蜗杆的画法

d_1——分度圆直径；d_{a1}——齿顶圆直径；d_{f1}——齿根圆直径；h_a——齿顶高；h_f——齿根高；

h——全齿高；p_x——轴向齿距；b_1——蜗杆齿宽

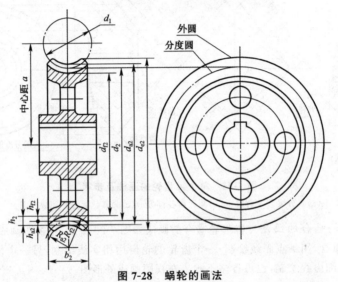

图 7-28   蜗轮的画法

d_2——分度圆直径；d_{a2}——齿顶圆直径；d_{f2}——齿根圆直径；d_{e2}——外圆直径；h_{a2}——齿顶高；

h_{f2}——齿根高；h_2——齿高；R_{a2}——齿顶圆弧半径；R_{f2}——齿根圆弧半径；a——中心距

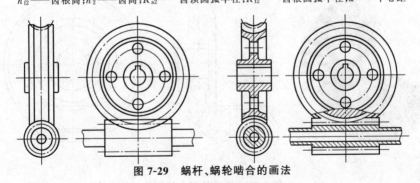

图 7-29   蜗杆、蜗轮啮合的画法

第三节   键、销联结

一、键联结

键和销都是标准件，键联结与销联结是工程中常用的可拆联结。

1. 常用键

(1)键的作用与种类 键是用来联结轴和装在轴上的齿轮或带轮,使轴与轮一起转动,起传递转矩的作用,如图 7-30 所示。

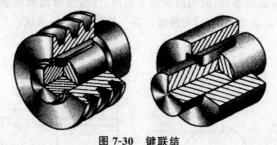

图 7-30 键联结

键的种类很多,常用的有导向型平键、普通型半圆键和钩头型楔键等,如图 7-31 所示。其中导向型平键应用最广,按轴槽结构可分为圆头平键(A 型)、方头平键(B 型)和单圆头平键(C 型)三种型式。

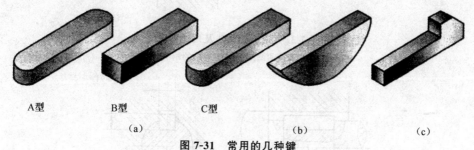

A型　　　B型　　　C型
(a)　　　　　　　　(b)　　　　　　　(c)
图 7-31 常用的几种键
(a)导向型平键 (b)普通型半圆键 (c)钩头型楔键

(2)键的规定标记 键已标准化,其结构形式、尺寸都有相应的规定,见表 7-4。

表 7-4 键及其标记示例

序号	名称(标准号)	图 例	标 记 示 例
1	导向型 平键 (GB/T 1097—2003)		$b=8mm,h=7mm,L=25mm$ 的导向型平键(A 型): GB/T 1097 键 $8×7×25$
2	普通型 半圆键 (GB/T 1099.1—2003)		$b=6mm,h=10mm,d_1=25mm,L=25mm$ 的普通型半圆键: GB/T 1099.1 键 $6×10×25$
3	钩头型 楔键 (GB/T 1565—2003)		$b=18mm,h=11mm,L=100mm$ 的钩头型楔键: GB/T 1565 键 $18×11×100$

（3）键槽画法及尺寸标注　键槽有轴上键槽和孔上键槽两种。

关于键与键槽的形式、尺寸可参看附表 B-1,轴槽、毂槽的画法及尺寸的标注如图 7-32 所示。采用导向型平键联结时,键的侧面是工作面,应与键槽侧面紧密接触,因此,在图上只画一条线;键的顶面是非工作面,与键槽顶面不接触,故画两条线。其联结画法如图 7-33 所示。

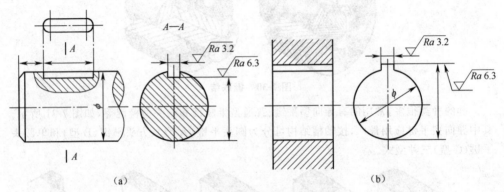

图 7-32　键槽的画法及尺寸标注

（a）轴槽的画法　（b）毂槽的画法

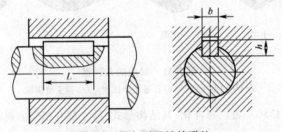

图 7-33　导向型平键的联结

半圆键也是靠侧面工作。其联结形式与平键类似,如图 7-34 所示。

钩头型楔键的顶面和轮毂的底面都制有 1:100 的斜度,联结时将键打入槽内,键的顶面与毂槽底面之间没有空隙,画图时只画一条线,如图 7-35 所示。

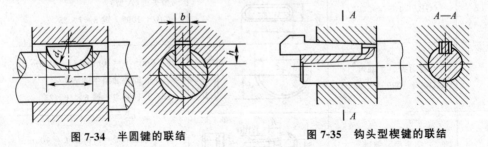

图 7-34　半圆键的联结　　　　**图 7-35　钩头型楔键的联结**

2. 花键

花键联结由轴上和轮毂上的多个键齿组成,齿形有矩形、三角形、渐开线形等。常用的

是矩形花键,如图 7-36 所示。花键联结具有
传递转矩大、强度高、对中性好的优点,但制
造成本高。

　　矩形花键主要有三个基本参数,即大径
D、小径 d 和(键)槽宽 B。矩形花键基本尺
寸系列可查阅 GB/T 1144—2001。

　　GB/T 4459.3—2000《机械制图 花键表
示法》规定了花键及花键联结的画法。外花
键与内花键的画法如图 7-37、图 7-38 所示,
花键联结的画法如图 7-39 所示。

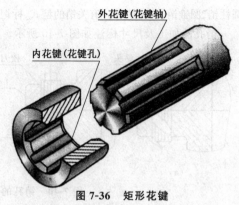

图 7-36　矩形花键

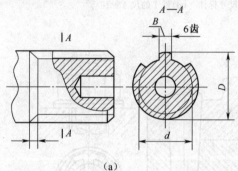

（a）

图 7-37　外花键的画法

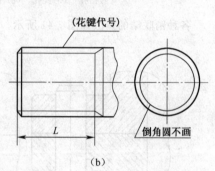

（b）

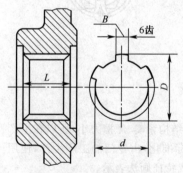

图 7-38　内花键的画法

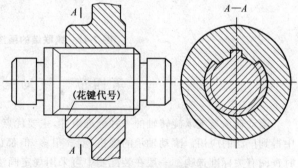

图 7-39　矩形花键联结的画法

　　矩形花键的标记代号应按次序包括下列内容:键数(N)、小径(d)、大径(D)、键宽(B)、
花键的公差带代号(大写表示内花键、小写表示外花键),以及矩形花键的国家标准代号。

　　例如:花键 $N=6$,$d=23H7/f7$,$D=26H10/a11$,$B=6H11/d10$ 的标记如下:

内花键:$6×23H7×26H10×6H11$　　GB/T 1144—2001

外花键:$6×23f7×26a11×6d10$　　GB/T 1144—2001

花键副:$6×23H7/f7×26H10/a11×6H11/d10$ GB/T 1144—2001

二、销联结

销联结主要用于定位、联结、防松,还可以作为安全装置中过载剪断的元件。常用的销有:

圆柱销、圆锥销、开口销等。有关销的型式、标记示例见附表 A-10、附表 A-11 和附表 A-12。

销孔的加工及尺寸标注如图 7-40 所示。

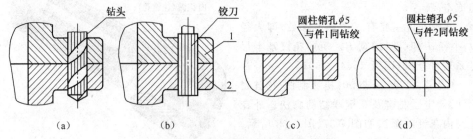

图 7-40　销孔的加工及尺寸标注
(a)钻孔　(b)铰孔　(c)件 2 的尺寸标注　(d)件 1 的尺寸标注

各种销联结的画法如图 7-41 所示。

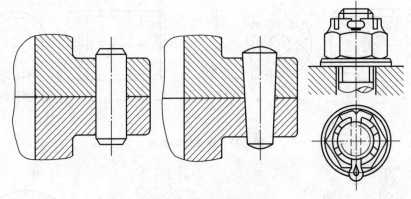

图 7-41　销联结的画法

第四节　滚动轴承

滚动轴承是支承旋转轴的一种标准组件,主要优点是结构紧凑、摩擦力小,所以在生产中得到广泛的应用。滚动轴承的规格、型式很多,但都已标准化,由专门的工厂生产,使用时查阅有关标准选购。一般在装配图中可采用规定画法或特征画法表示。

一、滚动轴承的结构和种类

滚动轴承的种类虽多,但它们的结构大致相似,一般由内圈、外圈、滚动体、隔离圈(或保持架)组成。滚动轴承的种类,按其受力方向可分为三类:

(1)径向轴承　只承受径向载荷,如深沟球轴承,如图 7-42(a)所示。

(2)止推轴承　只承受轴向载荷,如推力球轴承,如图 7-42(b)所示。

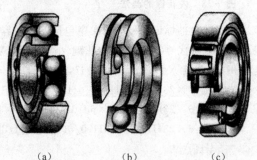

(a)　　　(b)　　　(c)

图 7-42　常用的滚动轴承

（3）**径向止推轴承**　同时承受径向载荷和轴向载荷,如圆锥滚子轴承,如图 7-42(c)所示。

二、滚动轴承的代号

GB/T 4459.7—1998《机械制图　滚动轴承表示法》规定,滚动轴承代号是用字母加数字来表示滚动轴承的结构、尺寸、公差等级、技术性能等特征的产品符号,它由基本代号、前置代号和后置代号构成,其排列方式如下:

前置代号　基本代号　后置代号

（1）**基本代号**　基本代号表示轴承的基本类型、结构和尺寸,是轴承代号的基础。基本代号由轴承类型代号、尺寸系列代号、内径代号构成,其排列方式如下:

轴承类型代号　尺寸系列代号　内径代号

轴承基本代号用数字或字母来表示,见表 7-5、表 7-6 和表 7-7。

表 7-5　轴承类型代号(右起第五位数字)

代号	轴承类型	代号	轴承类型
0	双列角接触球轴承	6	深沟球轴承
1	调心球轴承	7	角接触球轴承
2	调心滚子轴承和推力调心轴承	8	推力圆柱滚子轴承
3	圆锥滚子轴承	N	圆柱滚子轴承(双列或多列用字母 NN)
4	双列深沟球轴承	U	外球面轴承
5	推力球轴承	QJ	四点接触球轴承

表 7-6　尺寸系列代号

直径系列代号(右起第三位数字)	向心轴承(宽度系列代号)(右起第四位数字)							推力轴承(高度系列代号)(右起第四位数字)			
	窄 0	正常 1	特宽 2	特宽 3	特宽 4	特宽 5	特宽 6	特低 7	低 9	正常 1	正常 2
超特轻 7	—	17	—	37							
超轻 8	08	18	28	38	48	58	68				
超轻 9	09	19	29	39	49	59	69	—	—	—	—
特轻 0	00	10	20	30	40	50	60	70	90	10	
特轻 1	01	11	21	31	41	51	61	71	91	11	
轻 2	02	12	22	32	42	52	62	72	92	12	22
中 3	03	13	23	33			63	73	93	13	23
重 4	04		24					74	94	14	24

表 7-7　内径代号(右起第一、二位数字)

内径代号	00	01	02	03	04	05	…
轴承代号	10	12	15	17	4×5＝20	5×5＝25	…

（2）**前置、后置代号**　前置代号用字母表示,后置代号用字母(或加数字)表示。前、后置代号是轴承在内部结构、密封与防尘套圈变型、保持架及其材料、轴承材料、公差等级、

游隙、配置等有要求或改变时,在其基本代号左右添加的代号。轴承标注应用举例:

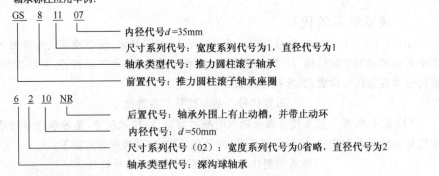

轴承标注应用举例:

GS　8　11　07
内径代号 d=35mm
尺寸系列代号:宽度系列代号为1,直径代号为1
轴承类型代号:推力圆柱滚子轴承
前置代号:推力圆柱滚子轴承座圈

6　2　10　NR
后置代号:轴承外围上有止动槽,并带止动环
内径代号:d=50mm
尺寸系列代号(02):宽度系列代号为0省略,直径代号为2
轴承类型代号:深沟球轴承

三、滚动轴承的画法

滚动轴承是标准组件,使用时必须按要求选用。GB/T 4459.7—1998《机械制图 滚动轴承表示法》规定了滚动轴承的通用画法、特征画法、规定画法和装配画法。当需要画滚动轴承的图形时,可采用规定画法或特征画法,见表7-8。各部分尺寸参看附表 B-2。

表 7-8　轴承的规定及特征画法

轴承类型	简 化 画 法		规定画法	装配画法
	通用画法	特征画法		
深沟球轴承 GB/T 276—2013	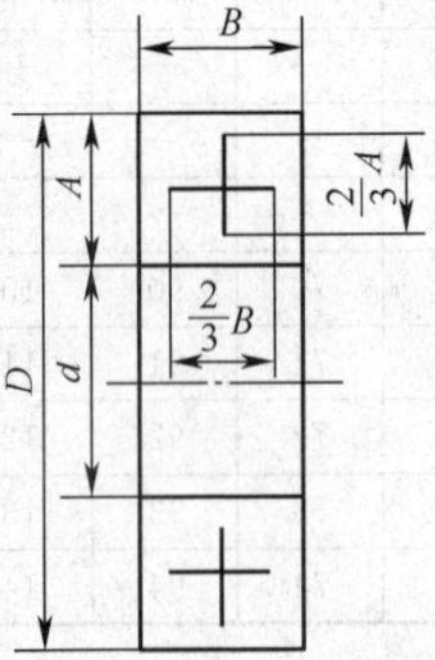	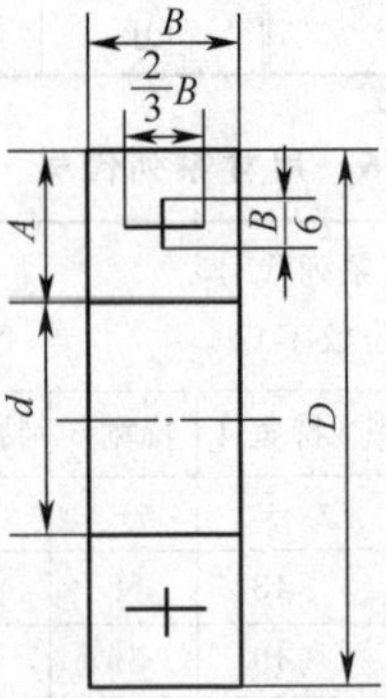	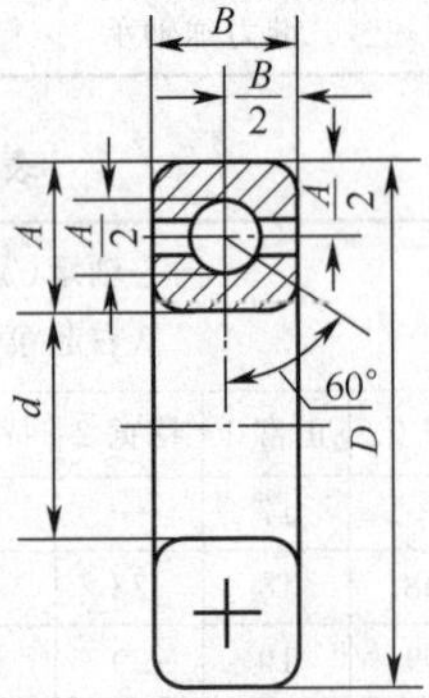	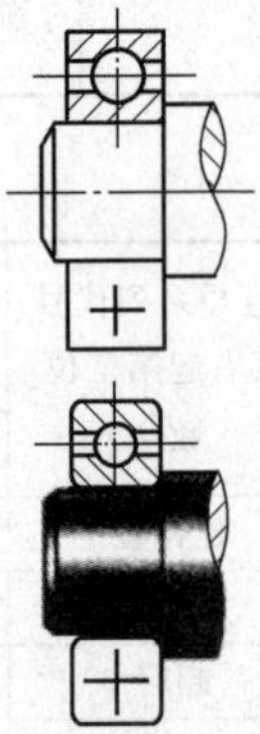
圆锥滚子轴承 GB/T 297—2015		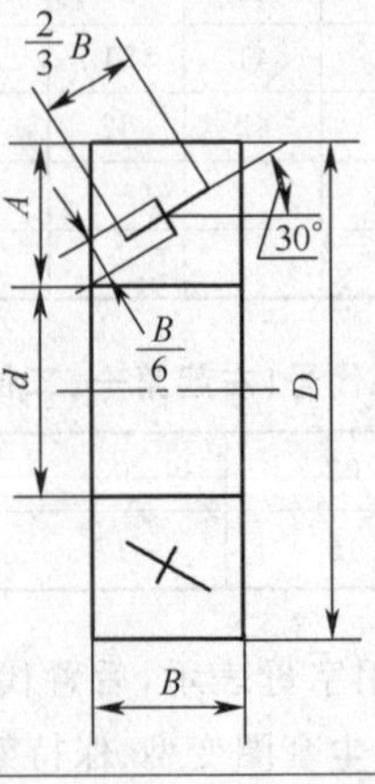	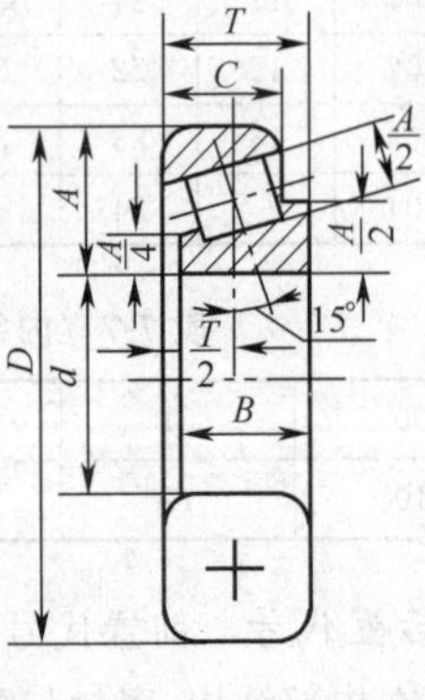	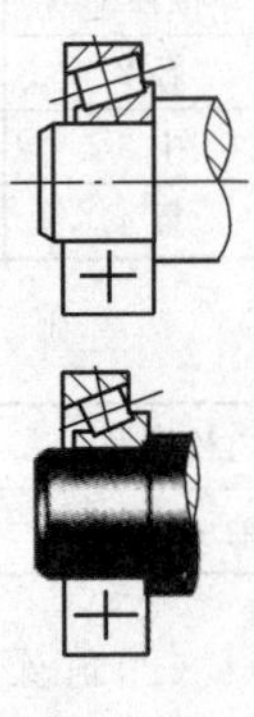

续表 7-8

轴承类型	简 化 画 法		规定画法	装配画法
	通用画法	特征画法		
推力球轴承 GB/T 301—2015				

复习思考题

1. 何谓标准件？常用的标准件有哪些？对它们实行标准化有哪些好处？

2. 内、外螺纹互相旋合的基本条件是什么？画图说明内、外螺纹各自的画法。

3. 螺栓、双头螺柱、螺母、垫圈的规定标记包括哪些内容？试举例说明。

4. 已知轴径为 $\phi 22\text{mm}$，试确定 A 型导向型平键的尺寸，画出轴槽的剖视图和毂槽的局部视图，标注尺寸、公差和表面粗糙度，并写出键的标记(自选长度)。

5. 圆柱销和圆锥销各有什么特点？举例说明销的规定标记。加工销孔时有什么特殊要求？

6. 常用的齿轮有哪几种？各有什么用途？

7. 直齿圆柱齿轮的基本参数是什么？如何根据这些参数计算齿轮的其他几何尺寸？

8. 齿轮轮齿部分的规定画法是什么？啮合区的五条线代表意义是什么？

9. 滚动轴承的代号由哪几部分组成？基本代号由哪几部分组成？其具体含义是什么？

10. 键有几种？它们有何功用？怎样标注？

11. 常用的销有几种？它们有何功用？怎样标注？

练 习 题

7.1 分析螺纹及其联接画法的错误，将正确的画法画在指定位置(题图 7-1)。

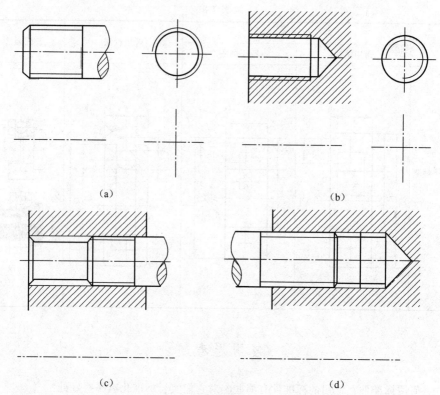

(a)   (b)

(c)   (d)

题图 7-1

7.2   补全螺栓联接图形中所缺的图线(题图 7-2)。

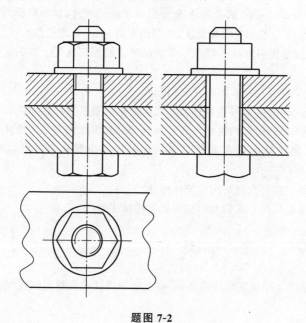

题图 7-2

7.3 分析双头螺柱联接图中的错误,在右侧画出正确的联接图(题图 7-3)。

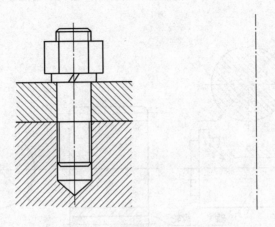

题图 7-3

7.4 已知直齿圆柱齿轮 $m=5\text{mm}$,$z=40$,轮齿端部倒角 $2.5\text{mm} \times 45°$,采用 $1:2$ 绘图比例,补全齿轮图形,并标注尺寸(题图 7-4)。

题图 7-4

7.5　已知齿轮和轴，用 A 型导向型平键联结。轴孔直径为 40mm，键的长度为 40mm。查表确定键和键槽的尺寸，补全键槽结构，并补全其联结图形，按 1：2 画（题图 7-5）。

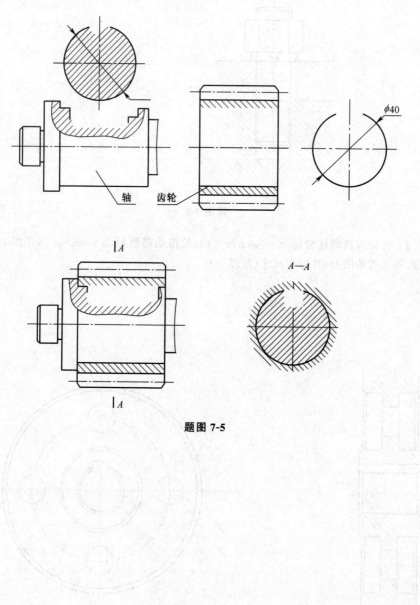

题图 7-5

第八章 零件图

培训学习目的 任何一台机器或部件都是由许多形状各异、尺寸不同的零件按设计要求装配而成的。任何一个零件出现问题都会直接影响机器或部件的使用性能。在生产过程中直接指导加工制造和检验测量单个零件的图样称为零件工作图,简称零件图。零件图是表示零件结构、大小和技术要求的图样。

本章主要目的就是帮助读者提高对零件图的识读能力。

第一节 零件图的内容及视图选择

一、零件图的内容

如图 8-1 轴零件图所示,设计时对零件的各项要求都反映在图样中。一张完整的零件图应包括下列基本内容。

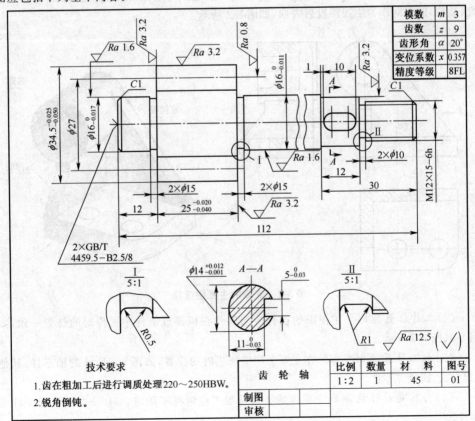

图 8-1 轴的零件图

（1）一组图形　用一组恰当的视图、剖视图或断面图等,正确、完整、清晰地将零件各部分的结构形状表达出来。

（2）完整的尺寸　正确、完整、清晰、合理地标注制造零件和检验零件所需的全部尺寸。

（3）技术要求　制造、检验零件所达到的技术要求,如尺寸公差、几何公差、表面粗糙度、热处理及表面处理等。

（4）标题栏　在图的右下角有标题栏,填写零件的名称、数量、材料、比例、图号以及设计、绘图人员的签名等。

二、零件图的视图选择

零件图的视图选择,是根据零件的结构形状、加工方法,以及它在机器（部件）中所处的位置等因素的综合分析来确定的。为了将零件表达得正确、完整、清晰、合理,应认真考虑以下两点:主视图的选择,视图数量和表达方法的选择。

1. 主视图的选择

主视图是一组图形的核心,它的选择影响到其他图形的位置与数量的确定,也影响到看图与画图是否方便。因此,在选择主视图时,一般应按以下原则综合考虑。

（1）形状特征原则　选择主视图时,应将最能显示零件各组成部分的形状和相对位置（结构）的方向作为主视图投射方向,如图 8-2 所示。

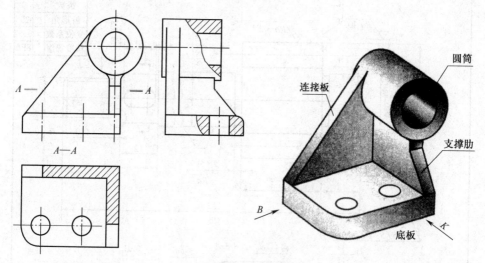

图 8-2　支架的主视图选择

（2）工作位置原则　主视图的选择应与零件在机器或部件中工作时的位置一致,如图 8-2、图 8-3 所示。

（3）加工位置原则　零件在主要工序中加工时的位置,如图 8-4 所示的轴零件,其他如套、轮、圆盘等零件。

（4）自然安放位置原则　零件的工作及加工位置都不固定,如图 8-5 所示的叉杆类零件。

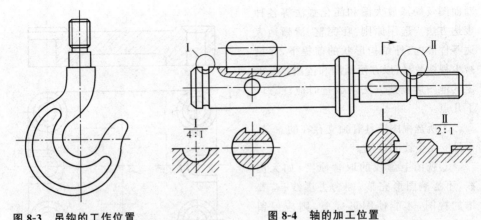

图 8-3　吊钩的工作位置　　　　**图 8-4　轴的加工位置**

　　(5)原则的实际应用　按以上原则选取主视图时,还应注意以下几点:

　　①首先应考虑加工位置原则;如零件具有多种加工位置时,则应首先考虑其他原则。

　　②如果零件在机器中的位置是变动的,可按习惯将零件放正作为主视图投射方向,如图 8-5 所示。

　　③主视图投射方向的确定,应有利于其他视图的表达。如图 8-6 所示两组视图的主视图,都符合形状结构特征和工作位置原则,但图 8-6(b)所示的主视图,则更有利于左视图的表达。

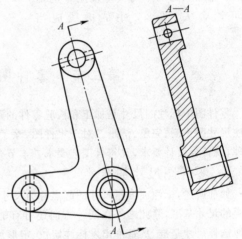

图 8-5　叉杆的主视图选择

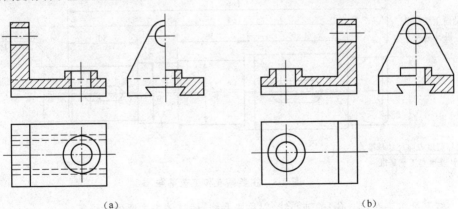

　　　　(a)　　　　　　　　　　　　　　(b)

图 8-6　主视图的选择应有利于其他视图的表达

2. 其他视图的选择

　　零件的主视图确定后,凡没有表达清楚的结构形状,必须选择其他视图,包括剖视图、断面图及局部放大图和简化画法等各种表达方法。选用原则：在完整、清晰地表达零件的内、外结构形状的前提下，尽量减少视图数量，以方便画图和读图。在确定其他图形表达方法及数量时应注意以下几点：

①所选视图应具有独立存在的意义，而且立足于读图方便。

②视图上虚线的取舍原则：如无虚线，不影响图形完整，则舍去虚线；若要增加视图，才能使图形完整，则应保留虚线。如图 8-6(b)中俯、左视图中的虚线可以舍去，图 8-7 中的虚线应当保留。

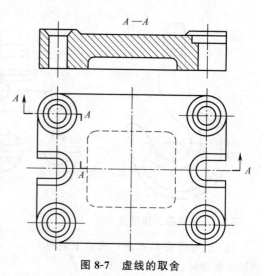

图 8-7　虚线的取舍

第二节　零件图的尺寸标注

　　零件图中标注的尺寸是加工和检验零件的重要依据。在组合体的尺寸标注中，曾提出标注尺寸要正确、完整、清晰。对于零件图，除了要满足上述要求外，还必须使标注的尺寸合理，既符合设计要求，又符合工艺要求。本节介绍一些合理标注尺寸的基本知识。

一、零件图尺寸基准

　　如前所述，标注或度量尺寸的起点称为尺寸基准。零件的长、宽、高三个方向都有一个主要的尺寸基准，除此之外在同一方向还可有辅助基准，如图 8-8 所示。标注尺寸时要合理地选择尺寸基准，从基准出发标注定位、定形尺寸。

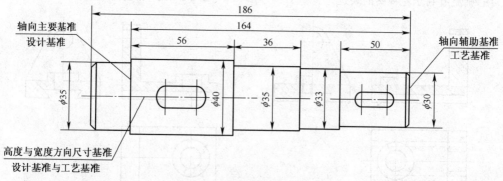

图 8-8　主要基准和工艺基准

　　线基准主要有：轴(孔)的轴心线、对称中心线、棱柱体中主要的棱线等。

　　面基准主要有：零件的安装底面、主要的加工面、两零件的结合面、零件的对称中心面、端面、轴肩面等。

　　在确定基准时，要考虑设计要求和便于加工、测量，为此有设计基准和工艺基准之分。

(1)设计基准 根据零件的结构和设计要求而选定的基准称作设计基准(也称作主要基准)。如图 8-8 所示的阶梯轴的轴线为径向尺寸的设计基准,$\phi40$mm 圆柱的左端面为轴向设计基准。这是考虑到轴在部件中要同轮类零件的孔或轴承孔配合,装配后应保证两者同轴,所以轴和轮类零件的轴线一般确定为设计基准;$\phi40$mm 圆柱的左端面是安装轴承的定位面,本身的长度反映与其有装配关系的齿轮件宽度,所以为长度的设计基准。

(2)工艺基准 为便于加工和测量而选定的基准称作工艺基准(也称作辅助基准)。如图 8-8 所示的阶梯轴,它在车床上加工时,车刀每一次车削的最终位置,都是以右端面为起点来测定的。因此,右端面为轴向尺寸的工艺基准。

零件每一个方向至少应有一个主要基准,即设计基准。为加工、测量方便,往往还要选择一些辅助基准,即工艺基准。工艺基准可以是一个或几个。但应注意,在选择辅助基准时,主要基准和辅助基准之间及两辅助基准之间,都需要有尺寸联系。

尺寸基准的选择原则:应尽可能使设计基准与工艺基准一致。

二、尺寸标注的基本形式

尺寸常用的标注形式有链式注法、坐标式注法、综合式注法。

(1)链式注法 链式注法如图 8-9(a)所示,同一方向的尺寸逐段首尾相接地注出,后一个尺寸是以前一个尺寸的终端为基准。其主要优点是:前段尺寸加工的误差并不影响后段加工尺寸;其主要缺点是:总尺寸有加工积累误差。

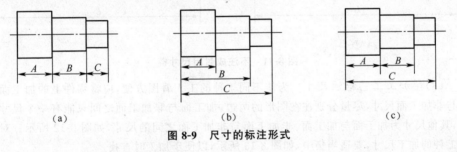

图 8-9 尺寸的标注形式

(2)坐标式注法 坐标式注法如图 8-9(b)所示,所有尺寸从同一基准注起。其主要优点是:任一尺寸的加工精度只决定于本段加工误差,不受其他尺寸误差的影响;其主要缺点是:某些加工工序的检验不太方便。

(3)综合式注法 综合式注法如图 8-9(c)所示,是链式和坐标式注法的综合,它具备了上述两种方法的优点,在尺寸标注中应用最广。

三、尺寸标注的一般原则

(1)零件的重要尺寸应直接注出 凡是与其他零件有配合关系的尺寸、确定结构形状的位置尺寸、影响零件工作精度和工作性能的尺寸等,都是重要尺寸。重要尺寸应从设计基准出发,直接注出,在制造加工时就容易得到保证,不至于受工序误差的影响。如图 8-10(a)中 A,L 的尺寸注法是正确的,而 8-10(b)中 A,C 尺寸注法是不正确的。

(2)尺寸标注不能注成封闭的尺寸链 如图 8-11(a)所示,若尺寸 A 比较重要,则尺寸 A 将受到尺寸 L,B,C 的影响而难以保证,所以不能注成封闭尺寸链。解决办法可将不

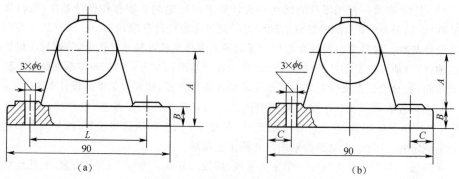

图 8-10　重要尺寸应直接注出

重要的开口环尺寸 B 去掉,这样,尺寸 A 不受尺寸 B 的影响,L,C 尺寸的误差都可积累到不注尺寸的部位上,如图 8-11(b)所示。

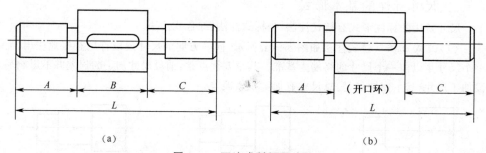

图 8-11　不注成封闭尺寸链

　　(3)按加工工艺标注尺寸　为使不同工种的工人看图方便,应将零件上的加工面尺寸与非加工面尺寸,尽量分别注在图形的两边,加工面与非加工面之间只能有一个尺寸联系,其他尺寸为加工面与加工面、非加工面与非加工面之间的尺寸,如图 8-12 所示。对同一工种的加工尺寸,要适当集中,如图 8-13 所示,以便于加工时查找。

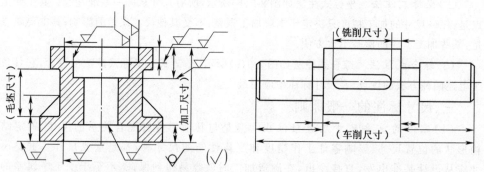

图 8-12　加工面与非加工面的尺寸注法　　　　**图 8-13　同工种加工的尺寸注法**

　　(4)按测量要求标注尺寸　在生产中,为便于测量,所注尺寸要满足测量工艺的要求,并尽量用普通量具来测量。如图 8-14(a)中的尺寸不便于测量,若无特殊要求,应按图 8-14(b)的形式标注。

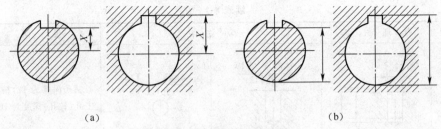

(a)   (b)

图 8-14 按测量要求标注尺寸

（5）按加工工艺标注尺寸 标注尺寸要符合零件加工工艺，便于加工和测量，如图 8-15、图 8-16 所示。

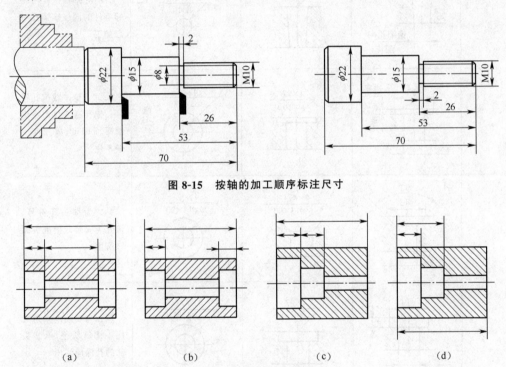

图 8-15 按轴的加工顺序标注尺寸

（a）   （b）   （c）   （d）

图 8-16 阶梯孔的尺寸标注

(a)(c) 不便加工和测量   (b)(d)便于加工和测量

（6）零件上常见结构尺寸的规定注法 对零件上常见的光孔、沉孔、螺孔等标准结构的尺寸标注均有具体规定，见表 8-1。

表 8-1 常见结构的尺寸注法

类型	普 通 注 法	旁 注 法		说 明
光孔	4×φ5 [深度 10]	4×φ5 ▼10	4×φ5 ▼10	"▼"为深度符号

续表 8-1

类型	普通注法	旁 注 法		说　明
光孔	$4\times\phi5^{+0.012}_{0}$	$4\times\phi5^{+0.012}_{0}$ ▽10　孔▽12	$4\times\phi5^{+0.012}_{0}$ ▽10　孔▽12	钻孔深度为 12,精加工孔(铰孔)深度为 10
	锥销孔$\phi5$ 配作	锥销孔$\phi5$ 配作	锥销孔$\phi5$ 配作	"配作"系指该孔与相邻零件的同位锥销孔一起加工
锪平孔	$\phi13$ 锪平 $4\times\phi7$	$4\times\phi7$ ⊔$\phi13$	$4\times\phi7$ ⊔$\phi13$	"⊔"为锪平或沉孔符号。锪孔通常只需锪出圆平面即可,故深度一般不注
沉孔	90° $\phi13$ $4\times\phi7$	$4\times\phi7$ ∨$\phi13\times90°$	$4\times\phi7$ ∨$\phi13\times90°$	"∨"为埋头孔符号,该孔为安装开槽沉头螺钉所用
	$\phi13$ 3 $4\times\phi7$	$4\times\phi7$ ⊔$\phi13$▽3	$4\times\phi7$ ⊔$\phi13$▽3	该孔为安装内六角圆柱头螺钉所用,承装头部的孔深应注出
螺纹孔	$2\times M8$	$2\times M8$	$2\times M8$	"EQS"为均布孔的缩写词
	$2\times M8$	$2\times M8$▽10　孔▽12	$2\times M8$▽10　孔▽12	

四、中心孔的表示法

中心孔是轴类零件常用的结构要素。在大多数情况下,中心孔只作为工艺结构要素;当某零件必须以中心孔作为测量或维修的工艺基准时,则该中心孔既是工艺结构要素,又是完工零件上必需的结构要素。中心孔通常为标准结构要素,GB/T 4459.5—1999 规定了 R 型、A 型、B 型、C 型四种中心孔型式。

1. 中心孔的符号

在机械图样中,完工零件上是否保留中心孔的要求通常有三种:

①在完工的零件上要求保留中心孔;

②在完工的零件上可以保留中心孔;

③在完工的零件上不允许保留中心孔。

表达在完工的零件上是否保留中心孔的要求,可采用表 8-2 中规定的符号。

表 8-2　中心孔的符号

要　求	符　号	表示法示例	说　明
在完工的零件上要求保留中心孔		GB/T4459.5−B2.5/8	采用 B 型中心孔:$D = 2.5mm$　$D_1 = 8mm$,在完工的零件上要求保留
在完工的零件上可以保留中心孔		GB/T4459.5−A4/8.5	采用 A 型中心孔:$D = 4mm$　$D_1 = 8.5mm$,在完工的零件上是否保留都可以
在完工的零件上不允许保留中心孔		GB/T4459.5−A1.6/3.35	采用 B 型中心孔:$D = 1.6mm$　$D_1 = 3.35mm$,在完工的零件上不允许保留

中心孔的符号应与图样上其他尺寸和符号协调一致。中心孔符号的图线宽度(d')为相应图样上所注尺寸数字高(h)的 1/10。中心孔符号的尺寸及各部分的比例关系如图 8-17 所示。

2. 中心孔的标记

中心孔的形式有四种:R 型(弧形)、A 型(不带护锥)、B 型(带护锥)、C 型(带螺纹)。

R 型、A 型、B 型的中心孔标记包括:标准编号;形式(用字母 R,A,B 表示),导向孔直径 D,锥形孔端面直

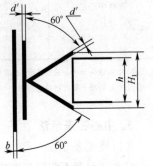

图 8-17　中心孔符号的画法

径 D_1。

　　如 B 型中心孔,$D=2.5mm$,$D_1=8mm$;在图样上的标记为:GB/T 4459.5—B2.5/8

　　C 型中心孔的标记包括:标准编号,形式(用字母 C 表示),螺纹代号 D(用普通螺纹特征代号 M 和公称直径表示),螺纹长度(用字母 L 和数值表示),锥形孔端面直径 D_2。

　　如 C 型中心孔,$D=M10$,$L=30mm$,$D_2=16.3mm$;在图样上标记为:GB/T 4459.5—CM10L30/16.3

　　四种标准中心孔的标记说明见表 8-3。

表 8-3　中心孔的标记

中心孔的形式	标记示例	标 注 说 明	
R(弧形) 根据 GB/T 145—2001 选择中心钻	GB/T 4459.5—R3.15/6.7	$D=3.15mm$ $D_1=6.7mm$	
A(不带护锥) 根据 GB/T 145—2001 选择中心钻	GB/T 4459.5—A4/8.5	$D=4mm$ $D_1=8.5mm$ $t=3.5mm$	
B(带护锥) 根据 GB/T 145—2001 选择中心钻	GB/T 4459.5—B2.5/8	$D=2.5mm$ $D_1=8mm$ $t=2.2mm$	
C(带螺纹) 根据 GB/T 145—2001 选择中心钻	GB/T 4459.5—CM10L30/16.3	$D=M10$ $L=30mm$ $D_2=16.3mm$	

注:①尺寸 L 取决于中心钻的长度,不能小于 t;
　　②尺寸 L 取决于零件的功能要求

3. 中心孔表示法

(1)规定表示法

①对于已经有相应标准规定的中心孔,在图样中可不绘制其详细结构,只需在零件轴

端面绘制出对中心孔要求的符号,随后标注出其相应标记;

②如需指明中心孔标记中的标准编号时,也可按图 8-18 和图 8-19 所示的方法标注;

③以中心孔的轴线为基准时,基准代号可按图 8-20 和图 8-21 所示的方法标注;

④中心孔工作表面的表面结构要求应在基准线或指引线上标注,如图 8-20 和图 8-21 所示。

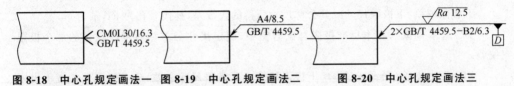

图 8-18　中心孔规定画法一　图 8-19　中心孔规定画法二　　　图 8-20　中心孔规定画法三

(2)简化表示法

①在不致引起误解时,可省略标记中的标准编号,如图 8-22 所示;

②如同一轴的两端中心孔相同,可只在其一端标注,但应注明数量,如图 8-22 所示。

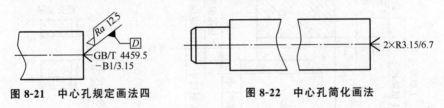

图 8-21　中心孔规定画法四　　　图 8-22　中心孔简化画法

第三节　极限与配合

在大批量的生产中,为了提高效率,相同的零件必须具有互换性。互换性是指在相同规格的零件中,任取一件,不经加工或修配,就能顺利装入机器,并能达到设计的性能要求。为了保证互换性,重要条件之一是要求尺寸的一致性。实践证明,互换性并不要求将零件的尺寸都加工得绝对精确,而只是将其限定在一个合理的范围内变动,以满足不同的使用要求,由此产生了"极限与配合"制度。

为此,GB/T 1800.1—2009《产品几何技术规范(GPS) 极限与配合 第一部分 公差、偏差和配合的基础》、GB/T 1800.2—2009《产品几何技术规范(GPS) 极限与配合 第二部分 标准公差等级和孔、轴极限偏差表》和 GB/T 1801—2009《产品几何技术规范(GPS) 极限与配合 公差带和配合的选择》做出了专门的规定。

一、极限与配合的基本概念

1. 尺寸术语

(1)尺寸　以特定单位表示线性尺寸值的数值。尺寸表示长度的大小,如直径、半径、长、宽、高、厚度、中心距等。它不包括用角度单位表示的角度。

(2)公称尺寸　由图样规范确定的理想要素的尺寸(孔用 D,轴用 d 表示)。

(3)实际尺寸　零件制造完成后,通过测量所得的尺寸(孔用 D_a,轴用 d_a 表示)。

(4)极限尺寸　尺寸要素允许的尺寸的两个极端,它是以公称尺寸为基数来确定的。

两个界限值中较大的一个称为上极限尺寸(D_{max}, d_{max}),较小的一个称为下极限尺寸(D_{min}, d_{min})。

(5)偏差　某一尺寸减其公称尺寸所得的代数差。

(6)极限偏差　包括上极限偏差和下极限偏差,如图 8-23(a)所示。

上极限偏差:上极限尺寸减其公称尺寸所得的代数差,其代号孔为 ES,轴为 es;

下极限偏差:下极限尺寸减其公称尺寸所得的代数差,其代号孔为 EI,轴为 ei。

(7)基本偏差　在本标准极限与配合制中,确定尺寸公差相对零线位置的那个极限偏差。

(8)尺寸公差(简称公差)　上极限尺寸减下极限尺寸之差,或上极限偏差减下极限偏差之差,它是允许尺寸的变动量。孔、轴公差分别用 T_h 和 T_s 表示。

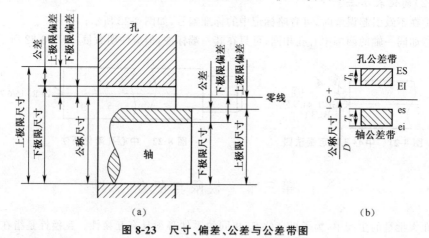

图 8-23　尺寸、偏差、公差与公差带图

2. 尺寸公差带

(1)零线　在极限与配合图解中,表示公称尺寸的一条直线,以其为基准确定偏差和公差。

(2)公差带　在公差带图解中,由代表上极限偏差和下极限偏差或上极限尺寸和下极限尺寸的两条直线所限定的一个区域。它是由公差大小和其相对零线的位置如基本偏差来确定。

(3)公差带图　在分析公差与公称尺寸的关系时,不画出孔、轴的图形,而将上、下极限偏差按放大的比例画出的简图,简称公差带图,如图 8-23(b)所示。

3. 配合

公称尺寸相同的并且相互结合的孔和轴公差带之间的关系称为配合。其含义一是指公称尺寸必须相同的孔和轴装在一起,二是指孔和轴的公差带大小、相对位置决定配合的精确程度和松紧程度;前者说的是配合条件,后者反映了配合的性质。为了满足不同的使用要求,根据孔、轴公差带之间的关系,国家标准规定了 3 种配合。

(1)间隙配合　孔与轴配合时,孔的公差带在轴的公差带之上,即具有间隙(包括最小间隙等于零)的配合,如图 8-24 所示。

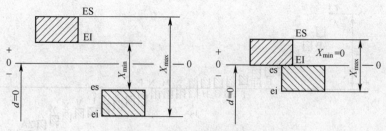

图 8-24　孔和轴的间隙配合

过盈配合　孔与轴配合时,孔的公差带在轴的公差带之下,即具有过盈(包括最小
为零)的配合,如图 8-25 所示。

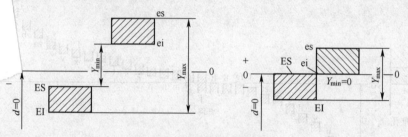

图 8-25　孔和轴的过盈配合

（3）过渡配合　孔与轴配合时,孔的公差带与轴的公差带相互交叠,即可能具有间隙
或过盈的配合,如图 8-26 所示。

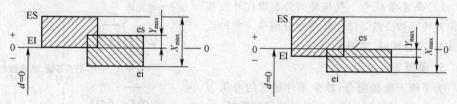

图 8-26　孔和轴的过渡配合

4. 标准公差与基本偏差

GB/T 1800.1—2009 和 GB/T 1800.2—2009 中规定,公差带是由标准公差和基本偏
差组成;标准公差确定公差带的大小,基本偏差确定公差带的位置。

（1）标准公差　在标准极限与配合制中,所规定的任一公差。标准公差分 20 个等级,
即 IT01,IT0,IT1,IT2,…,IT18。IT01 公差值最小,IT18 公差值最大,因此标准公差反映
了尺寸的精确程度。标准公差数值可从附表 C-1 中查得。

（2）基本偏差　在标准极限与配合制中,确定公差带相对零线位置的那个极限偏差。
基本偏差可以是上极限偏差或下极限偏差,一般为靠近零线的那个极限偏差。

国标对孔和轴分别规定了 28 个基本偏差,也称基本偏差系列,如图 8-27 所示。孔和轴基
本偏差的代号用拉丁字母表示,大写为孔,小写为轴;当公差带在零线上方时,基本偏差为下极
限偏差,反之为上极限偏差。在基本偏差系列中,A~H(a~h)的基本偏差用于间隙配合;J~N
(j~n)用于过渡配合;P~ZC(p~zc)用于过盈配合。基本偏差数值见附表 C-2、附表 C-3。

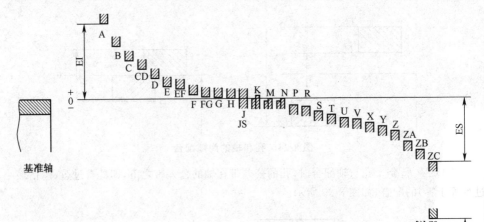

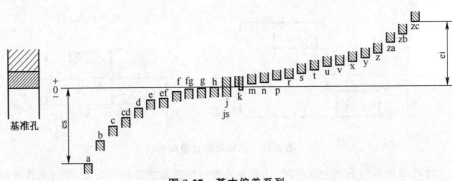

图 8-27　基本偏差系列

（3）公差带代号　孔与轴的公差带代号由基本偏差代号和公差等级代号两部分组成。两种代号并列，字号相同，如图 8-28 所示。

5. 基准制

为了便于选择配合，减少零件加工的专用刀具和量具，国家标准对配合规定了两种配合制。

（1）基孔制配合　基本偏差为一定的孔的公差带，与不同基本偏差的轴的公差带形成各种配合的一种制度，如图 8-29 所示。对本标准极限与

图 8-28　孔、轴公差带代号

配合制，是孔的下极限尺寸与公称尺寸相等、孔的下极限偏差为零的一种配合制，其基本偏差代号为 H。

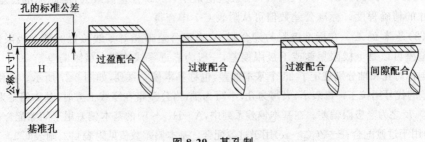

图 8-29　基孔制

（2）基轴制配合　基本偏差为一定的轴的公差带，与不同基本偏差的孔的公差带形成各种配合的一种制度，如图 8-30 所示。对本标准极限与配合制，是轴的上极限尺寸与公称尺寸相等、轴的上极限偏差为零的一种配合制，其基本偏差代号为 h。

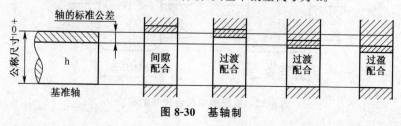

图 8-30　基轴制

二、极限与配合的标注和识读

GB/T 4458.5－2003《机械制图　尺寸公差与配合注法》规定了尺寸公差与配合公差的标注方法。

1. 在零件图中的标注

极限与配合在零件图中的标注有 3 种形式，如图 8-31 所示。

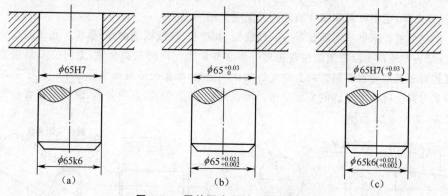

图 8-31　零件图中尺寸公差的标注

（1）标注公差带代号　公差带代号由基本偏差代号及标准公差等级代号组成，标注在公称尺寸的右边，代号字体与尺寸数字字体的高度相同，如图 8-31(a)所示。这种注法一般用于大批量生产，由专用量具检验零件的尺寸。

（2）标注极限偏差　上极限偏差在公称尺寸的右上方，下极限偏差与公称尺寸标注在同一底线上；偏差数字的字体比尺寸数字字体小一号，小数点必须对齐，小数点后的位数也必须相同。当某一偏差为零时，用数字"0"标出，并与上极限偏差或下极限偏差的小数点前的个位数对齐，如图 8-31(b)所示。这种注法用于少量或单件生产。

当上、下极限偏差的绝对值相同时，偏差值只需标注一次，并在偏差值与公称尺寸之间注出"±"符号，偏差值的字体高度与公称尺寸的字体高度相同。

（3）公差带代号与极限偏差一起标注　偏差数值标注在尺寸公差带代号之后，并加圆括号，如图 8-31(c)所示。这种注法在设计过程中因便于审图，故使用较多。

2. 在装配图中的标注

在装配图上标注线性尺寸配合代号时，必须在公称尺寸的右边，用分数形式注出，其分子为孔的公差带代号,分母为轴的公差带代号,如图 8-32 所示。

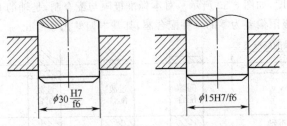

$\phi 30\dfrac{H7}{f6}$　　　　　$\phi 15H7/f6$

图 8-32　装配图中配合代号的标注

第四节　几何公差

　　机械零件在加工过程中,由于机床工艺设备本身有一定的误差,以及零件在加工过程中受到夹紧力、切削力、温度等因素的影响,从而使得完工零件的几何形状不能和所设计的理想形状完全相同;同时,完工零件上的某一几何要素对同一零件上另一几何要素的相对位置、方向等,也不可能和设计的理想状况完全相同。

　　形状公差是指单一实际要素(点、线或面,如球心、轴线或端面)的形状所允许的变动全量,位置公差是指实际要素的位置相对于基准要素所允许的变动全量,方向公差是指实际要素相对于基准要素在某方向上所允许的变动全量,跳动公差是指实际要素相对于基准要素在某方向上跳动所允许的变动全量。形状公差、位置公差、方向公差、跳动公差合称为几何公差,如图 8-33 所示。

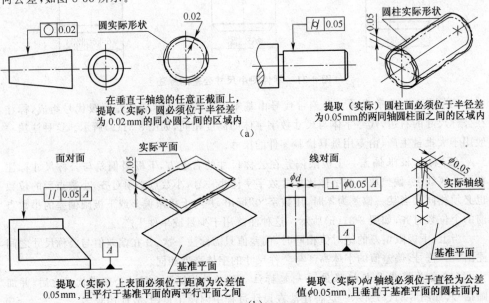

图 8-33　几何公差

(a)形状公差　(b)方向公差

几何误差的存在影响着工件的可装配性、结构强度、接触刚度、配合性等,因此,必须合理控制其允许的变动量。

一、几何公差基本术语

GB/T 18780.1—2002 和 GB/T 18780.2—2003 给出了几何公差的基本术语,如图 8-34 所示。

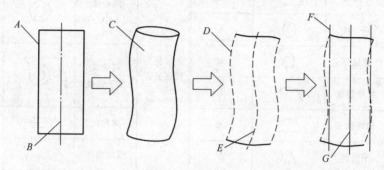

图 8-34　基本术语

A——公称组成要素;*B*——公称导出要素;*C*——实际要素;*D*——提取组成要素
E——提取导出要素;*F*——拟合组成要素;*G*——拟合导出要素

(1)要素　零件上的特征部分——点、线或面。这些要素是实际存在的,也可以包括实际要素取得的轴线、中心线或中心平面。

(2)点、线、面　"点"指圆心、球心、中心点、交点等,"线"指素线、轴线、中心线等,"面"指平面、曲面、圆柱面、圆锥面、球面、中心平面等。

(3)理想要素(几何要素)　具有几何意义、没有任何误差的要素,分为理想轮廓要素和理想中心要素。

(4)实际要素　零件上实际存在的要素,由无限个点组成,分为实际轮廓要素和实际中心要素。

(5)组成要素　由测得的轮廓要素或中心要素通过数据处理获得的要素,具有理想的形状。

(6)提取组成要素(测得要素)　按规定方法,从实际要素提取的有限数目的点所形成的实际要素的近似替代。

(7)公称组成要素　由技术制图或其他方法确定的理论正确组成要素。

(8)拟合组成要素　按规定的方法由提取组成要素形成,并且有理想形状的组成要素。

(9)导出要素　由一个或几个拟合组成要素获得的中心点、中心线或中心面,如球心是由球面导出的要素(该球面则为组成要素)。

二、几何公差分类、项目及符号

GB/T 1182—2008《产品几何技术规范(GPS)几何公差 形状、方向、位置和跳动公差标注》规定几何公差分为形状公差 6 项、方向公差 5 项、位置公差 6 项、跳动公差 2 项。几何公差各项目的名称及符号见表 8-4。

表 8-4　几何特征符号

公差类型	几何特征	符 号	有无基准	公差类型	几何特征	符 号	有无基准
形状公差	直线度	▬	无	位置公差	位置度	⊕	有或无
	平面度	▱	无		同心度（用于中心点）	◎	有
	圆度	○	无				
	圆柱度	⌀	无		同轴度（用于轴线）	◎	有
	线轮廓度	⌒	无				
	面轮廓度	◠	无		对称度	═	有
方向公差	平行度	//	有		线轮廓度	⌒	有
	垂直度	⊥	有		面轮廓度	◠	有
	倾斜度	∠	有	跳动公差	圆跳动	↗	有
	线轮廓度	⌒	有		全跳动	↗↗	有
	面轮廓度	◠	有				

三、几何公差公差带

几何公差公差带是由一个或几个理想的几何线或面所限定的、由线性公差值表示其大小的区域。根据公差的几何特征及其标注方式,公差带的主要性状如下:

①一个圆内的区域;

②两同心圆之间的区域;

③两等距线或两平行直线之间的区域;

④一个圆柱面内的区域;

⑤两同轴圆柱面之间的区域;

⑥两等距面或两平行平面之间的区域;

⑦一个球面内的区域。

四、公差框格及基准符号

(1)公差框格及内容　用公差框格标注几何公差时,公差要求注写在划分成两格或多格的矩形框格内,如图 8-35(a)所示。各格自左至右顺序标注以下内容:

①几何特征符号。

②公差值,以线性尺寸单位表示的量值。如果公差带为圆形或圆柱形,公差值前应加注符号“ϕ”;如果公差值为圆球形,公差值前应加注符号“$S\phi$”。

③基准字母,用一个字母表示单个基准或用几个字母表示基准体系或组合基准,如图

8-35(a)、图 8-36 所示。

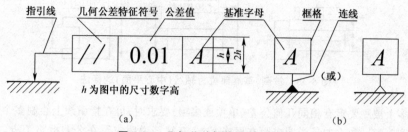

图 8-35　几何公差框格和基准符号

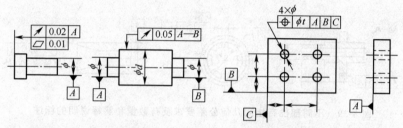

图 8-36　同一被测要素有多项要求及当基准为基准体系时的标注

（2）指示符号　用箭头表示，并用指引线将被测要素与公差框格的一端相连，如图 8-35(a)所示。指引线的箭头应指向公差带宽度方向。

（3）基准符号　基准符号包括：基准三角形、连线、框格、基准字母，如图 8-35(b)所示。

与被测要素相关的基准用一个大写字母表示。字母标注在基准方格内，与一个涂黑或空白的三角形相连以表示基准，涂黑的和空白的基准三角形含义相同；表示基准的字母应标注在公差框格内。

五、几何公差的标注示例

GB/T 1182—2008 规定了几何公差在图样中的标注方法。

①当被测（或基准）要素是轮廓要素时，指引线的箭头（或基准连线）要指向被测要素的轮廓线或其延长线上，并与尺寸线明显错开，如图 8-37 所示。

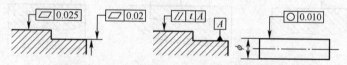

图 8-37　被测、基准部位为平面（或线）的标注

②当被测（或基准）要素是轴线、球心、中心平面时，指引线的箭头（或基准连线）应当与该要素的尺寸线对齐。如果没有足够的位置标注基准要素尺寸的两个尺寸箭头，则其中一个箭头可用基准三角形代替，如图 8-38 所示。

③同一被测要素有多项几何公差要求，标注方法又不一致，可以将这些框格绘制在一起，并引用一根指引线。当基准为组合基准时，第三格内的基准符号用横线相连。当基准为两个或三个要素组成的基准体系时，第三格内从左到右顺序填写基准符号，如图 8-36 所示。

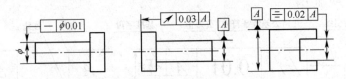

图 8-38　被测、基准部位为轴线（中心平面）的标注

④多个被测要素有相同几何公差（单项或多项）要求时，可在指引线上绘制多个箭头指向各被测要素。如有数量说明应写在框格上方，有解释说明应写在公差框格下方，如图 8-39 所示。

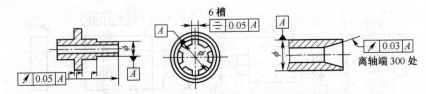

图 8-39　不同部位有相同几何公差要求及有数量和解释说明的标注

⑤公差值及有关符号的标注如图 8-40 所示。如"NC"表示若被测要素有误差，被测要素不凸起，应在公差框格的下方注明；"（▷）"表示若被测要素有误差，则只许按符号的（小端）方向逐渐减小。如对同一要素的公差值在全部被测要素内的任一部分有进一步的限制时，该限制部分（长度或面积）的公差值要求应放在公差值的后面，用斜线相隔；这种限制要求也可以直接放在表示全部被测要素公差值的下面。如仅要求要素某一部分的公差值，则用粗点画线表示其范围，并加注尺寸。

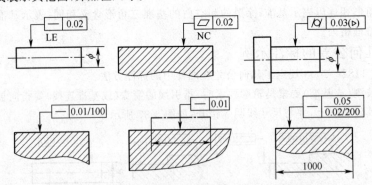

图 8-40　相关符号及任意长度等在几何公差中的标注

相关说明及符号：小径（LD）、大径（MD）、中径及节径（PD）、素线（LE）、不凸起（NC）、任意横截面（ACS）、公共公差带（CZ）。

六、几何公差标注的识读

形状公差识读时，必须指出提取（实际）要素、公差特征项目名称、公差值三项内容；方向公差、位置公差和跳动公差识读时，必须指出提取（实际）要素、基准要素、公差特征项目名称、公差值四项内容。

例 8-1 识读如图 8-41 所示零件中几何公差的含义。

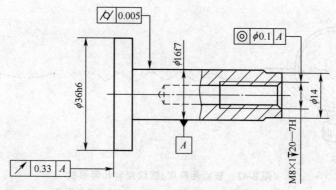

图 8-41 几何公差标注识读示例

解

⌀ 0.005：ϕ16f7 圆柱面的圆柱度公差值为 0.005mm。

↗ 0.33 A：ϕ36h6 圆柱的左端面相对于 ϕ16f7 圆柱轴线的圆跳动公差值为 0.33mm。

◎ ϕ0.1 A：M8×1 螺纹孔的轴线相对于 ϕ16f7 圆柱轴线的同轴度公差值为 ϕ0.1mm。

第五节 表面结构的图样表示法

表面结构是表面粗糙度、表面波纹度、表面缺陷、表面纹理和表面几何形状的总称。表面结构的各项要求在图样上的表示法在 GB/T 131—2006《产品几何技术规范（GPS）技术产品文件中表面结构的表示法》中均有具体规定。本节主要介绍常用的表面粗糙度表示法。

一、基本概念及术语

（1）表面粗糙度 零件的加工表面看起来很光滑，但在放大镜或显微镜下，却可以看到凸凹不平的加工痕迹，如图 8-42（a）所示。这种加工表面上具有的较小间距的峰谷所组成的微观几何形状特征称为表面粗糙度。

表面粗糙度是评定零件表面质量的一项重要指标。它对零件的配合性能、耐磨性、抗腐蚀性、接触刚度、抗疲劳强度、密封性和外观等都有影响。凡是零件上有配合要求或有相对运动的表面，表面粗糙度参数值就小；表面粗糙度参数值越小，加工成本越高。因此，应根据零件的工作状况，合理确定零件各表面的粗糙度要求。

（2）表面波纹度 在机械加工过程中，由于机床、工件和刀具系统的振动，在工件表面形成的比表面粗糙度大得多的宏观不平度称为波纹度，如图 8-42（b）所示。零件表面的波纹度是影响零件使用寿命和引起振动的重要原因。

表面粗糙度、表面波纹度以及表面几何形状［图 8-42（c）］总是同时生成并存在于同一表面。

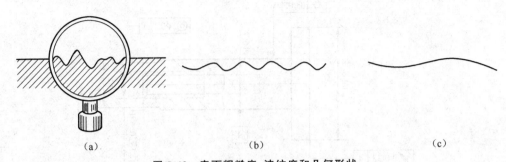

图 8-42　表面粗糙度、波纹度和几何形状

(a)表面粗糙度　(b)表面波纹度　(c)表面几何形状

二、评定表面结构常用的轮廓参数

由三大类参数评定零件表面结构状况:轮廓参数(由 GB/T 3505—2009 定义)、图形参数(由 GB/T 18618—2009 定义)、支承率曲线参数(由 GB/T 18778.2—2003 定义)。其中轮廓参数是我国机械图样中目前最常用的评定参数。本节仅介绍评定粗糙度轮廓(R 轮廓)中的两个高度参数 Ra 和 Rz。

(1)轮廓算术平均偏差 Ra　轮廓算术平均偏差是在取样长度内,轮廓偏距绝对值的算术平均值,如图 8-43 所示。

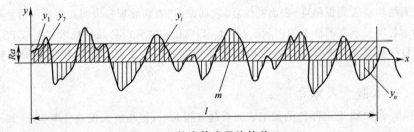

图 8-43　轮廓算术平均偏差 Ra

Ra 的数值见表 8-5,使用时优先选用第一系列。Ra 值表面特征、加工方法和应用见表 8-6。

表 8-5　轮廓算术平均偏差 Ra 的数值　　　　　　　　　　　　　(μm)

第一系列	0.012　0.025　0.050　0.100　0.2　0.4　0.8　1.6　3.2　6.3　12.5　25　50　100
第二系列	0.008　0.010　0.016　0.200　0.032　0.040　0.063　0.080　0.125　0.160　0.25 0.32　0.50　0.63　1.00　1.25　2.0　2.5　4.0　5.0　8.0　10.0　16.0　20　32　40 63　80

表 8-6　*Ra* 的一般使用情况

Ra	表面特征	主要加工方法	应　用
50	明显可见刀痕	粗车、粗铣、粗刨、钻、粗纹锉刀和粗砂轮加工	表面质量低,一般很少用
25	可见刀痕		不重要的加工部位,如油孔、穿螺栓用的光孔、不重要的底面、倒角等
12.5	微见刀痕	粗车、刨、立铣、平铣、钻	常用于尺寸精度不高、没有相对运动的表面,如不重要的端面、侧面、底面等
6.3	可见加工痕迹	粗车、精铣、精刨、镗、粗磨	常用于不十分重要、但有相对运动的部位或较重要的侧面,如低速轴的表面、相对速度较高的侧面、重要的安装基面和齿轮、链轮的齿廓表面等
3.2	微见加工痕迹		常用于传动零件的轴、孔配合部分以及中低速轴承孔、齿轮的齿廓表面等
1.6	不见加工痕迹		
0.8	可辨加工痕迹方向	精车、精铰、精镗、精磨等	常用于较重要的配合面,如安装滚动轴承的轴和孔、有导向要求的滑槽等
0.4	微辨加工痕迹方向		常用于重要的平衡面,如高速回转的轴和轴承孔等

　　Ra 值愈小,表示对该零件表面的粗糙度要求越高,零件表面越平整光滑,则加工工序越复杂。所以,在不影响产品使用性能的前提下,尽量选用较大的表面粗糙度,以降低生产成本。

　　(2)轮廓最大高度 *Rz*　在同一取样长度内,最大轮廓峰高与最大轮廓谷深之间的距离,如图 8-44 所示。*Rz* 的常用值有:$0.2\mu m$,$0.4\mu m$,$0.8\mu m$,$1.6\mu m$,$3.2\mu m$,$6.3\mu m$,$12.5\mu m$,$25\mu m$,$50\mu m$。

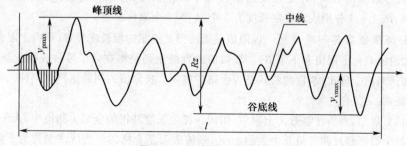

图 8-44　轮廓最大高度 *Rz*

　　Rz 用于控制允许出现较深加工痕迹的表面,常标注于受交变应力作用的工作表面,如齿轮齿廓表面等,*Rz* 可与 *Ra* 联用。此外,当被测表面段很小(不足一个取样长度),不适

宜采用 Ra 评定时,也常采用 Rz 参数。Rz 值可用电动轮廓仪和光学仪器测得。

说明:原来的表面粗糙度参数 Rz 的定义不再使用。新的 Rz 为原 Ry 的定义,原 Ry 的符号不再使用。

三、有关检验规范的基本术语

检验评定表面结构的参数值必须在特定条件下进行,国家标准规定:图样中注写参数代号及其数值要求的同时,还应该明确其检验规范。

(1)轮廓滤波器 表面结构的三类轮廓各有不同的波长范围,它们又同时叠加在同一表面中,因此,在测量评定三类轮廓的参数时,必须先将表面轮廓在特定仪器上进行滤波,以便分离获得所需波长范围的轮廓。这种可将轮廓分成长波和短波的仪器称为轮廓滤波器。截止短波的滤波器称为短波滤波器,其截止波长用 λ_s 表示;截止长波的滤波器称为长波滤波器,其截止波长值用 λ_c 表示。

(2)传输带 传输带是评定表面结构时,由两个不同截止波长的滤波器分离获得的轮廓波长范围,也是评定时的波长范围。注写传输带时,单位是 mm,短波滤波器截止波长值 λ_s 在前,长波滤波器截止波长值 λ_c 在后,并用连字符"—"隔开。如果只标注一个滤波器应保留连字符"—",以区分是短波滤波器还是长波滤波器。传输带一般取默认值;否则,应在表面结构代号中指定传输带。当只标注一个滤波器的截止波长时,另一个滤波器的截止波长则取默认值。如"0.025—"表示短波滤波器截止波长 $\lambda_s=0.025$mm,长波滤波器的截止波长取默认值。"0.0025—0.8"表示 $\lambda_s=0.0025$mm,$\lambda_c=0.8$ mm。

(3)取样长度 以 Ra 为例,由于表面轮廓的不规则性,测量结果与测量段的长度密切相关。如果测量段长度过短,各处测量结果会产生很大差异;如果测量段过长,则测量值中将不可避免地包含了波纹度的值。因此,在基准线 X 轴上选取一段适当长度进行测量,如图 8-43、图 8-44 中的 l。这段适当长度称为取样长度。长波滤波器的截止波长值等于取样长度。

(4)评定长度 在每一取样长度内的测量值通常是不等的,为取得表面粗糙度最可靠的值,一般取几个连续的取样长度进行测量,并以各种取样长度内测量值的平均值作为测量的参数值。这段在基准线 X 轴上包含一个或几个取样长度的测量段称为评定长度。当参数代号后未注明时,评定长度默认为 5 个取样长度,否则应注明个数。如 Ra 1.6,$Ra4$ 0.8,$Ra1$ 6.3 分别表示评定长度为 5 个、4 个、1 个取样长度。

(5)极限值及其判断原则 极限值是指图样上给定的粗糙度参数(单向上限值、下限值、最大值或双向上限值和下限值)。极限值的判断原则是指在完工零件表面上测出实测值后,如何与给定值比较,以判断其是否合格的规则。极限值的判断原则有两种:16%规则和最大规则。

①16%规则:当所注参数为上限值,用同一评定长度测得的全部实测值中,大于图样上规定值的个数不超过测得值总个数的 16%,则该表面是合格的。当所注参数为下限值时,如果用同一评定长度测得的全部实测值中,小于图样上规定值的个数不超过测得值总个数的 16%,则该表面是合格的。

②最大规则:是指在被检的整个表面上测得的参数值中,一个也不应超过图样上的规

定值。

　　16％规则是所有表面结构要求标注的默认规则。即当参数代号后未注写"max"字样时，均默认为应用16％规则，如 Ra 3.2。反之，则应用最大规则，如 Ra max 3.2。

　　当标注单向极限要求时，一般是指参数的上限值，此时不必加注说明，如果是指参数的下限值，则应在参数代号前加"L"，例如 L Ra 1.6(16％规则)、L Ra max 3.2(最大规则)。

　　表示双向极限值时应标注极限代号，上限值在上方用 U 表示，下限值在下方用 L 表示。在不会引起误解时，可以不加 U，L。

四、标注表面结构的图形符号

　　表面结构的图形符号及尺寸如图 8-45 所示。符号线宽、字母高度、图中 H_1、H_2 及其与字高的关系见表 8-7。标注表面结构要求时的图形符号种类、名称及其含义见表 8-8。必要时应标注补充要求，包括传输带、取样长度、加工工艺、表面纹理及方向、加工余量等，这些要求在图形符号中的注写位置如图 8-46 所示。

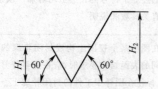

图 8-45　表面结构符号的画法

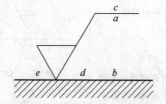

图 8-46　补充要求的注写位置

　　位置 a：注写表面结构单一要求。注写结构参数代号、极限值、取样长度（或传输带）等，在参数代号和极限值间应插入空格，如 Ra 0.8 等。

　　位置 a 和 b：注写两个或多个表面结构要求时，如位置不够，图形符号应在垂直方向扩大，以空出足够的空间。

　　位置 c：注写加工方法、表面处理、涂层或其他加工工艺要求等。

　　位置 d：注写所要求的表面纹理和纹理方向，如"＝""⊥"等。

　　位置 e：注写所要求的加工余量。

　　表面结构符号中注写了具体参数代号及数值等要求后即称为表面结构代号。表面结构代号及其含义见表 8-9。

表 8-7　表面结构符号的尺寸　　　　　　　　　　（mm）

数字和字母高度 h	2.5	3.5	5	7	10	14	20
符号线宽							
字母高度	0.25	0.35	0.5	0.7	1	1.4	2
高度 H_1	3.5	5	7	10	14	20	28
高度 H_2 最小值	7.5	10.5	15	21	30	42	60

注：H_2 取决于标注内容。

表 8-8　表面结构符号及其含义

符号名称	符　号	含　义　说　明
基本图形符号		基本符号,表示表面可以用任何方法获得。当不加注粗糙度参数值或有关说明(如表面处理、局部热处理状况)时,仅适用于简化代号标注
拓展图形符号		基本符号加一短画,表示表面是用去除材料的方法获得,如车、铣、钻、磨、剪切、抛光、腐蚀、电火花加工、气割等
	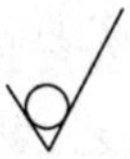	基本符号加一小圆,表示表面是用不去除材料的方法获得,如铸、锻、冲压变形、热轧、粉末冶金等,或者是保持上道工序的状况及原供应状况的表面
完整图形符号	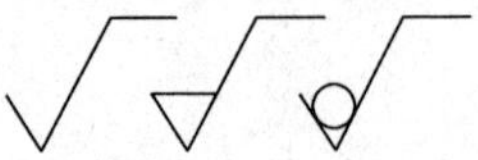	在上述 3 个符号的长边上均可加一横线,用于标注有关参数和说明
封闭轮廓各表面结构要求相同时的符号	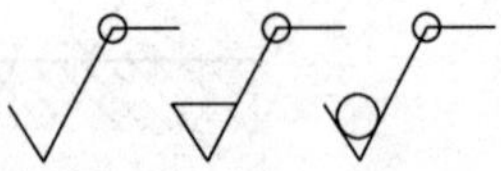	当在图样某个视图上构成封闭轮廓的各表面有相同的表面结构要求时,应在完整符号上加一圆圈,标注在图样中工件的封闭轮廓上。图中符号是指对图形中封闭轮廓的各侧面的要求,不包括前后面

表 8-9　表面结构代号及其含义

代　号	含义/解释
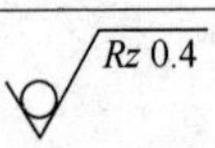 $Rz\ 0.4$	表示不去除材料,单向上极限,默认传输带,R 轮廓,粗糙度的最大高度 $0.4\mu m$,评定长度为 5 个取样长度(默认),"16％规则"(默认)
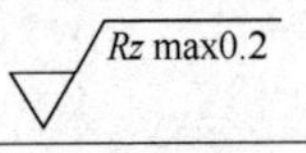 $Rz\ max0.2$	表示去除材料,单向上极限,默认传输带,R 轮廓,粗糙度最大高度的最大值 $0.2\mu m$,评定长度为 5 个取样长度(默认),"最大规则"
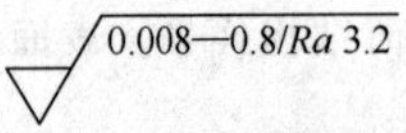 $0.008—0.8/Ra\ 3.2$	表示去除材料,单向上极限,传输带为 $0.008\sim0.8mm$,R 轮廓,算术平均偏差 $3.2\mu m$,评定长度为 5 个取样长度(默认),"16％规则"(默认)
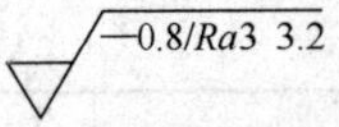 $—0.8/Ra3\ 3.2$	表示去除材料,单向上极限,传输带:根据 GB/T 6062,取样长度 $0.8\mu m$,R 轮廓,算术平均偏差 $3.2\mu m$,评定长度为 3 个取样长度,"16％规则"(默认)
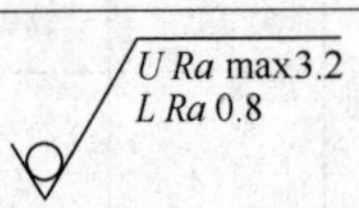 $U\ Ra\ max3.2$ $L\ Ra\ 0.8$	表示不去除材料,双向极限值,两极限值均使用默认传输带,R 轮廓,上限值:算术平均偏差 $3.2\mu m$,评定长度为 5 个取样长度(默认),"最大规则";下限值:算术平均偏差 $0.8\mu m$,评定长度为 5 个取样长度(默认),"16％规则"(默认)
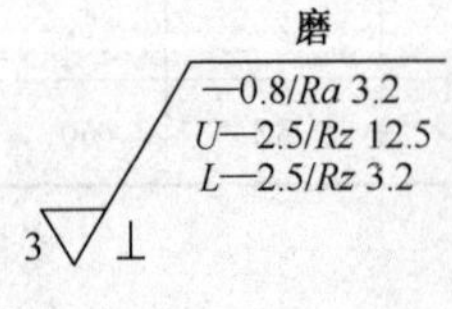 磨 $—0.8/Ra\ 3.2$ $U—2.5/Rz\ 12.5$ $L—2.5/Rz\ 3.2$ 3 ⊥	表示去除材料,一个单向上极限和一个双向极限值。一个单向上极限,传输带:根据 GB/T 6062,取样长度 $0.8\mu m$,R 轮廓,算术平均偏差 $3.2\mu m$,评定长度为 5 个取样长度,"16％规则"(默认);一个双向极限值,R 轮廓,上极限最大高度 $12.5\mu m$,下极限最大高度 $3.2\mu m$,上下极限传输带均为取样长度 $2.5mm$,上下极限评定长度为 5 个取样长度(默认)。加工方法为磨削,表面纹理方向垂直于视图所在投影面。加工余量为 3mm

五、表面结构要求在图样上的标注

①表面结构要求在同一图样上,每一表面一般只标注一次,并尽可能注在相应尺寸及其公差的同一视图上。除非另有说明,所标注的表面结构要求是对完工零件表面的要求。

②表面结构的注写和读取方向与尺寸的注写和读取方向一致。表面结构的注写方法见表 8-10。

表 8-10　表面结构要求在图样中的注法

类型	图　例	说　明
表面结构符号代号标注位置与方向	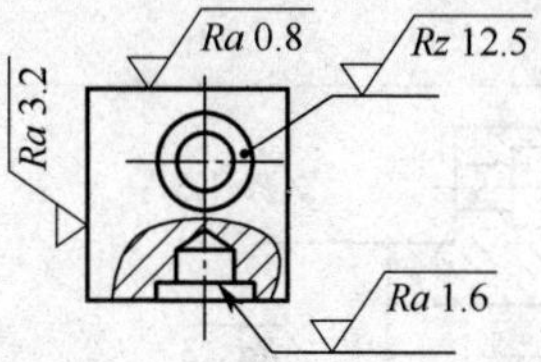	表面结构的注写和读取与尺寸的注写和读取方向一致。表面结构要求可标注在轮廓线上,其符号应从材料外指向并接触表面,必要时,表面结构也可用带箭头或黑点的指引线引出标注
	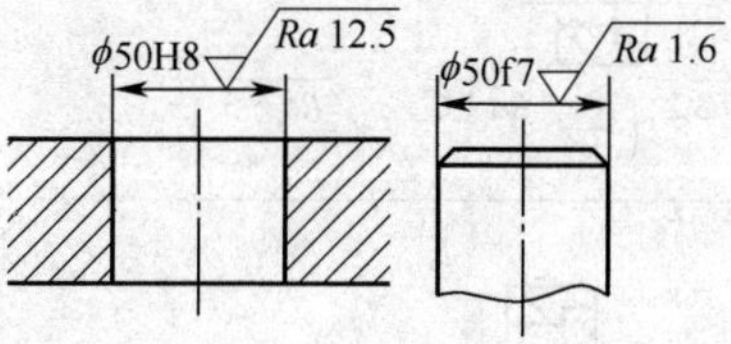	在不致引起误解时,表面结构要求可以标注在给定的尺寸线上
	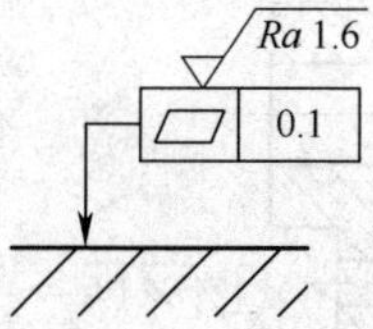	表面结构要求可标注在几何公差框格上方
	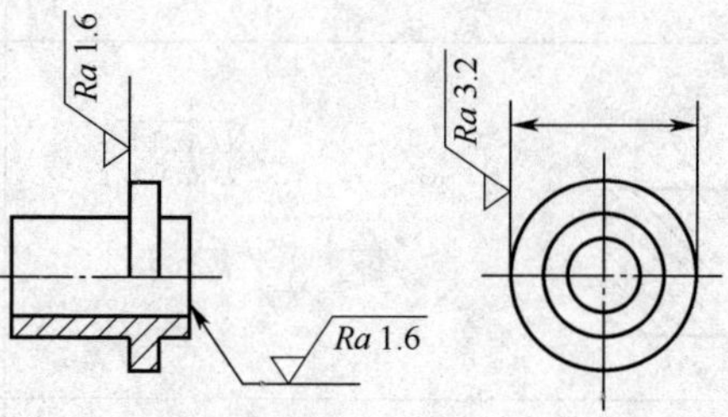	表面结构可以直接标注在延长线上,或用带箭头的指引线引出标注
	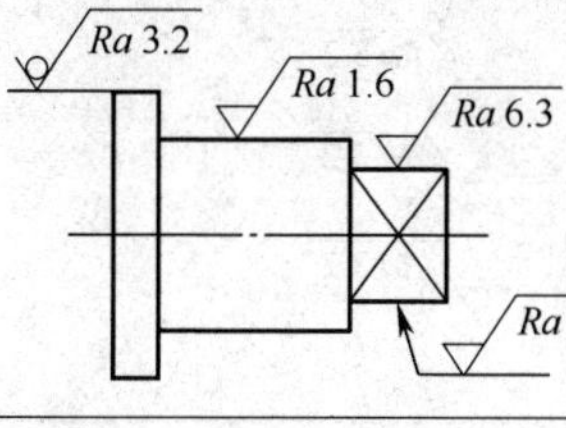	圆柱或棱柱表面的表面结构要求只注一次。如果每个棱柱表面有不同的表面结构要求,则应分别单独标注

续表 8-10

类型	图　　例	说　　明
表面结构的简化标注	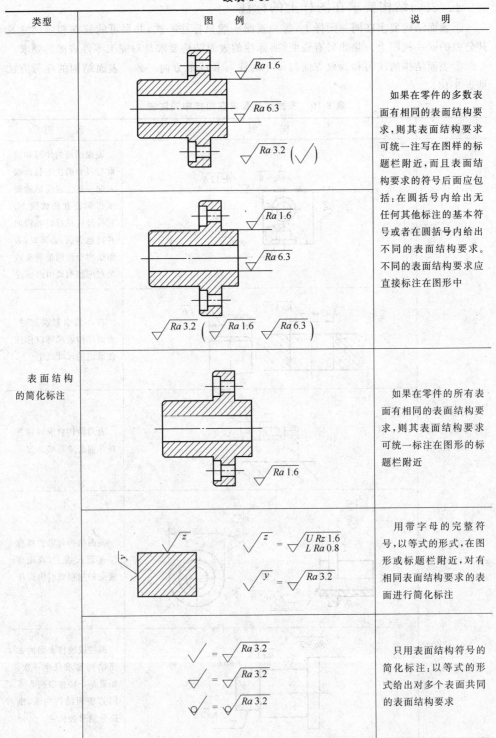	如果在零件的多数表面有相同的表面结构要求,则其表面结构要求可统一注写在图样的标题栏附近,而且表面结构要求的符号后面应包括:在圆括号内给出无任何其他标注的基本符号或者在圆括号内给出不同的表面结构要求。不同的表面结构要求应直接标注在图形中
		如果在零件的所有表面有相同的表面结构要求,则其表面结构要求可统一标注在图形的标题栏附近
		用带字母的完整符号,以等式的形式,在图形或标题栏附近,对有相同表面结构要求的表面进行简化标注
		只用表面结构符号的简化标注:以等式的形式给出对多个表面共同的表面结构要求

续表 8-10

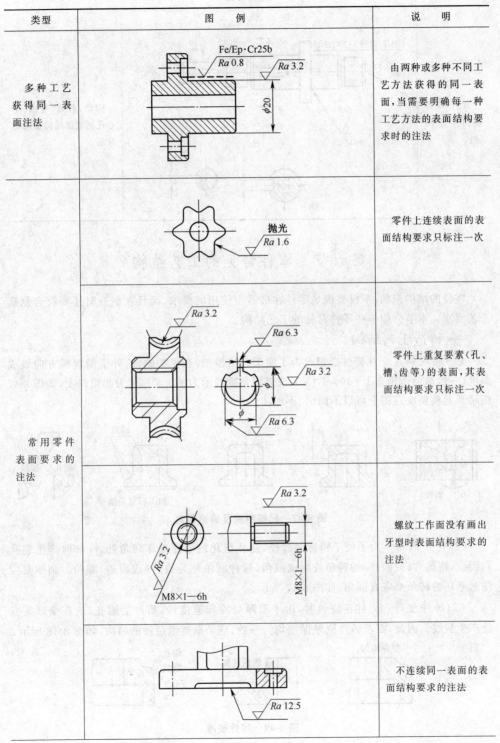

类型	图 例	说 明
多种工艺获得同一表面注法	Fe/Ep·Cr25b, Ra 0.8, Ra 3.2, φ20	由两种或多种不同工艺方法获得的同一表面,当需要明确每一种工艺方法的表面结构要求时的注法
常用零件表面要求的注法	抛光 Ra 1.6	零件上连续表面的表面结构要求只标注一次
	Ra 3.2, Ra 6.3, Ra 3.2, φ, Ra 6.3	零件上重复要素(孔、槽、齿等)的表面,其表面结构要求只标注一次
	Ra 3.2, Ra 3.2, M8×1—6h, M8×1—6h	螺纹工作面没有画出牙型时表面结构要求的注法
	Ra 12.5	不连续同一表面的表面结构要求的注法

续表 8-10

类型	图　例	说　明
常用零件表面要求的注法	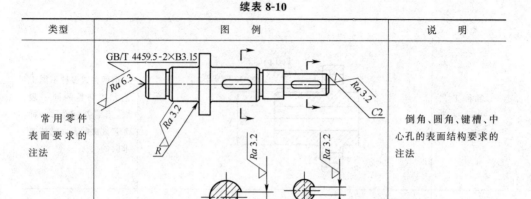	倒角、圆角、键槽、中心孔的表面结构要求的注法

第六节　零件常见的工艺结构

零件的结构形状,不仅要满足零件在机器中使用的要求,而且在制造时还要符合制造工艺要求。本节介绍一些零件常见的工艺结构。

一、铸造工艺结构

(1)起模斜度　在铸件造型时为了便于起出模型,在模型的内、外壁沿起模方向做成斜度(一般取值范围在 1∶10～1∶20,或者用角度表示为 3°～5°),称为起模斜度,如图 8-47 所示。起模斜度在图上可以不画出、不加注。

图 8-47　起模斜度及铸造圆角

(2)铸件圆角　为了便于铸造时起模,防止熔化的液体冲坏转角处,冷却时产生缩孔和裂纹,将铸件(或锻件)的转角处制成圆角,这种圆角称为铸造(或锻造)圆角。画图时应注意毛坯的转角都应有圆角,如图 8-47 所示。

(3)铸件壁厚　铸件在浇铸时,由于壁厚处冷却速度慢,易产生缩孔,或在壁厚突变处产生裂纹。因此,要求铸件壁厚保持均匀一致,或采取逐渐过渡的结构,如图 8-48 所示。

  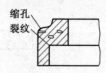

图 8-48　铸件壁厚

二、机械加工工艺结构

(1)倒角和倒圆 为了去除零件加工表面转角处的毛刺、锐边和便于零件装配,在轴或孔的端部一般加工成45°倒角;为了避免阶梯轴轴肩的根部因应力集中而容易断裂,故在轴肩的根部加工成圆角过渡,称为倒圆,如图8-49所示。

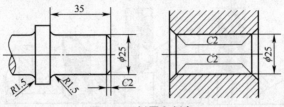

图8-49 倒圆和倒角

(2)退刀槽和砂轮越程槽 零件在车削或磨削加工时,为了使被加工表面能全部被加工,或是为了便于进、退刀具,常在轴肩处、孔的台肩处先车制出退刀槽或砂轮越程槽,如图8-50所示。

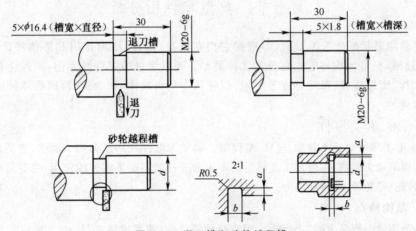

图8-50 退刀槽和砂轮越程槽

(3)凸台和凹坑 在两零件的接触表面,为了减少加工面积,并使两零件接触良好,一般都在零件的接触部位设置凸台和凹坑,如图8-51所示。

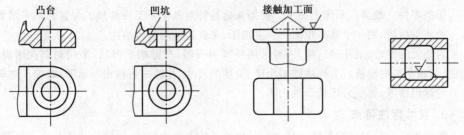

图8-51 凸台和凹坑

(4)钻孔结构 钻孔时,钻孔的轴线应与被加工表面垂直;否则会使钻头弯曲,甚至折断,如图 8-52(a)所示。当零件表面倾斜时,可设置凹坑或凸台,如图 8-52(b)和(c)所示。对钻头钻透处的结构,也要考虑到不使钻头单边受力,如图 8-52(d)可以改为图 8-52(e)的形式。

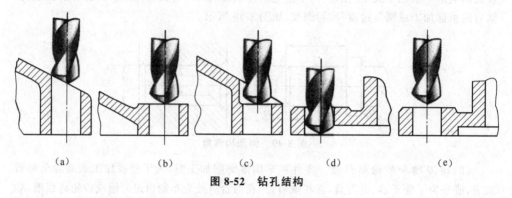

　　(a)　　　　　　(b)　　　　　　(c)　　　　　　(d)　　　　　　(e)

图 8-52　钻孔结构

第七节　典型零件图分析

　　零件的形状虽然千差万别,但根据它们在机器(部件)中的作用和形体特征,通过比较、归纳,仍可大致将它们划分为几种类型。现以常见的零件图为例,来讨论各类零件的结构、图形选择、尺寸标注等特点,以便从中找出规律,作为读、绘同类零件图的指导和参考。

一、轴、套类零件

　　轴、套类零件包括各种轴、丝杠、套筒等。轴常为锻件或用圆钢加工而成,套类常为铸件或用圆钢加工而成,主要加工过程是在车床上进行的。轴类零件的作用,主要是承装传动件(齿轮、带轮等)及传递动力。

1. 结构特点

　　轴类零件一般是由同一轴线,不同直径的圆柱体(或圆锥体)所构成。图 8-53 所示是某铣刀头上轴的零件图,该轴基本上是由不同直径、不同长度的圆柱体(轴段)组成。一般设有键槽、定位面、越程槽(退刀槽)、挡圈槽、销孔、螺纹及倒角、中心孔等工艺结构。

2. 图形特点

　　轴类零件一般都在车床上加工。根据其结构特点及主要工序的加工位置为水平放置,故一般将轴横放,用一个基本视图——主视图,来表达轴的整体结构。

　　对轴上的键槽、销孔等结构,一般采用局部剖视图;对键槽的形状,采用局部视图简化画法(如轴左端的键槽);为标注键槽深度、宽度的尺寸,往往采用移出断面图;对细小结构,如砂轮越程槽等,则要采用局部放大图。

3. 尺寸标注特点

　　轴类零件有径向尺寸和轴向尺寸。径向尺寸的基准为轴线;轴向尺寸的基准一般都选取重要的定位面(轴肩)作为主要基准,如图 8-53 中 ϕ 35k6 处的轴承定位面为主要基准。为方便加工,又选取了轴右段的轴承定位面和轴的两个端面作为辅助基准。

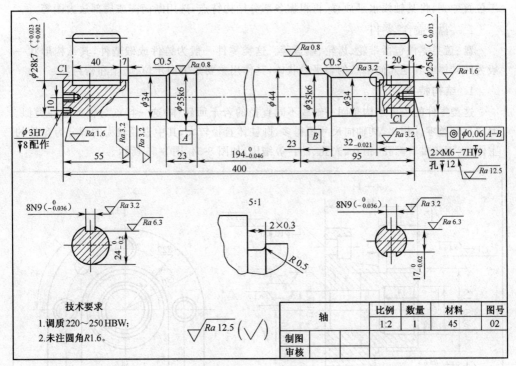

图 8-53 轴零件图

4. 技术要求特点

（1）公差配合与表面粗糙度　轴与齿轮、滚动轴承的配合关系一般为过渡配合，如 H7/k6，H7/k7。配合部分需要精加工，表面粗糙度的上限值为 $Ra\ 1.6\mu m$ 或者 $Ra\ 0.8\mu m$。

轴向尺寸的精度，主要应考虑与其他零件有装配关系的轴段，其长度尺寸要给出公差，如 $194_{-0.046}^{0}$ mm，$32_{-0.021}^{0}$ mm。作为轴向定位的轴肩，表面粗糙度 Ra 的上限值取 $3.2\mu m$。键槽的主要配合面为两侧面，表面粗糙度 Ra 的上限值为 $3.2\mu m$。

（2）几何公差　轴类零件往往需要提出直线度、圆度、圆柱度、同轴度、圆跳动等几何公差的要求。如阶梯轴上两处 $\phi35k6$ 的轴线为基准，$\phi25h6(_{-0.013}^{0})$ 的轴线有相对于基准的同轴度公差 $\phi0.06$mm 的要求。

（3）其他技术要求　轴的常用材料为 35 钢～45 钢。为了提高轴的强度和韧性，往往要对轴进行调质处理；对轴上与其他零件有相对运动的部分，为增加其耐磨性，往往需进行表面淬火、渗碳、渗氮等热处理。相关名词解释参阅常用金属材料资料。

通过以上分析，可以看出轴类零件在表达方面的特点：一个基本视图，按加工位置画出主视图；为标注键槽等结构的尺寸，要画出断面图。尺寸标注特点：按径向与轴向选择基准；径向基准为轴线，轴向基准一般选重要的定位面为主要基准，再按加工、测量要求选取辅助基准。

套筒类零件的视图选择与轴类零件的视图选择基本相同，一般只有一个主视图，按加工位置原则,将其轴线水平放置,再根据各部分结构特点,选用断面图或局部放大图等。

二、盘、盖类零件

盘、盖类零件包括带轮、齿轮、端盖等。这类零件一般为铸件或锻造件,其结构形状一般为回转体或其他几何形状的扁平盘状体,其作用主要是轴向定位、防尘和密封等。

1. 结构特点

这类零件的主要结构是同一轴线不同直径的若干回转体,这一特点与轴类零件类似。但它与轴类零件相比,其轴向尺寸短得多,圆柱体直径较大,其中直径较大的部分为盘件的主体,上面常带有螺孔、销孔、光孔、凸台等结构,如图 8-54、图 8-55 所示。

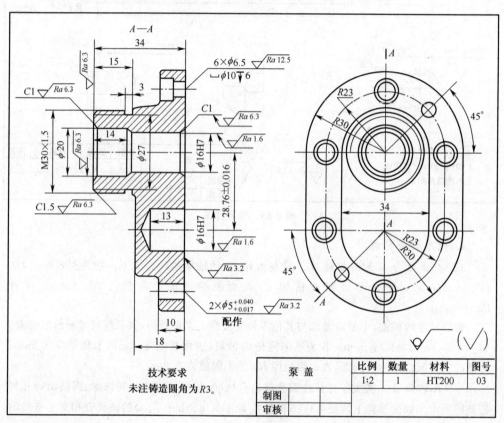

图 8-54　泵盖零件图

2. 图形特点

这类零件一般在车床上加工,在选择主视图时常将轴线水平放置。为使内部结构表达清楚,一般都采用剖视。为表达盘上各孔的分布情况,往往还需选取一端视图。对细小结构则应采用局部放大图表达。

3. 尺寸标注特点

盘类零件的径向尺寸基准为轴线。在标注各圆柱体直径时,一般都注在投影为非圆的视图上,如图 8-55 所示。轴向尺寸以结合面为主要基准,如图 8-54 所示泵盖椭圆盘的右端

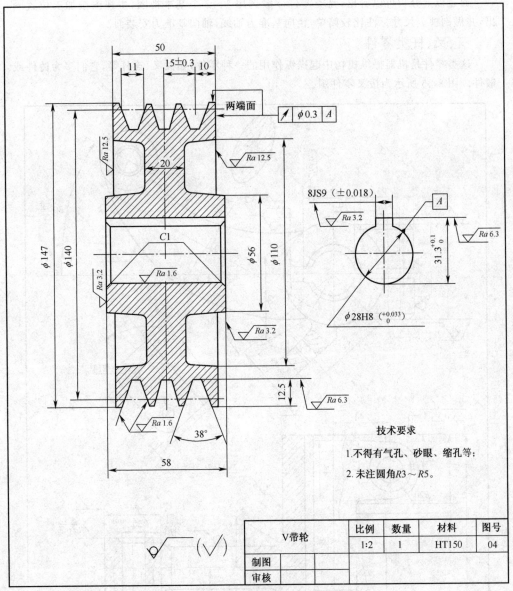

图 8-55　带轮零件图

面,以该面为起点注出尺寸 10mm,18mm,34mm 等;这样有利于保证接触表面尺寸精度及接触定位要求。

4. 技术要求特点

图 8-55 所示的带轮,在使用时通过键与轴装配在一起,因此轮孔及键槽要注出公差带代号。为保证与其他件的安装及使用精度要求,一般轮盘件还要提出垂直度、平行度及跳动等几何公差要求。如果孔件与轴件有运动关系时,要求精度较高,Ra 应 $\geqslant 1.6\mu m$;其他像盖类零件只起安装与定位作用时,精度无需很高,Ra 可 $\leqslant 3.2\mu m$。

　　通过以上分析可以看出,盘类零件一般选用 1~2 个基本视图,主视图按加工位置画出,并做剖视。尺寸标注比较简单,径向基准为轴线,轴向基准为安装面。

三、叉、杆类零件

　　这类零件是机器操纵机构中起操纵作用的一种零件,如拨叉、连杆等,它们多为铸件或锻件。图 8-56 所示为拨叉零件图。

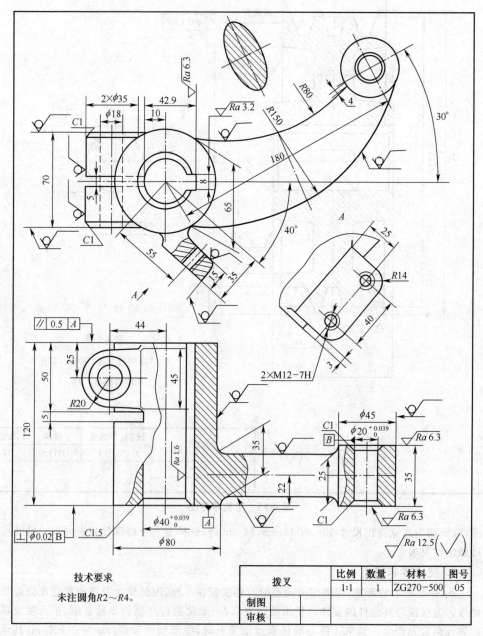

拨叉		比例	数量	材料	图号
		1:1	1	ZG270-500	05
制图					
审核					

技术要求

未注圆角 R2~R4。

图 8-56　拨叉零件图

1. 结构特点

根据这类零件的作用,可将其结构看成由三部分组成:支承部分、工作部分、连接部分。如图 8-56 所示的拨叉,圆筒为支承部分,叉架为工作部分,肋板为连接部分。

(1)支承部分　其基本形式为圆柱体,中间带孔(花键孔或光孔)。它安装在轴上,或沿轴向滑动(孔为花键孔时),或固定在轴(操纵杆)上(当孔为光孔时),由操纵杆支配其运动。

(2)工作部分　对其他零件施加作用的部分。其结构形状根据被作用部位的结构而定。如拨叉对轴件施加作用,轴要承受轴向力和转矩的作用,这时,工作部分既要有夹紧结构又要有键槽结构。

(3)连接部分　其结构主要是连接板,有时还设置有加强肋。连接板的形状视支承部分和工作部分的相对位置而异,有对称、倾斜、弯曲等。

2. 图形特点

由于这类零件一般没有统一的加工位置,工作位置也不尽相同,结构形状变化较大,因此,在选择主视图时,应选择能明显和较多地反映该零件各组成部分的相对位置、形状特征的方向作为主视图的投射方向,并将零件放正。这类零件一般需要两个基本视图。为表达内部结构,常采用全剖视图或局部剖视图。对倾斜结构往往采用斜视图、斜剖视、断面图、局部视图来表达。

3. 尺寸标注特点

叉杆类零件的支承部分,是决定工作部分位置的主要结构,因此,支承孔的轴线是长、高两个方向的主要基准。如拨叉工作轴线的位置是以支承部位 $\phi 20^{+0.039}_0$ 的轴线为基准,注出的 180mm;宽度方向是以支承部位的前端面为主要基准,注出的 120mm。

4. 技术要求特点

这类零件的支承孔应按配合要求标注尺寸,如拨叉的 $\phi 20^{+0.039}_0$。工作部分也应按配合要求标注尺寸 $\phi 40^{+0.039}_0$。为保证工作部分动作的正常运行,应对该部位提出几何公差要求。如对拨叉工作部分前后两面的平行度要求不大于 0.05mm,工作面与支承孔的垂直度不大于 $\phi 0.02$mm 等。

通过以上的分析可知叉杆类零件一般采用两个基本视图。主视图侧重反映零件的结构形状特征,并将位置放正;对孔的表达采用全剖视图或局部剖视图;对连接部分的截面形状常采用断面图;尺寸标注以支承孔的轴线为主要基准,以对工作部分进行定位。

四、支架类零件

这类零件的主要作用是支承轴类零件,它们一般都是铸件,如支架、轴承座、吊架等。图 8-57 所示为支架零件图。

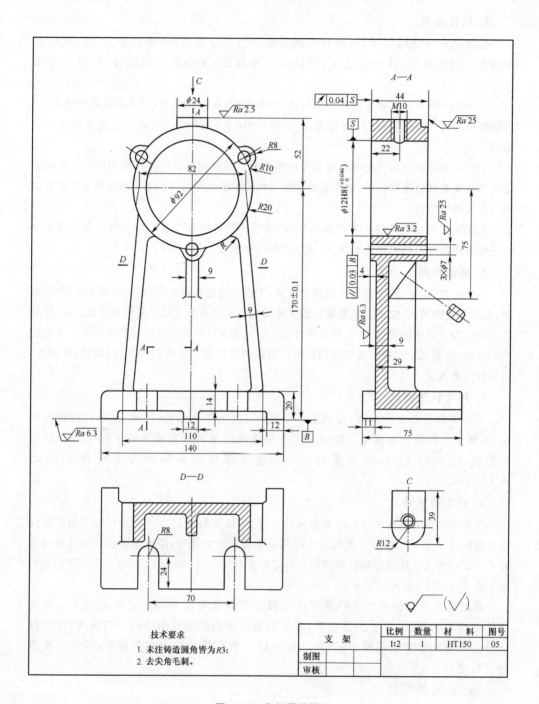

图 8-57 支架零件图

1. 结构特点

这类零件主要由三部分组成:支承部分、安装部分、连接部分。

（1）支承部分 其结构与叉杆类零件大体相同，为带孔的圆柱体。为了安装轴孔的端盖，有时在圆柱上还要设置安装孔；为解决润滑问题，有的还要设置安装油杯的凸台。

（2）安装部分 支架的安装部分是一具有安装孔的底板。由于底板面积较大，为使其与安装基础接触良好和减少加工面积，底面做成凹坑结构。

（3）连接部分 其作用和结构与叉杆类零件大体相同，但结构比较规则、匀称。

2. 图形特点

这类零件的主视图应按工作位置和结构形状特征的原则来选定，如图 8-57 所示。支架的左视图为清楚地反映三个组成部分内、外结构的相对位置，采用了两个平行的剖切平面。俯视图采用 $D-D$ 全剖，一是为更清楚表明连接板的横截面形状，及其与加强肋的相对位置关系；二是可省略对支承部分的重复表达，突出了底板和连接部位的相对位置关系。对个别结构，如支承部分顶面的凸台形状，做局部视图 C 进行补充表达。对连接板、加强肋的截面形状，必要时可采用断面图。

3. 尺寸标注特点

这类零件的主要尺寸是支承孔的定位尺寸。如支架的 170 ± 0.1，它是以安装面为基准注出的，这是设计时根据所要支承轴的位置确定的。对于与支承孔有联系的其他结构，如顶部凸台面的位置尺寸 52，则以支承孔轴线为辅助基准注出。

4. 技术要求特点

支架的安装面既是设计基准，又是工艺基准，因此对加工要求较高，表面粗糙度 Ra 的上限值一般为 $6.3\mu m$。加工支承孔时定位面（是支承孔的后端面）也应按 $6.3\mu m$ 加工。支承孔应注出配合尺寸，并应给出它对安装面的平行度要求。

通过以上分析可以看出：支架类零件一般需要三个基本视图，主视图按工作位置及结构形状特征选定；为表示内、外结构及相对位置，左视图常采用剖视。尺寸标注主要是支承孔的定位尺寸。支架类零件的尺寸基准，一般都选用安装基面、加工定位面或对称中心面。

五、箱体类零件

箱体类零件是机器（或部件）中的主要零件，这类零件结构较为复杂，它在转动机构中的作用与支架类零件有类似之处。如图 8-58 所示，铣刀头座体左、右两端的 $\phi80K7$ 孔相当于两个支架孔，它可以独立支承一根轴来完成传动工作。下面就以铣刀头座体为例进行分析。

1. 结构特点

这类零件的结构，可以看成是由两个以上"支架"组成的一种"联合体"，即以几个"支架"为主干，将安装底板延伸相接，形成一个紧凑的、有足够强度和刚度的壳体。如铣刀头座体，可将它看成是由两个"支架"共有一个安装底板；"连接部分"从"支架"出发向外扩展并相接而成箱壁。这样，可将这类零件看成由三个基本部分组成。

（1）支承部分 基本上是圆筒结构，但以箱壁上的凸台形式出现。在伸出箱壁外的凸台上，制有安装盖类零件的螺孔。

（2）安装部分 即箱底的底板。它的作用和结构，与支架类零件基本相同。

（3）连接包容部分　主要形式为一能包容整体、四面又留有余地的壳体。一般都应在"紧凑"的前提下设计得尽量规则、合理、美观。

根据需要，有时在箱壁上设有油标安装孔、放油螺塞孔等，有的还要设置能安装操纵机构、润滑系统的凸台、孔等有关结构。

2. 图形特点

因该类零件结构较复杂，因此，往往需用多个视图、剖视以及其他表达方法表达。这样，选择表达方案需要多加分析。

（1）主视图的选择　一般以零件的工作位置，如铣刀头座体的主视图，以及能较多地反映其各组成部分的形状和相对位置的一面作为主视图。由于铣刀头座体的箱体外形简单，内部结构相对复杂，因此主视图采用了剖视。对某些零件的外形需要表达，而主视图又必须做剖视，这时可单独用一辅助视图进行外形的表达。

（2）其他视图的选择　其他视图的选择应围绕主视图来进行。如连接部位只通过主视图的表达还不够清楚，从左侧看，还要保留端面支承部位的外形，因此，对安装及连接部位进行了局剖处理。

3. 尺寸标注特点

这类零件由于结构较复杂，因此尺寸较多，要充分运用形体分析法进行尺寸标注。在标注尺寸时除了要贯彻尺寸标注的各项原则和要求外，还应注意以下几种尺寸的标注：

（1）重要轴孔对基准的定位尺寸　图 8-58 中 ϕ80K7 孔，高度方向的定位尺寸 115。

（2）各轴孔之间定位尺寸及孔间距　图 8-59 中的孔间距 28.76±0.016 等。

（3）与其他零件有装配关系的尺寸　图 8-58 中底板上安装孔间距 155,150 等。

4. 技术要求特点

（1）公差配合与表面粗糙度　轴承与轴承孔配合，对于一般孔取 J7,K7（基轴制配合的孔），如铣刀头座体孔为 ϕ80K7；表面粗糙度一般取 Ra 的上限值为 1.6μm。对精密机床主轴孔要求精度更高，其配合应取更高一级的 J6,JS6，表面粗糙度取的上限值为 0.8μm,0.4μm。

有齿轮啮合关系的两根轴，为保证装配后其传动正常进行，两孔的中心距一般都要给出公差。如图 8-59 中的两轴孔间距为 28.76±0.016。

（2）几何公差　对安装同一轴的两孔，应提出同轴度要求，如图 8-58 所示的 ϕ80K7 两孔，要求同轴度应不大于 ϕ0.03；主要轴孔对安装基面，以及两相关孔都应提出平行度要求，如 ϕ80K7 孔对底面的平行度应不大于 0.03。对圆锥齿轮和蜗轮、蜗杆啮合两轴线之垂直度等都应提出要求。

总的来看，由于箱体类零件结构较复杂，初学者在表达方案的选择、尺寸标注、技术要求的注写等方面都会感到困难；特别是正确地注写技术要求，初学者一时难以做到，需通过后续课程的学习和实践经验的不断积累才能逐步掌握。

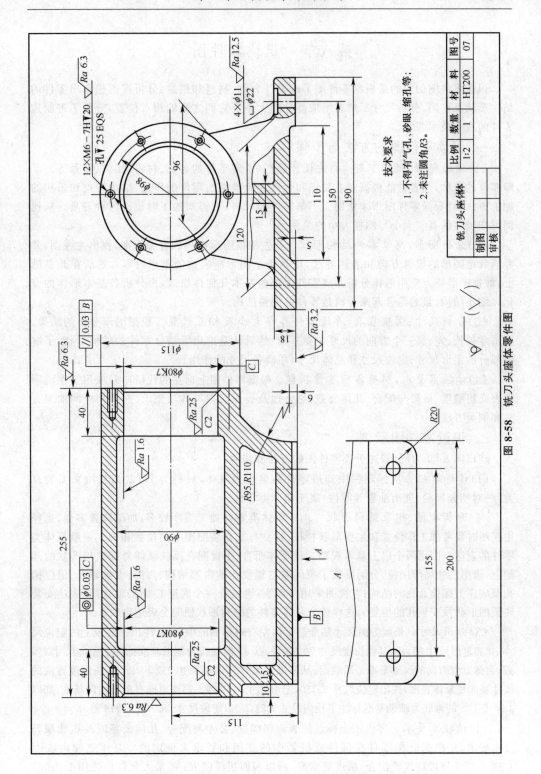

图 8-58 铣刀头座体零件图

第八节　识读零件图

识读零件图的目的是根据零件图了解零件名称、材料和用途,分析视图想象出零件的结构形状及作用,分析尺寸了解各组成部分的大小及它们之间的相对位置,分析了解制造零件的有关技术要求。

一、识读零件图的方法与步骤

(1)读标题栏,概括了解　首先读标题栏,了解零件的名称、材料、比例、图号等。了解零件的名称,读者就能根据专业知识和生产经验推想出零件的作用、结构特点和采用的加工方法,对看懂零件图带来帮助。了解零件的材料,可得知加工时该选何种刀具。从比例可知道零件真实大小与图样大小的关系。

(2)分析图形,想象零件结构形状　首先根据图形排列和有关原则,找出主视图,并弄清其他图形的投射方向和表达方法,以及每个图形所表达的重点内容。然后在此基础上,根据图形特点应用形体分析弄清零件由哪些基本几何体组成,再分析各基本形体的变化和细小结构,最后综合起来弄清楚零件的完整结构。

(3)分析尺寸、明确基准,弄清零件各部大小及相互位置　根据图形分析的结果,找出零件长、宽、高三个方向的尺寸主要基准,然后从基准出发结合零件的结构形状,了解各部分的定形尺寸、定位尺寸和总体尺寸,明确各尺寸的作用。

(4)读技术要求,明确各项质量指标　根据零件图上标注的代(符)号或用文字说明的表面粗糙度、极限与配合、几何公差、热处理及表面处理等各项要求,选择相应的加工方法和测量方法。

二、识读零件图示例

现以图 8-59 为例,叙述识读零件图的方法和步骤。

(1)读标题栏　从标题栏中知道零件的名称为泵体,材料为 HT200,它用来安装泵盖、一对啮合齿轮、进出油管等零件,属于箱体类零件。

(2)分析视图、想象结构形状　由于箱体类零件加工工序较多,加工位置多变,选择主视图时要考虑工作位置和主要形状特征,且常与其在装配图中的位置相同。一般箱体类零件的表达至少用两个以上基本视图。就泵体而言,主视图在反映泵体外部结构形状的基础上,采用三处局部剖视,分别反映了泵体左右螺纹孔的内部结构、内腔、支承轴孔、定位销孔及底座上螺栓通孔的结构;左视图采用全剖视;再结合一个底座 C 向局部视图(表达安装底板的形状及安装孔的位置);这样整个泵体零件的结构形状便完全表达出来了。

(3)分析尺寸　长度方向尺寸基准是泵体左右对称面的中心面,注出了底板上的定位尺寸 70 和定形尺寸 85,45,其他长度尺寸 70,33 等,以 $\phi 7$ 的轴线为辅助基准标注了径向尺寸 $2\times\phi 7$;泵体宽度方向的尺寸基准是后端面,从基准出发标注定形尺寸 $25^{-0.01}_{-0.05}$,12.5 等;高度方向的尺寸基准是泵体底面,注出定位尺寸 65,50,定形尺寸 3,10 等。高度方向有多处辅助基准,如以 $\phi 34.5^{+0.027}_{0}$ 的轴线为辅助基准标注了径向尺寸 R23,R30,定位尺寸 28.76 ± 0.016 等。

(4)读技术要求　零件图上标注的表面粗糙度、公差与配合、几何公差以及热处理等技术要求,是根据此类零件在部件或机器中的作用和要求来确定的。泵体空腔内表面 $\phi 34.5^{+0.027}_{0}$ 与传动齿轮配合,精度要求高,所以表面粗糙度 Ra 的最大允许值选用 $1.6\mu m$,

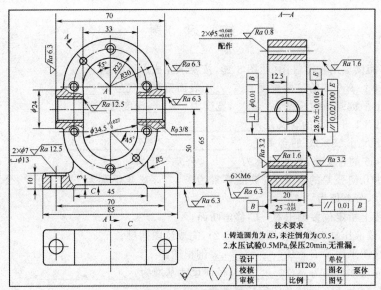

图 8-59　泵体零件图

而螺孔的工作面要求低,Ra 选用 6.3μm。为了保证齿轮轴的安装精度,提出了两轴间的平行度公差 0.02/100、ϕ34.5$^{+0.027}_{0}$ 轴线对后端面的垂直度公差 ϕ0.01。因为齿轮泵的工作介质是压力油,所以泵体不应有缩孔。

(5)综合分析　总结上述内容并进行综合分析,对泵体的结构形状、尺寸标注和技术要求等有了较全面的了解。

复习思考题

1. 什么叫零件图? 画零件图为什么要选好主视图? 选择主视图应考虑哪些原则?
2. 各种类型零件的视图选择都有哪些特点?
3. 零件图的尺寸标注应满足哪几个方面的要求?
4. 什么叫尺寸基准? 应选择零件上的哪些要素作为尺寸基准?
5. 零件图上合理标注尺寸应注意些什么?
6. 什么是表面粗糙度? 它用哪些符号表示? 其含义是什么?
7. 什么叫公称尺寸、上极限偏差、下极限偏差、上极限尺寸、下极限尺寸和公差?
8. 公差带由哪两个要素组成? 孔和轴的公差带代号由哪两种代号组成?
9. 什么叫配合? 配合分哪几类? 它们是怎样定义的? 各用在什么场合?
10. 说明基孔制中基准孔的代号和基轴制中基准轴的代号。
11. 零件上常见的工艺结构有哪些? 为什么要采用这些结构?
12. 试述轴类、轮盖类、支架类、箱体类零件视图表达的特点。
13. 几何公差的含义是什么? 几何公差有哪些项目?
14. 标注几何公差时,怎样区别被测要素是零件的表面或者是零件的轴心线?
15. 看零件图的要求是什么? 怎样看零件图?

练 习 题

8.1 阅读输出轴零件图(题图 8-1),按要求完成以下问题。

①零件上 $\phi 50n6$ 的这段长度为_____,表面粗糙度代号为_____。

②轴上平键键槽的长度为_____,宽度为_____,深度为_____。

③M22×1.5—6g 的含义是_____。

④图上尺寸 22×22 的含义是_____。

⑤$\phi 50n6$ 的含义是:公称尺寸为_____,公差等级为_____。

⑥图中几何公差的含义为:被测要素为_____,基准要素为_____,公差项目为_____,公差值为_____。

⑦在图上指定位置画出 $C-C$ 移出断面。

8.2 读液压缸端盖零件图(题图 8-2),完成读图问题。

①主视图采用了 $B-B$ _____剖视图。

②轴向尺寸基准为_____,径向尺寸基准为_____。

③右端面上 $\phi 10$ 圆柱孔的定位尺寸为_____。

④$\dfrac{3 \times M5-7H \downarrow 10}{孔 \downarrow 12}$ 表示_____个_____孔,大径为_____,公差带代号为_____,螺孔深度为_____。$\dfrac{6 \times \phi 7}{\sqcup \phi 11 \downarrow 5}$ 表示_____个_____孔,沉孔直径为_____,深为_____。

⑤$\phi 16H6$ 是基_____制的_____孔,公差等级为_____。

⑥$\boxed{\perp \mid 0.05 \mid A}$ 的含义:表示被测要素为 ϕ _____的_____端面,基准要素为 ϕ _____轴线,公差项目为_____,公差值为_____。

8.3 读懂轴架零件图(题图 8-3),完成读图要求。

①零件的名称为_____,材料为_____。

②主视图采用_____剖视图,剖切平面通过_____。

③主视图中的断面为_____,所表达的结构叫_____,其厚度为_____。

④G1¼ 表示的是_____结构的尺寸。

⑤图中的重要尺寸是_____。

⑥$\phi 15H7$ 孔的定位尺寸是_____,4×M6—H7 的定位尺寸是_____。

8.4 读懂阀盖零件图(题图 8-4),完成以下问题。

①阀盖零件图采用了哪些表达方法?

②用文字指出长、宽、高三个方向主要尺寸基准。

③在左视图中下列尺寸属于哪种类型尺寸(定形、定位)?

92 _____   100 _____   52 _____ $\phi 30$ _____

46 _____   15 _____   58×58 _____

④ $\phi 30^{+0.052}_{0}$ 上极限尺寸为_____,下极限尺寸为_____,公差为_____。

⑤阀盖零件加工面表面粗糙度为 $\sqrt{Ra 1.6}$ 的共有_____处,含义为_____。

⑥解释图中几何公差的意义。

$\boxed{\odot \mid \phi 0.025 \mid A}$ $\boxed{\perp \mid \phi 0.025 \mid B}$

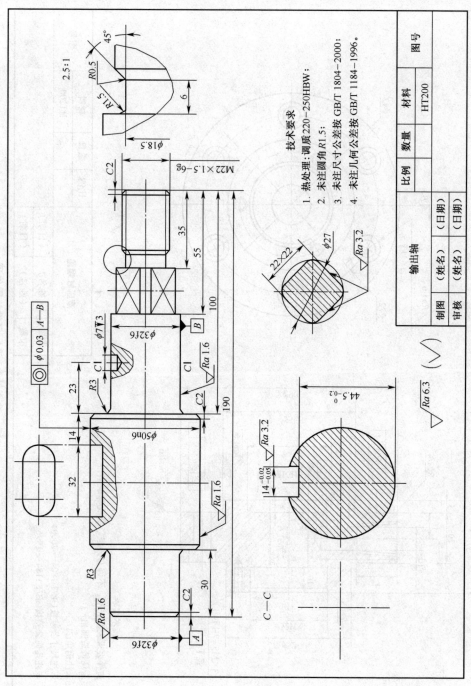

技术要求

1. 热处理：调质220~250HBW；
2. 未注圆角 R1.5；
3. 未注尺寸公差按 GB/T 1804~2000；
4. 未注几何公差按 GB/T 1184~1996。

	图号	
材料	HT200	
数量		
比例		

输出轴	（姓名）	（日期）
	（姓名）	（日期）
制图	审核	

题图 8-1　输出轴零件图

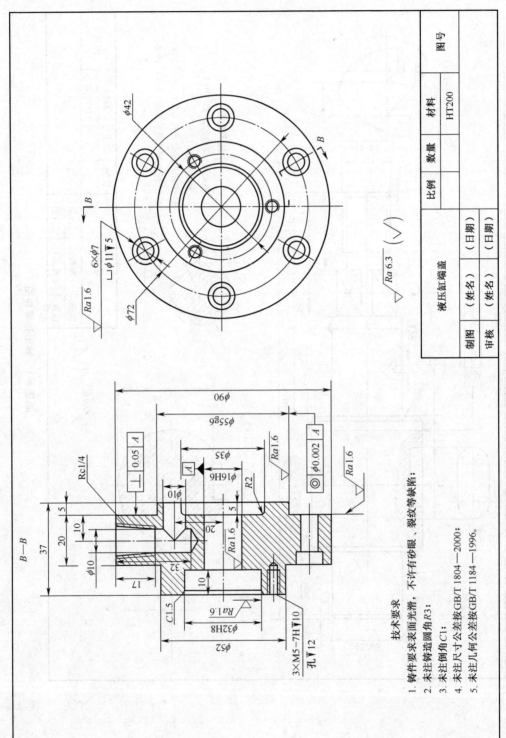

技术要求
1. 铸件要求表面光滑，不许有砂眼、裂纹等缺陷；
2. 未注铸造圆角R3；
3. 未注倒角C1；
4. 未注尺寸公差按GB/T 1804—2000；
5. 未注几何公差按GB/T 1184—1996。

题图 8-2　液压缸端盖零件图

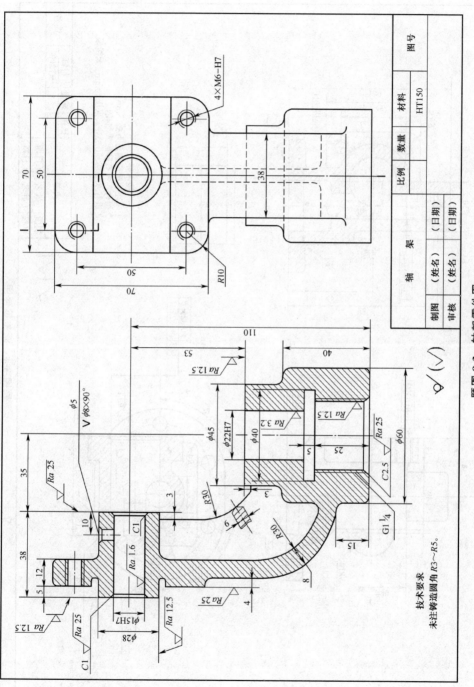

题图 8-3 轴架零件图

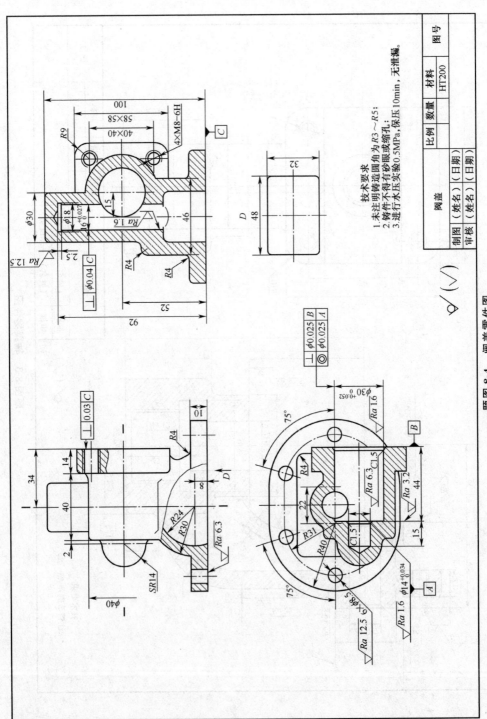

技术要求
1. 未注明铸造圆角为 R3～R5；
2. 铸件不得有砂眼或缩孔；
3. 进行水压实验压0.5MPa，保压10min，无泄漏。

阀盖			图号	
		比例	数量	材料
				HT200
制图	（姓名）	（日期）		
审核	（姓名）	（日期）		

题图 8-4　阀盖零件图

第九章 装 配 图

培训学习目的 装配图是表达机器或部件中各零件之间的相对位置、连接方式、配合性质、传动路线等装配关系的图样。把若干合格零件按一定装配关系装配成的机器或部件称为装配体，因此装配图也是表达装配体的机械图样。

本章主要目的就是帮助读者提高对装配图的识读能力。

第一节 装配图概述

一、装配图的作用

表示产品及其组成部分的连接装配关系的图样，称为装配图。装配图的作用有：

①进行机器或部件设计时，首先要根据设计要求画出装配图，用以表达机器或部件的结构和工作原理；

②在生产过程中，要根据装配图将零件组装成完整的部件或机器；

③使用者通过装配图了解机器或部件的性能、工作原理、使用和维修的方法；

④装配图反映设计者的技术思想，因此是进行技术交流的重要文件。

二、装配图的内容

图 9-1 所示为滑动轴承的装配图，由图可以看出一张完整的装配图应包括下列内容：

（1）一组视图 用以表达机器或部件的工作原理，各零件的相对位置、装配关系、连接方式和主要零件的结构形状等。

（2）必要的尺寸 标注出表达机器或部件的性能、规格、装配、检验、调整等方面的要求。

（3）技术要求 用文字或符号说明对机器或部件在性能、装配、检验、调整等方面的要求。

（4）零件序号、明细栏和标题栏 在装配图中按照一定顺序对每种零件进行编号，并在明细栏中依次列出零件序号、名称、数量、材料等；在标题栏中写明部件的名称、绘图比例、图号以及有关人员签名等。

第二节 装配图的画法特点

零件图的各种表达方法，在表达机器或部件时也完全适用。但机器或部件是由若干个零件所组成，而装配图不仅要表达主要结构形状，还要表达工作原理、装配和连接关系。对装配图的一些规定画法和特殊表达方法，没有专门的国家标准，而是散见于各有关画法的国家标准中。

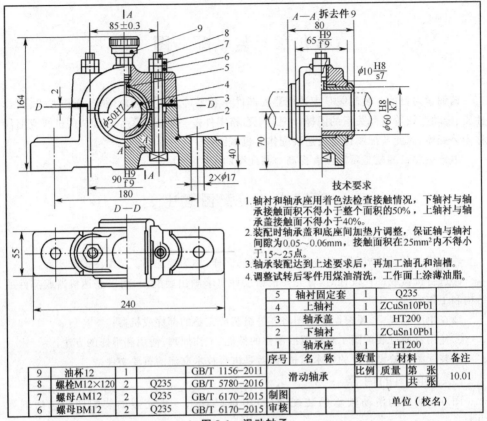

技术要求

1. 轴衬和轴承座用着色法检查接触情况，下轴衬与轴承接触面积不得小于整个面积的50%，上轴衬与轴承盖接触面积不得小于40%。
2. 装配时轴承盖和底座间加垫片调整，保证轴与轴衬间隙为0.05~0.06mm，接触面积在25mm²内不得小于15~25点。
3. 轴承装配达到上述要求后，再加工油孔和油槽。
4. 调整试转后零件用煤油清洗，工作面上涂薄油脂。

5	轴衬固定套	1	Q235	
4	上轴衬	1	ZCuSn10Pb1	
3	轴承盖	1	HT200	
2	下轴衬	1	ZCuSn10Pb1	
1	轴承座	1	HT200	
序号	名　称	数量	材料	备注

9	油杯12	1	GB/T 1156-2011
8	螺栓M12×120	2	Q235　GB/T 5780-2016
7	螺母AM12	2	Q235　GB/T 6170-2015
6	螺母BM12	2	Q235　GB/T 6170-2015

			比例	质量	第　张	10.01
滑动轴承					共　张	
	制图				单位（校名）	
	审核					

图 9-1　滑动轴承

一、装配图的规定画法（图 9-2）

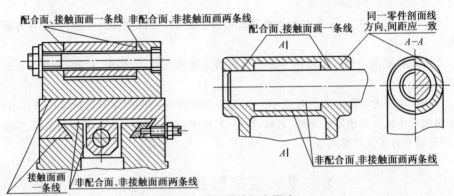

图 9-2　装配图的规定画法

①相邻两个零件的接触面和配合面，规定只画一条线。当轴、孔的基本尺寸不同时，即便间隙很小，也必须画出间隙。

②相互邻接的金属零件的剖面线，其倾斜方向应相反，或方向一致而间隔不等；同一装配图中的同一零件的剖面线应方向一致，间隔相等。

③对于紧固件以及轴、连杆、球、钩子、键、销、拉杆、手柄实心零件,若按纵向剖切,且剖切平面通过其对称平面或轴线时,则这些零件均按不剖绘制。

如需要特别表明零件的构造,如键槽、销孔、凹坑等则可用局部剖视表示。

二、装配图的特殊表达方法

(1)拆卸及以拆代剖画法　装配体上某零件在一个视图中已做过表达,在其他视图中可将其拆去不画。假想沿某些零件的结合面剖切或假想将某些零件拆卸后绘制,需要说明时可以加注"拆去××等"。图9-1中的左视图,将油杯拆去(避免了重复表达)。

假想用剖切平面沿某两个零件的结合面将装配体剖切,这时,零件的接合面不画剖面线,但被横向剖切的轴、螺栓和销等要画剖面线。如图9-1所示的俯视图(滑动轴承的半剖视图)。

(2)假想画法　对部件中某些零件的运动范围和极限位置,可用双点画线画出其轮廓。图9-3所示为车床尾座手柄的极限位置及其运动范围。

对于与某部件相关联,但不属于该部件的零件,为了表明它与该部件的关系,可用双点画线画出其轮廓图形。

(3)简化画法

①有若干相同的零、部件组,可仅详细地画出一组,其余只需用细点画线表示出其位置,如图9-4所示。

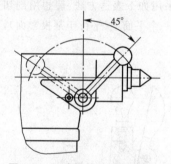

图 9-3　运动零件的极限位置

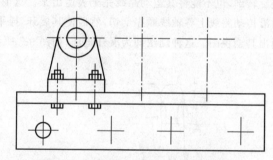

图 9-4　装配图中相同组件的简化画法

②零件上的工艺结构,如倒角、倒圆、退刀槽等可省略不画。对于方螺母、六角螺母等因倒角而产生的曲线(截交线)也允许省略,如图9-5所示。

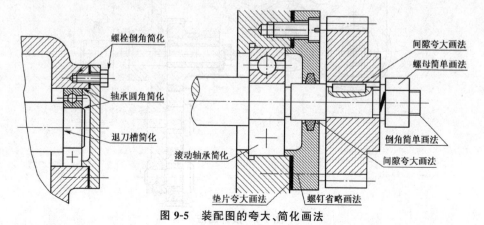

图 9-5　装配图的夸大、简化画法

③在装配图中,对于带传动中的传动带可用粗实线表示,对于链传动中的链条可用细点画线表示,如图 9-6 所示。

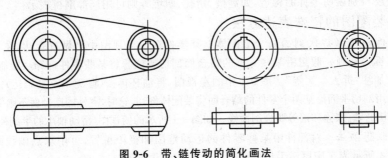

图 9-6　带、链传动的简化画法

(4)**夸大画法**　对装配图上的薄垫片、细金属丝、小间隙,以及斜度、锥度小的表面,如按实际尺寸绘制,很难表示清楚,这时允许夸大画出。宽度≤2mm 的狭小面积的剖面,可用涂黑代替剖面符号,如图 9-5 所示。

(5)**展开画法**　在传动机构中,各轴系的轴线往往不在同一平面内,即使采用阶梯剖或旋转剖,也不能将其运动路线完全表达出来。这时可采用如下表达方法:假想用剖切平面沿传动路线上各轴线顺序剖切,然后使其展开、摊平在一个平面上(平行于某投影面),再画出其剖视图。这种画法即为展开画法,如图 9-7 所示。

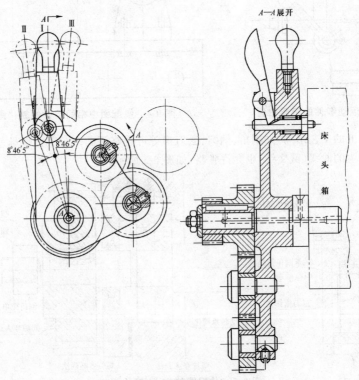

图 9-7　展开画法

第三节　装配图的尺寸、技术要求、零件序号及明细栏

一、装配图的尺寸标注

装配图不是制造零件的依据,因此在装配图中不需要注出每个零件的全部尺寸,而只需注出一些必要的尺寸,这些尺寸按其作用不同,可分为以下几类:

(1)性能尺寸　这类尺寸表明装配体的工作性能或规格大小。它是设计该部件的原始资料,例如液压缸的活塞直径、活塞的行程,各种阀门连接管路的直径等,如图 9-1 中 ϕ 50H7。

(2)装配尺寸　装配尺寸包括零件间有配合关系的尺寸,表示零件间相对位置的尺寸和装配时需要加工的尺寸,如图 9-1 中 90H9/f9,ϕ60H8/k7,65H9/f9。

(3)安装尺寸　安装尺寸是部件安装在机器上,或机器安装在地基上进行连接固定所需的尺寸,如图 9-1 中 2×ϕ17,180。

(4)总体尺寸　装配图上要注出装配体的总长、总宽、总高三个方向的尺寸。这类尺寸表明机器(部件)所占空间的大小,作为包装、运输、安装、车间平面布置的依据。如图 9-1 中的 240,80,164。

(5)其他重要尺寸　在设计中经过计算而确定的尺寸,主要零件的主要尺寸。如图 9-1 中滑动轴承的中心高度尺寸 70。

二、装配图的技术要求

装配图的技术要求是指装配时的调整及加工说明,试验和检验的有关资料,技术性能指标及维护、保养、使用注意事项等的说明。如图 9-1 中的技术要求。

三、装配图上的序号和明细栏

为了便于读图,做好生产前准备工作,管理图样和零件或编制其他技术文件,对图中每种零件和组件应编注序号。有关序号及编排的规定有专门的国家标准 GB/T 4458.2—2003《机械制图　装配图中零、部件序号及其编排方法》。同时,在标题栏上方编制相应的明细栏。

1. 序号编法

①装配图中的序号由点、指引线、横线(或圆圈)和序号数字这四部分组成。指引线、横线都用细实线画出。指引线不能相交;当指引线通过有剖切面的区域时,它不应与剖面线平行;指引线可以画成折弯,但只可以曲折一次。序号字号比该装配图中所注尺寸数字的字号大一号或两号,如图 9-8 所示。

②每个不同的零件编写一个序号,规格完全相同的零件只编写一个序号。

③零件的序号应沿水平或垂直方向,按顺时针或逆时针方向排列,并尽量使序号间隔相等,如图 9-1 所示。

④一组紧固件以及装配关系清楚的零件图,可以采用公共指引线,如图 9-9 所示。

⑤装配图中的标准化组件,如油杯、油标、滚动轴承、电动机等,可看成一个整体,只编注一个序号。

2. 明细栏

GB/T 10609.2—2009《技术制图　明细栏》规定明细栏是由序号、名称、数量、材料、质

量、备注等内容组成的栏目。明细栏一般配置在标题栏的上方。在图中填写明细栏时,应自下而上顺序进行。当位置不够时,可移至标题栏左边继续编制。明细栏的格式和尺寸如图 9-10 所示。

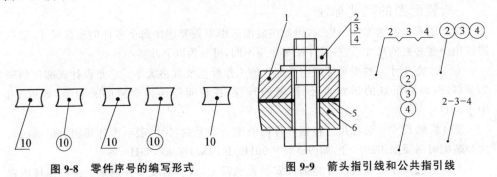

图 9-8　零件序号的编写形式　　　　　图 9-9　箭头指引线和公共指引线

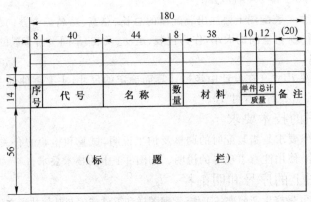

图 9-10　标题栏与明细栏

第四节　装配结构的合理性

在绘制装配图过程中,应考虑装配结构的合理性,以保证机器和部件的性能,便于零件的加工和装配。

①当轴和孔配合时,为保证轴肩与孔的端面接触良好,零件转角处应有倒角、倒圆或轴肩根部做出越程槽,如图 9-11 所示。

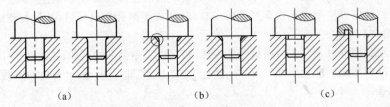

(a)　　　　　　　　(b)　　　　　　　(c)

图 9-11　轴、孔装配的正确结构
(a)不正确　(b)(c)正确

②当两个零件接触时,在同一方向上应只有一对表面接触,如图 9-12 所示。

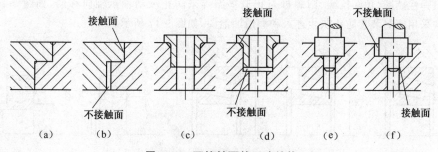

图 9-12 两接触面的正确结构

(a)(c)(e)不正确 (b)(d)(f)正确

③为了使螺栓、螺母、螺钉、垫圈等紧固件与被连接表面接触良好,在被连接件的表面应加工成锪平孔、凸台、退刀槽、凹槽、倒角等结构,如图 9-13 所示。螺纹紧固件在安装时,必须保证安装的可能性及方便性,如图 9-14 所示。

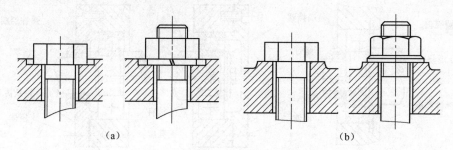

图 9-13 螺纹联接处的装配结构

(a)锪平孔 (b)凸台

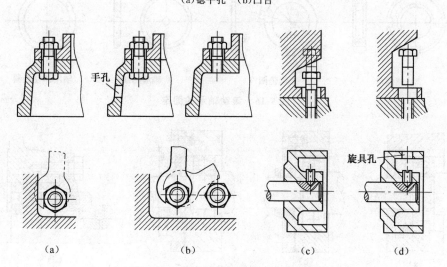

图 9-14 螺纹紧固件装配的合理结构

(a)不合理 (b)合理 (c)不正确 (d)正确

④滚动轴承的装配、固定和密封：滚动轴承装卸结构的合理性如图 9-15 所示；常采用轴肩、弹性挡圈、轴端挡圈、圆螺母与止退垫圈等来防止滚动轴承轴向移动，如图 9-16 所示；常采用密封装置防止灰尘进入和润滑油泄漏，如图 9-17 所示。

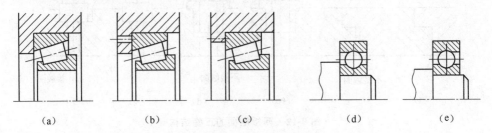

（a）　　　　　　（b）　　　　　　（c）　　　　　　（d）　　　　　　（e）

图 9-15　滚动轴承的安装结构

（a）（d）不正确　　（b）（c）（e）正确

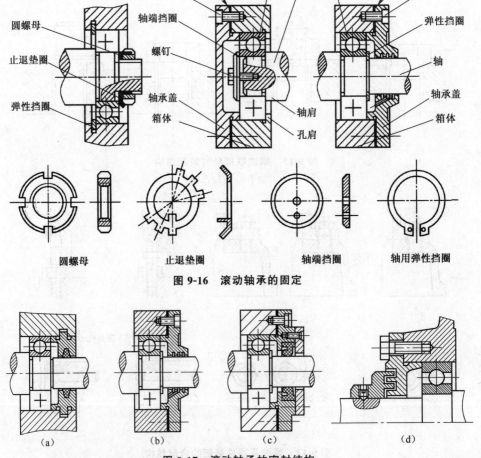

图 9-16　滚动轴承的固定

（a）　　　　　　（b）　　　　　　（c）　　　　　　（d）

图 9-17　滚动轴承的密封结构

（a）毡圈式密封　　（b）油沟式密封　　（c）皮碗式密封　　（d）迷宫式密封

⑤防松结构：对于常受振动或冲击的机器或部件，其螺纹联接要采用防松装置，以免发生松动；常见结构如图 9-18 所示。

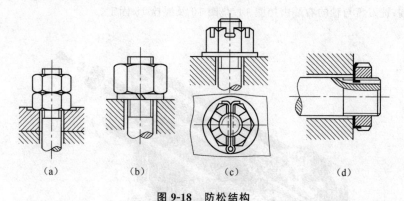

（a）　　　　　（b）　　　　　（c）　　　　　（d）

图 9-18　防松结构

（a）用双螺母锁紧　（b）用弹簧垫圈锁紧　（c）用开口销锁紧　（d）用制动垫圈锁紧

⑥防漏结构：在机器或部件中，为防止旋转轴或滑动杆处的润滑液流出和灰尘侵入，应采用防漏装置，如图 9-19 所示。

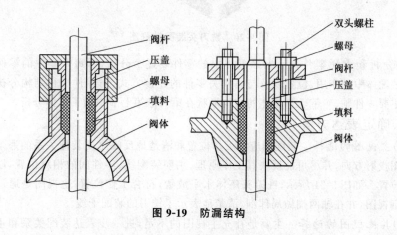

图 9-19　防漏结构

第五节　装配图的画法

画装配图时，先要了解装配体的工作原理、每种零件的数量及其在装配体中的功能和零件间的装配关系等，并且要看懂每个零件的零件图，想象出零件的形状。

一、分析部件的装配关系和工作原理

（1）分析装配体的装配关系及工作原理　铣刀头是安装在铣床上的一个专用部件，其作用是安装铣刀，铣削零件。由图 9-20 所示铣刀头装配轴测图和图 9-21 所示铣刀头装配图可知，该部件上共有十六种零件。铣刀装在铣刀盘（图中细双点画线所示）上，铣刀盘通过键 13（双键）与轴 7 连接。动力通过 V 带轮 4 经键 5 传递到轴 7，从而带动刀盘旋转，对零件进行铣削加工。轴 7 由两个圆锥滚子轴承 6 及座体 8 支承，用端盖 11 及调整环 9

调节轴承的松紧及轴 7 的轴向位置；端盖用螺钉 10 与座体 8 连接，端盖内装有毡圈 12，紧贴轴起密封防尘作用；V 带轮 4 轴向由挡圈 1 及螺钉 2、销 3 来固定，径向由键 5 固定在轴 7 的左端；铣刀盘与轴的右端由挡圈 14、垫圈 16 及螺栓 15 固定。

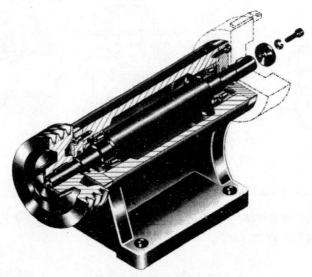

图 9-20　铣刀头装配轴测图

　　(2)分析和看懂零件图　对装配体中的零件要逐个分析，看每个零件的零件图。按零件在装配体中的作用、位置以及与其相关零件的连接方式，对零件进行结构分析。铣刀头中的主要零件轴、V 带轮和座体的结构形状在第八章第七节中做了具体分析。

二、确定表达方案

　　(1)主视图的选择　装配图应以工作位置和清楚地反映主要装配关系的那个方向作为主视图投射方向，并尽可能反映其工作原理、主要装配线、零件间的相对位置，以及部件的工作位置。如图 9-21 所示，铣刀头座体水平放置，符合工作位置；主视图是通过轴 7 轴线的全剖视图，并在轴两端做局部剖，清楚地表示了铣刀的装配干线。

　　(2)其他视图的选择　主要是补充主视图的不足，进一步表达装配关系和主要零件的结构形状。如图 9-21 所示，左视图补充表达了座体及其底板上安装孔的位置；为了突出座体的主要形状特征，左视图采用了拆卸画法。

　　至此，铣刀头的结构原理基本上表达清楚了。但有时为了能够选择一个最佳方案，最好多考虑几种方案，以供比较和选用。

三、画装配图的方法与步骤

　　①根据已确定的装配体的表达方案，定比例、选图幅，画出图框并标明标题栏、明细栏的位置。

　　②画各视图的主要基准线，如主要中心线、对称线、主要端面的轮廓线等。确定主要基准线时，要注意留出编注零件序号、标注尺寸以及技术要求的位置，如图 9-22(a)所示。

　　③围绕主要装配轴线由里向外，逐个画出零件的图形。一般从主视图入手，兼顾各视图的投影关系，几个基本视图结合起来一起进行绘制。先画主要零件(如座体)，后画次要

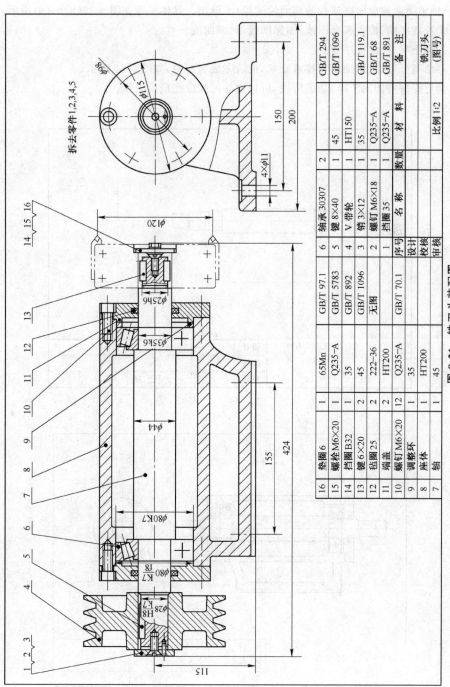

拆去零件1,2,3,4,5

16	垫圈6	1	65Mn	GB/T 97.1		6	轴承 30307	2		GB/T 294
15	螺栓M6×20	1	Q235-A	GB/T 5783		5	键 8×40	1	45	GB/T 1096
14	挡圈 B32	1	35	GB/T 892		4	V带轮	1	HT150	
13	键 6×20	2	45	GB/T 1096		3	销 3×12	1	35	GB/T 119.1
12	铅圈25	2	222-36	无图		2	螺钉 M6×18	1	Q235-A	GB/T 68
11	端盖	2	HT200			1	挡圈35	1	Q235-A	GB/T 891
10	螺钉M6×20	12	Q235-A	GB/T 70.1		序号	名 称	数量	材 料	备 注
9	调整环	1	35			设计				铣刀头
8	座体	1	HT200			校核				(图号)
7	轴	1	45			审核			比例1:2	

图 9-21 铣刀头装配图

零件(如端盖、轴承);先画大体轮廓,后画局部细节;画可见轮廓(如 V 带轮、端盖等),被遮部分(轴承端面轮廓和座体孔的端面轮廓等)不画出。具体步骤如图 9-22(b)~(d)所示。

④校核底稿、擦去多余图线,加深图线,画剖面线。

⑤标注尺寸、编排序号。

⑥填写标题栏、明细栏和技术要求,最后完成装配图,如图 9-21 所示。

为更好保持图面干净,如前所说,可把加深图线放在最后一步。

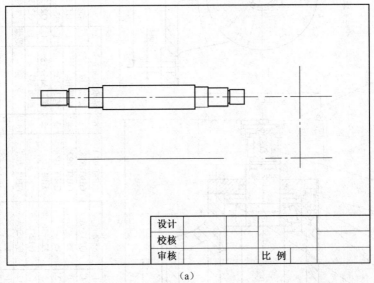

(a)

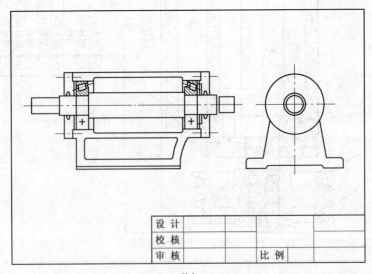

(b)

图 9-22　铣刀头装配图画图步骤

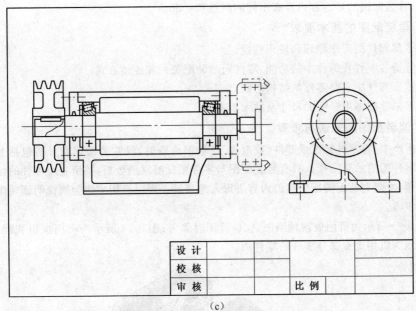

设 计				
校 核				
审 核		比 例		

(c)

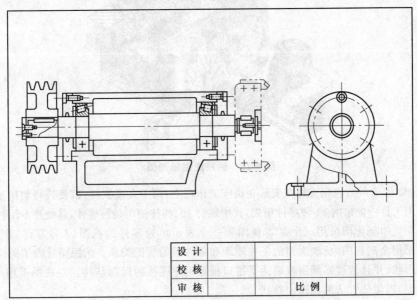

设 计				
校 核				
审 核		比 例		

(d)

图 9-22 铣刀头装配图画图步骤(续)

第六节 识读装配图和读图自测

一、识读装配图

在产品的设计、安装、调试、维修及技术交流时,都要识读装配图。不同工作岗位的技术人员,读装配图的目的和内容有不同的侧重和要求。

1. 读装配图的基本要求

①了解部件的工作原理和使用性能;

②弄清各零件在部件中的功能、零件间的装配关系和连接方式;

③读懂部件中主要零件的结构形状;

④了解装配图中标注的尺寸及技术要求。

2. 读装配图的方法与步骤

在生产中,将零件装配成部件,或改进、维修旧设备时,经常要阅读和分析包括装配图和全部零件图的成套图样。只有将装配图与零件图反复对照分析,搞清各个零件的结构形状和作用,才能对装配图所表达的内容更深入地理解。现以机用虎钳为例说明读装配图的方法和步骤。

图 9-23 所示为机用虎钳轴测图,仅供读图时参考;图 9-24 所示为机用虎钳装配图,图 9-25 所示为机用虎钳部分零件的零件图。

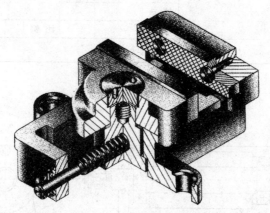

图 9-23 机用虎钳轴测图

(1)概括了解 机用虎钳是安装在机床工作台上,用于夹紧工件,以便进行切削加工的一种通用工具。虎钳由 11 种零件组成,其中螺钉 10、圆柱销 7 是标准件,其他是专用件。

机用虎钳装配图采用三个基本视图和一个表示单独零件的视图(2 号零件)来表达。主视图采用全剖视图,反映虎钳的工作原理和零件间的装配关系。俯视图反映了固定钳座的结构形状,并且通过局部剖视表达了钳口板与钳座连接的局部结构。左视图采用 A—A 半剖视图,剖切位置从主视图中查找。

(2)工作原理和装配关系 主视图基本上反映了机用虎钳的工作原理:旋转螺杆 8 使螺母块 9 带动活动钳身 4 做水平方向左右移动,夹紧工件进行切削加工。最大夹持宽度为 70mm,图中的细双点画线表示活动钳身的极限位置。

主视图还反映了主要零件的装配关系:螺母块 9 从固定钳座 1 的下方空腔装入工字形槽内,再装入螺杆 8,并用垫圈 11、垫圈 5 以及环 6、圆柱销 7 将螺杆轴向固定;通过螺钉 3 将活动钳身 4 与螺母块 9 连接,最后用螺钉 10 将两块钳口板 2 分别与固定钳座 1 和活动钳身 4 连接。

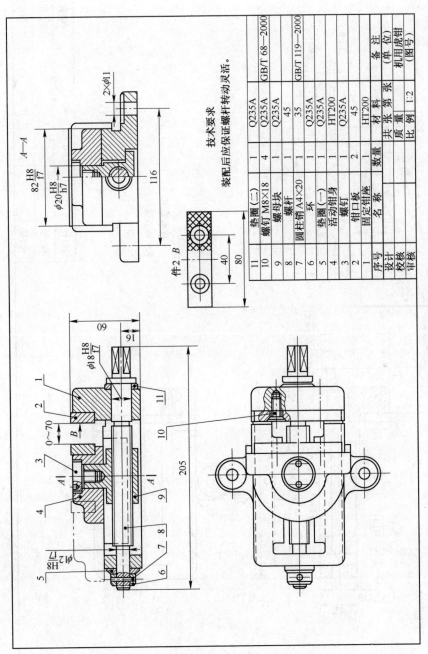

技术要求

装配后应保证螺杆转动灵活。

11	垫圈(二)	1	Q235A		
10	螺钉 M8×18	4	Q235A	GB/T 68—2000	
9	螺母块	1	Q235A		
8	螺杆	1	45		
7	圆柱销 A4×20	1	35	GB/T 119—2000	
6	环	1	Q235A		
5	垫圈(一)	1	Q235A		
4	活动钳身	1	HT200		
3	螺钉	1	Q235A		
2	钳口板	2	45		
1	固定钳座	1	HT200		
序号	名 称	数量	材 料	备 注	
设计			材 料	第　张	共　张	(单 位)
校核			质 量		机用虎钳
审核			比 例　1:2		(图号)

图 9-24　机用虎钳装配图

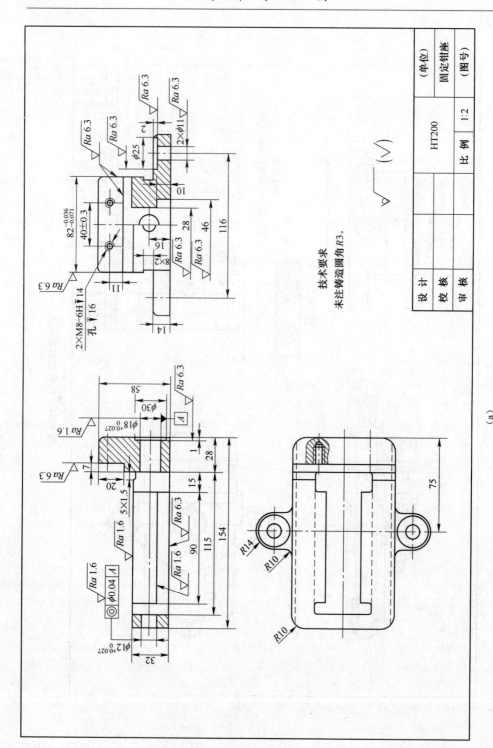

技术要求
未注铸造圆角 $R3$。

设计		(单位)
校核		固定钳座
审核		(图号)

HT200	
比例	1:2

图9-25　机用虎钳零件图

(a)

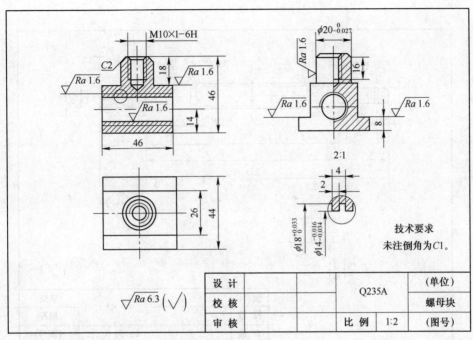

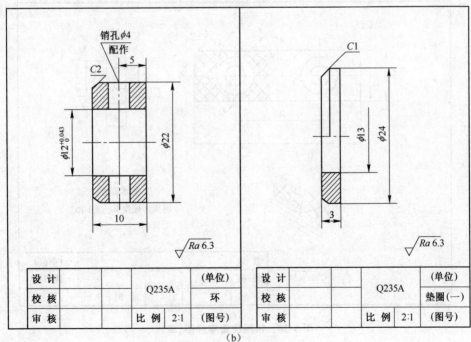

(b)

图 9-25 机用虎钳零件图(续)

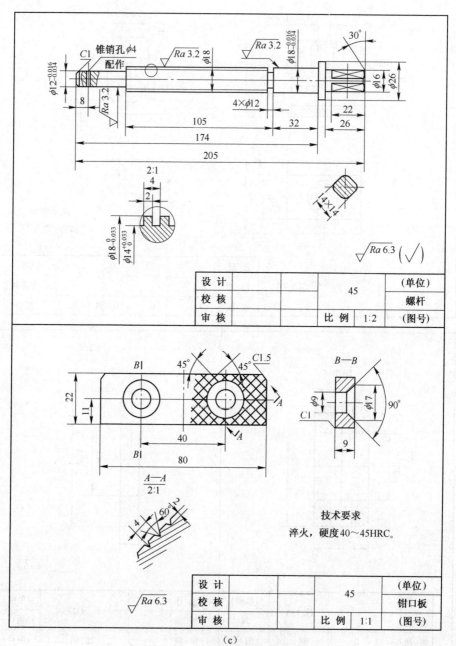

(c)
图 9-25 机用虎钳零件图(续)

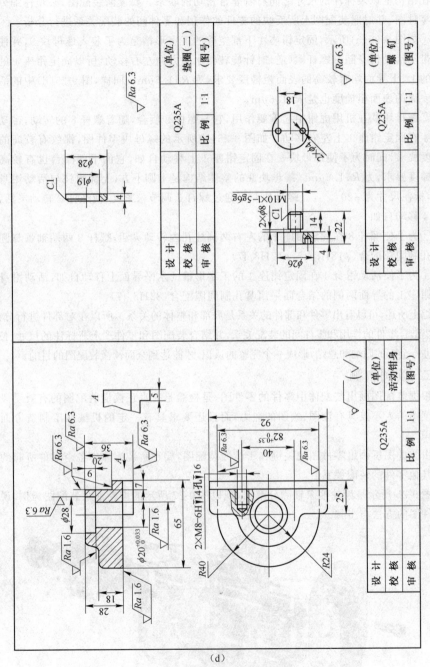

(d)

图 9-25 机用虎钳零件图(续)

（3）**分析零件**　机用虎钳的主要零件是固定钳座 1、螺杆 8、螺母块 9、活动钳身 4 等，它们在结构上以及标注的尺寸之间有着非常密切的联系。要读懂装配图，必须仔细分析有关的零件图，并对照装配图上所反映的零件的作用和零件间的装配关系进行分析。

①如图 9-25(a) 所示，固定钳座 1 下部空腔的工字形槽是为了装入螺母块 9，并使螺母块 9 带动活动钳身随着螺杆顺（逆）时针旋转做水平方向左右移动，所以固定钳座 1 的工字形槽的上、下导面均有较高的表面粗糙度要求，为 $Ra1.6\mu m$。同样，图 9-25(d) 中的活动钳身 4 底面的表面粗糙度也是 $Ra1.6\mu m$。

②螺母块 9 在机用虎钳中起重要作用，它与螺杆 8 旋合，随着螺杆 8 的转动，带动活动钳身 4 在固定钳座 1 上左右移动。如图 9-25(b) 所示的螺母块零件图，螺纹有较高的表面粗糙度要求，同时为了使螺母块 9 在固定钳座 1 上移动自如，它的下部凸台也有较高的表面粗糙度要求，为 $Ra1.6\mu m$。螺母块 9 的整体结构是上圆下方，上部圆柱与活动钳身 4 相配合，标注尺寸为 $\phi20\,_{-0.027}^{\ 0}$。螺母块 9 可通过螺钉 3 调节松紧度，使螺杆 8 转动灵活，活动钳身 4 移动自如。

③为了使螺杆 8 在固定钳座 1 的左右两圆柱孔内转动灵活，螺杆 8 两端轴颈与圆孔采用基孔制间隙配合（$\phi18H8/f7$，$\phi12H8/f7$）。

④为了使活动钳身 4 在固定钳座 1 的工字形槽的水平导面上移动自如，活动钳身 4 与固定钳座 1 的导面两侧的结合面采用基孔制间隙配合（$82H8/f7$）。

综上所述，可以看出零件和部件的关系是局部和整体的关系。所以在对部件进行分析时，一定要结合零件的作用和零件间的装配关系，并结合装配图和零件图上所标注的尺寸、技术要求等进行全面的归纳和总结，形成一个完整的认识，才能达到全面读懂装配图的目的。

二、读图自测

根据装配图画出装配体中零件的零件图，是检验是否真正读懂装配图的有效手段。这要求读图的人不仅具有读图、绘图的能力，而且还要求具有一定的机械加工制造方面的专业知识。

由装配图拆画出零件图的关键在于读懂装配图，要了解装配体中各个零件所起的作用和与其他零件的装配关系。

图 9-26 所示是齿轮油泵轴测分解图，现以图 9-27 所示的齿轮油泵装配图为例，说明拆画零件图的方法与步骤。

图 9-26　齿轮油泵轴测分解图

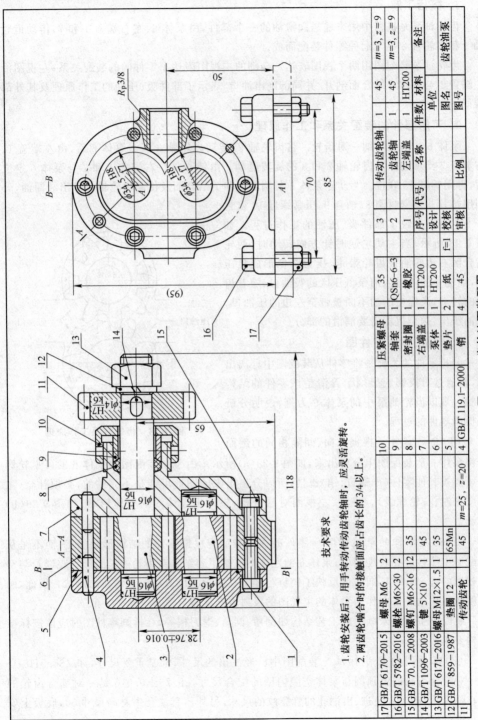

图 9-27 齿轮油泵装配图

1. 概括了解

齿轮油泵是机器中用来输送润滑油的一个部件,由泵体 6、左右端盖 1 和 7、传动齿轮轴 3 和齿轮轴 2 等十七种零件装配而成。

齿轮油泵装配图用两个视图表达。全剖的主视图表达了零件间的装配关系;左视图沿左端盖 1 与泵体 6 结合面剖开,并局部剖出油口,表示了部件吸、压油的工作原理及其外部特征。

2. 了解部件的装配关系和工作原理

泵体 6 的内腔容纳一对齿轮。将齿轮轴 2、传动齿轮轴 3 装入泵体 6 后,由左端盖 1、右端盖 7 支承这一对齿轮轴 2 和 3 的旋转运动。由销 4 将左右端盖 1 和 7 与泵体 6 定位后,再用螺钉 15 联接。为防止泵体 6 与端盖 1 和 7 结合面及传动齿轮轴 3 伸出端漏油,分别用垫片 5 及密封圈 8、轴套 9、压紧螺母 10 密封。

左视图反映了部件吸、压油的工作过程。如图 9-28 所示,当主动轮逆时针方向转动时,两轮啮合区右边的油被齿轮带走,压力降低形成负压区,油池中的油进入油泵低压区的吸油口,随着齿轮的转动,齿槽中的油不断被带至左边的压油口,把油压出,送至机器需要润滑的部分。

3. 分析、拆画零件图

分析零件的关键是将零件从装配图中分离出来,再通过对投影、想形状,弄清楚该零件的结构形状。现以齿轮油泵中的泵体 6 为例,说明分析和拆画零件的过程。

（1）分离零件　根据方向、间隔相同的剖面

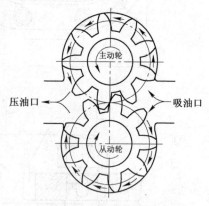

图 9-28　齿轮油泵工作原理

线将泵体 6 从装配图中分离出来,如图 9-29(a)所示。由于在装配图中泵体 6 的可见轮廓线可能被其他零件(如螺钉、销)遮挡,所以分离出来的图形可能是不完整的,必须补全(主视图中左、右轮廓线)。将主、左视图对照分析,想象出泵体 6 的整体形状,如图 9-29(b)所示。

（2）确定零件的表达方案　零件的视图表达应根据零件的结构形状确定,而不是从装配图中照抄。在装配图中,泵体 6 的左视图反映了容纳一对齿轮的长圆形空腔以及与空腔相通的进、出油口,同时也反映了销钉与螺钉孔的分布以及底座上沉孔的形状。因此,画零件图时按这一方向作为泵体的主视图的投射方向比较合适。

装配图中省略未画出的工艺结构如倒角、圆角、退刀槽等,在拆画零件图时应该按标准结构要素补全。

（3）零件图的尺寸标注　装配图中已经注出的尺寸,都是重要尺寸,如 ϕ34.5H8/f7 是一对啮合齿轮的齿顶圆与泵体空腔内壁的配合尺寸,28.76±0.016 是一对啮合齿轮的中心距尺寸,Rp3/8 是进、出油孔的管螺纹的尺寸;另外还有油孔中心高尺寸 50,底板上安装孔定位尺寸 70 等。

装配图中未注的尺寸,可按比例从装配图中量取,并加以圆整。某些标准结构,如键槽

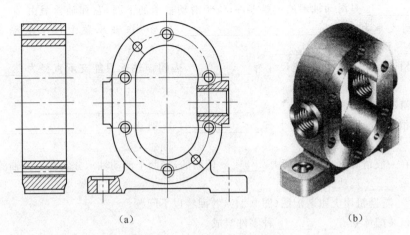

(a)   (b)

图 9-29　拆画泵体及其轴测图

的深度和宽度、沉孔、倒角、退刀槽等,应查阅有关标准注出。

　　(4)零件图的技术要求　零件的表面粗糙度、尺寸公差和几何公差等技术要求,要根据该零件在装配图中的功能以及该零件与其他零件的关系来确定。零件的其他技术要求可用文字注写在标题栏附近。图 8-59 所示是根据齿轮油泵装配图拆画的泵体零件图。

复习思考题

　　1. 装配图在技术工作中有哪些作用?

　　2. 装配图包括哪些内容?与零件图有哪些明显区别?

　　3. 装配图有哪些规定画法?

　　4. 装配图有哪些特殊表达方法?

　　5. 装配图一般应标注哪几类尺寸?

　　6. 编写装配图中的零件序号应遵守哪些规定?

　　7. 看装配图时应注意哪几个方面的问题?

　　8. 什么叫拆图?由装配图拆画零件图有哪些要求?拆图时应注意哪些问题?

　　9. 回顾和总结一下绘制、阅读装配图的步骤。

练 习 题

　　9.1　看懂滑动轴承装配图(图 9-1),并回答以下问题。

　　① 装 配 图 的 内 容 包 括 ＿＿＿＿＿＿＿＿、＿＿＿＿＿＿＿＿、＿＿＿＿＿＿＿＿、
＿＿＿＿＿＿＿＿、＿＿＿＿＿＿＿＿。

　　②在滑动轴承装配图中,俯视图采用了＿＿＿＿＿＿＿＿＿＿＿＿＿表达方法。

　　③滑动轴承由＿＿＿＿种＿＿＿＿个零件组成,其中有＿＿＿＿种共＿＿＿＿个标准件,标准件的名称规格是＿＿＿＿＿＿＿＿＿＿＿＿＿＿＿＿＿＿＿＿＿＿＿＿。

④_____是滑动轴承的主要零件,位于滑动轴承的下面,它和轴承盖由_____紧固,起到支承和压紧_____的作用;轴承盖上端安装有标准件_____,用于给轴衬_____。

⑤滑动轴承的规格、性能尺寸为_____,表明该轴承只能支承直径为_____的轴。

⑥滑动轴承的装配尺寸有_____。

⑦滑动轴承的安装尺寸有_____,分别表示_____。

⑧在一般情况下,滑动轴承是_____使用的,将两个滑动轴承分装在一根轴的两端,支承轴做_____运动。

9.2　看懂机用虎钳装配图(图 9-24),并回答以下问题。

①该装配体共有_____种零件组成。

②该装配体共有_____个图形,它们分别是_____,_____,_____,_____。

③件 6 和件 8 是由_____连接的。

④螺杆 8 与固定钳座 1 左右两端的配合代号分别是_____,它们表示_____制,_____配合。在零件图上标注右端的配合要求时,孔的标注方法是_____,轴的标注方法是_____。

⑤活动钳身 4 是靠件_____来带动它运动的,件 4 和件 9 是通过件_____来固定的。

⑥件 3 上的两个小孔有什么用途?

⑦简述该装配体的装、拆顺序。

⑧总结机用虎钳的工作原理。

9.3 读钻模装配图(题图 9-1),完成以下问题。

①该钻模是由_____种共_____个零件组成。

②主视图采用了_____剖和_____剖,剖切面与机件前后方向的_____重合,故省略了标注,左视图采用了_____剖视。

③底座 1 的侧面有_____个弧形槽。

④特制螺母 5 的直径应_____ 22,作用是_____。

⑤钻模板 2 上有____个 φ10 H7/h6 孔,钻套 3 的主要作用是_____。图中双点画线表示_____,系_____画法。

⑥φ22 H7/h6 是_____号件和_____号件的配合尺寸,属于_____制的_____配合,H7 表示_____号件孔的_____代号,h6 表示_____号件的_____代号,7 和 6 代表_____。

⑦三个孔钻完后,先松开_____,再取出_____,工件便可拆下。

⑧与底座 1 相邻的零件有_____(只写出件号)。

⑨钻模的外形尺寸:长_____、宽_____、高_____。

⑩圆柱销 8 的作用是_____。

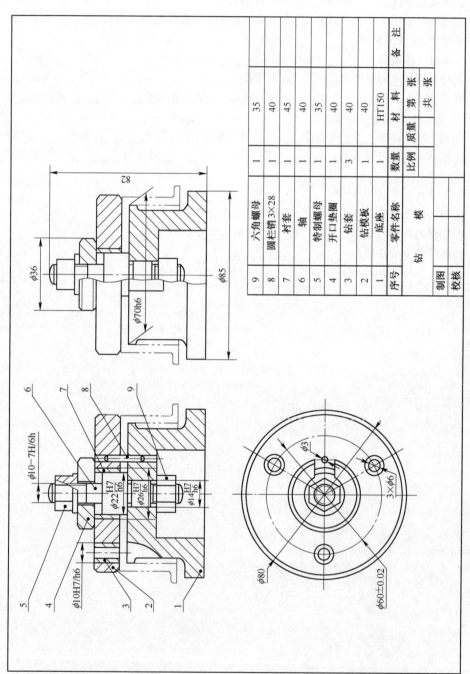

题图 9-1　钻模装配图

序号	零件名称	数量	材料	备注
9	六角螺母	1	35	
8	圆柱销3×28	1	40	
7	衬套	1	45	
6	轴	1	40	
5	特制螺母	1	35	
4	开口垫圈	1	40	
3	钻套	3	40	
2	钻模板	1		
1	底座	1	HT150	

钻　模

制图　　比例　质量　第　张　共　张
校核

第十章　零部件测绘

培训学习目的　测绘是根据已有的部件(或机器)和零件进行测量、绘制,并整理画出零件工作图和装配图的过程。实际生产中,设计新产品(或仿造)时,需要绘制同类产品的部分或全部零件,供设计时参考;机器或设备维修时,如果某一零件损坏,在无备件又无零件图的情况下,也需要测绘损坏的零件,画出图样作为加工的依据。所以,测绘是工程技术人员必须掌握的基本技能之一。

第一节　测绘前的准备工作

(1)测绘用工具的准备　测绘部件之前,应根据部件的复杂程度制订测绘进程计划,并准备拆卸用品,如扳手、螺钉旋具、锤子、铜棒等工具,钢直尺、内外卡钳、游标卡尺等量具,以及其他用品如细钢丝、标签,绘图用品和有关手册。

(2)熟悉测绘对象　通过观察实物,参阅有关图样资料,弄懂部件的用途、性能、工作原理、结构特点、装配关系、零件的加工方法以及拆卸顺序等。

如图 10-1 所示,球阀是用来切断或接通管路的装置。该装配体由十二种零件组成,主体为阀体;阀芯由手柄通过阀杆带动旋转,以控制通路的开启和关闭,阀芯由左右两个阀座定位并密封;阀盖与阀体用螺纹联接,结合面处用垫片密封,适当旋入压盖压紧密封环,防止液体沿阀杆渗漏。

(3)拆卸装配体和画装配示意图

在初步了解装配体的基础上,根据装配体的组成情况及装配关系。依次拆卸零件。

在拆卸前,应分析并确定拆卸顺序。为避免零件的丢失或混乱,对拆下的零件应立即逐一编号,系上标签,并做相应的记录。对于不可拆的连接和

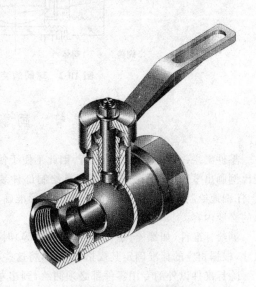

图 10-1　球阀轴测图

过盈配合的零件尽量不拆;对于过渡配合的零件,如不影响对零件结构形状的了解和尺寸的测量也可不拆,以免影响部件的性能和精度。拆卸时,使用工具要得当,拆下的零件应妥善保管,以免损坏或丢失。对重要的零件和零件上的重要表面,要防止碰伤、变形、生锈,以免影响其精度。

　　球阀的拆卸顺序:先旋下螺母、垫圈,拆下手柄,再旋下压盖,取下阀杆、密封环及挡圈;旋下阀盖,最后取出阀芯。拆卸时应注意零件间的配合关系,如挡圈与阀体间为间隙配合。

　　为了便于部件拆卸后装配复原,在拆卸零件的同时应画出部件的装配示意图,并编上序号,记录零件的名称、数量、传动路线、装配关系和拆卸顺序。所谓装配示意图,就是用规定符号和较形象的图线表达部件中零件的大致形状和装配关系,一般只画一两个图形。对于相邻两零件的接触面或配合面之间最好画出间隙,通孔可按断面形状画成开口的。对于轴、轴承、齿轮、弹簧等,应按 GB/T 4460—2013《机械制图　机构运动简图符号》中规定的符号绘制。示意图上还应编上零件序号,注写零件的名称及数量。图 10-2 所示为球阀的装配示意图。

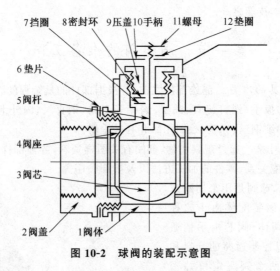

图 10-2　球阀的装配示意图

第二节　画零件草图

　　零件测绘一般在生产现场进行,因此不便于使用绘图工具和仪器画图,而以徒手、用目测比例画出零件的草图。零件草图是绘制部件装配图和零件工作图的重要依据,必须认真、仔细地绘制。画草图的基本要求是:图形准确、表达清楚、尺寸齐全,并注写包括技术要求的必要内容。

　　测绘标准件(如螺栓、螺母、垫圈、键、销等)时,不必画出零件草图,只要测得几个主要尺寸,根据相应的标准确定其规格和标记,将这些标准件的名称、数量和标记列表即可。

　　除标准件以外的专用零件都必须测绘,画出草图。下面以球阀的阀杆为例,说明草图的画法和尺寸标注等问题。

一、画零件草图的步骤

　　零件草图是画装配图和零件工作图的重要依据,因此它必须具备零件图应有的全部内容和要求。

　　(1)了解分析零件　要将被测零件准确完整地表达清晰,应对被测零件进行详细分析。了解零件的名称、材料以及在部件中的位置与功能,并对零件进行结构形状和制造方法的分析。

　　（2）确定表达方案　根据形状特征原则，按零件加工位置或工作位置选择主视图，再按零件的内外结构特点选择必要的其他视图；合理采用适当的表达方法，如视图、剖视、断面等。尽可能用较少的视图完整清晰地表达零件的内外形状。

　　（3）定位布局　布置视图的位置，画出每个视图的中心线、轴线等主要做图基线。

　　（4）画零件草图　采用徒手绘图方式，绘出每个专用零件的草图，如图10-3所示的阀杆草图。

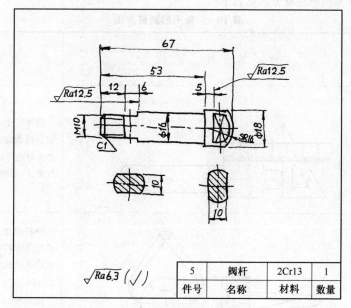

5	阀杆	2Cr13	1
件号	名称	材料	数量

图 10-3　阀杆草图

二、标注尺寸

　　零件草图画好后，按零件形状、加工顺序和便于测绘等因素，确定尺寸基准，画出全部尺寸的尺寸界线和尺寸线，然后逐一量取尺寸，填写尺寸数值。标注零件尺寸时，除了齐全、清晰外，还应注意以下问题：

　　①应兼顾设计和加工要求，恰当地选择尺寸基准。

　　②重要尺寸应直接注出。

　　③装配体中相邻零件有联系的部分，尺寸基准应统一；两零件相配合的部分，公称尺寸应相同。

　　④切削加工部分尺寸的标注，应尽量符合加工要求和测量方便。

　　⑤对于不经切削加工的部分，基本上按形体分析标注尺寸。

三、测量尺寸的常用方法

　　测量尺寸是零件测绘过程中的重要环节。测量尺寸时必须注意以下几个问题：

　　①根据零件的精确程度，选用相应的量具；

　　②有配合关系的尺寸，先根据实测尺寸圆整确定公称尺寸，再根据设计功能查阅有关

手册确定公差带代号;

③非配合尺寸,可将测量所得的尺寸适当圆整后取定,其极限偏差可统一注写在技术要求中;

④对于螺纹、键槽及齿轮的轮齿部分等标准结构,其测量结果应与标准值核对,一般均采用标准的结构尺寸,以便于制造和测量。

由于测量存在误差,还有英制尺寸影响,故在现场测量时不宜先圆整测量结果,而且越复杂的机件越不易急于圆整;直到测量结束,全面分析后才考虑尺寸圆整。

零件尺寸常用的测量方法见表 10-1。

表 10-1　常用的测量方法

尺寸种类	测　量　图　示	测　量　说　明
直线尺寸	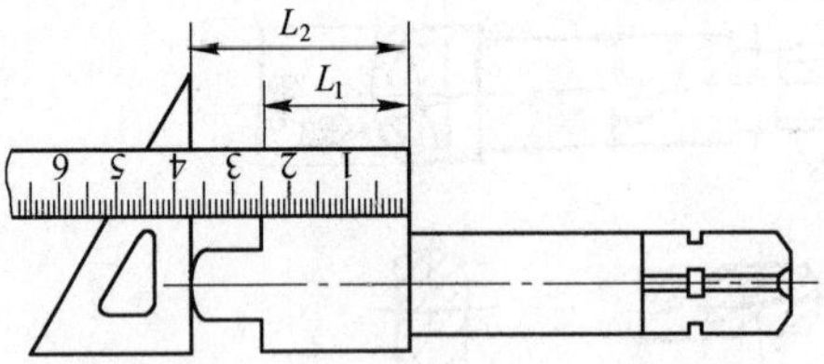	线性尺寸一般可直接用钢直尺测量,如图中 L_1;必要时也可以用三角板配合测量,如图中 L_2
直径尺寸	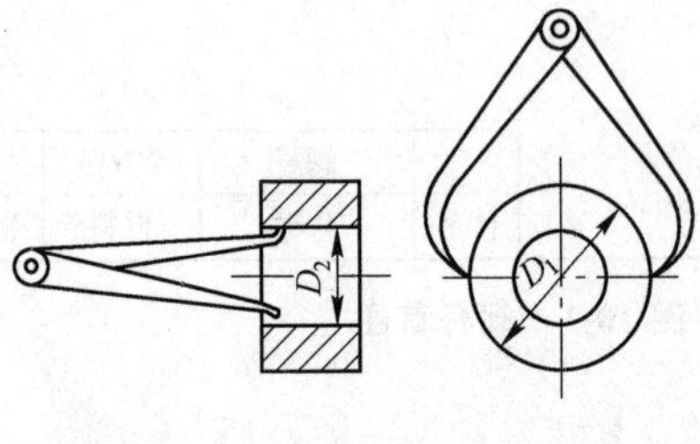	外径用外卡钳测量,内径用内卡钳测量,再在钢直尺上读出数值,如图中 D_1,D_2。 测量时应注意,内(外)卡钳与回转面的接触点应是直径的两个端点
壁厚尺寸	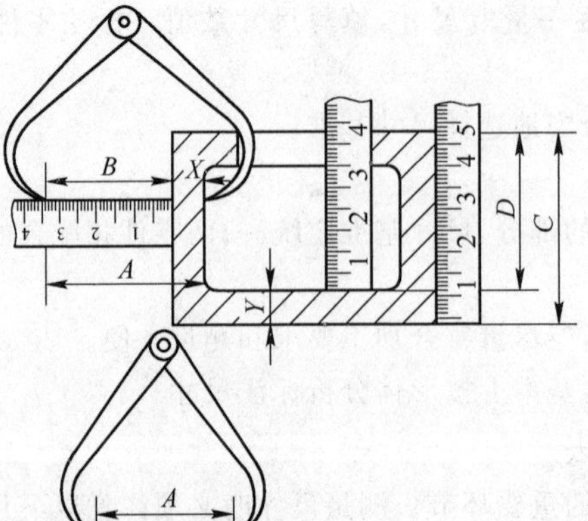	在无法直接测量壁厚时,可用外卡钳和钢直尺合并使用,将测量分两次完成,如图中 $X=A-B$,或用钢直尺测量两次,如图中 $Y=C-D$

续表 10-1

尺寸种类	测　量　图　示	测　量　说　明
中心高的尺寸	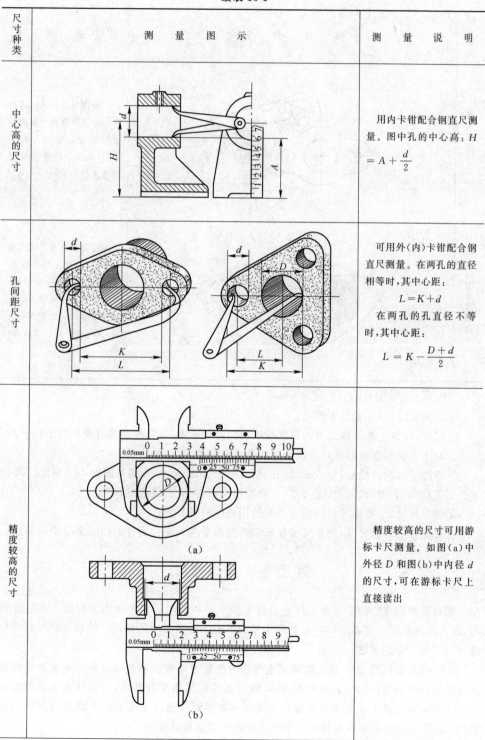	用内卡钳配合钢直尺测量。图中孔的中心高：$H = A + \dfrac{d}{2}$
孔间距尺寸		可用外(内)卡钳配合钢直尺测量。在两孔的直径相等时，其中心距：$$L = K + d$$ 在两孔的孔直径不等时，其中心距：$$L = K - \dfrac{D+d}{2}$$
精度较高的尺寸		精度较高的尺寸可用游标卡尺测量。如图(a)中外径 D 和图(b)中内径 d 的尺寸，可在游标卡尺上直接读出

(a)

(b)

续表 10-1

尺寸种类	测 量 图 示	测 量 说 明
圆角半径尺寸	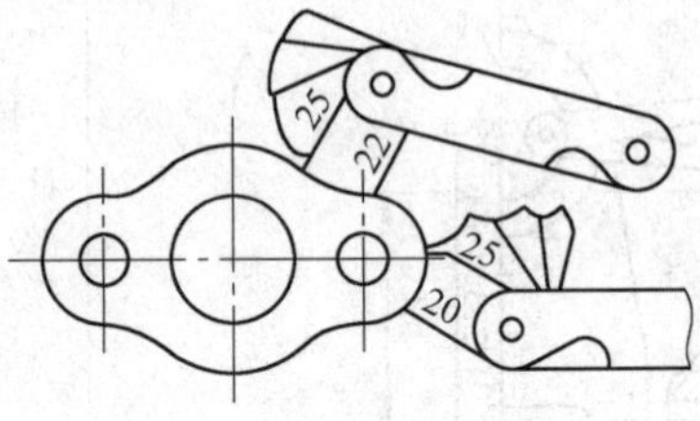	一般用半径规测量圆角半径。在半径规中找到与被测部分完全吻合的一片,从该片上的数值可知圆角半径的大小
曲面曲线轮廓	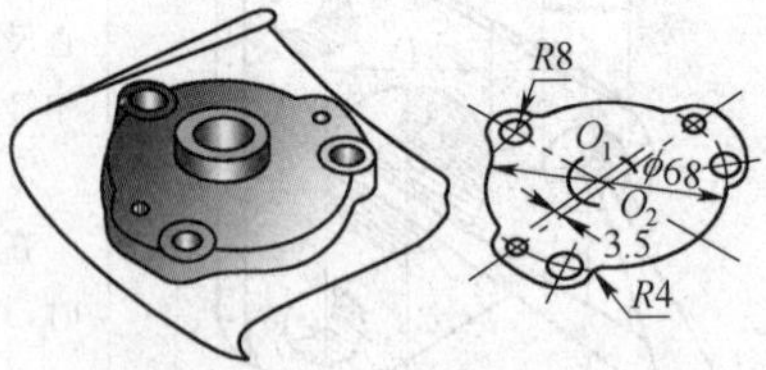	对精确度要求不高的曲面轮廓,可用拓印法在纸上拓印出它的轮廓形状,然后用几何做图法求出各连接圆弧的尺寸和圆心位置,如图中 $\phi68$,$R8$,$R4$ 和 3.5

四、零件测绘中的注意事项

零件测绘时,应注意以下事项:

①锻件、铸件上有可能出现的形状缺陷和位置不准确,应在绘制零件草图时予以修正。

②对于零件上磨损的尺寸应该按功能要求重新确定。

③零件上的制造缺陷,如砂眼、缩孔、裂纹以及破旧磨损等,画草图时不应画出。零件上的工艺结构,如倒角、圆角、退刀槽、砂轮越程槽等,应查有关标准确定。

④测量尺寸,应根据零件的精度要求选用相应的量具。

⑤有配合要求的尺寸,公称尺寸及选定的公差带应与配合零件的相应部分协调一致。

第三节　画装配图

零件草图完成后的下一步工作是根据零件草图和装配示意图画出装配图。画装配图时,应考虑对草图中存在的零件形状和尺寸的不妥之处做必要的修正。绘制装配图时应处理好以下几方面的问题。

(1)确定表达方案　首先应确定主视图的投射方向和主要表达目的。主视图应能较多反映部件中各零件间的装配关系,尽可能按部件的工作位置画出,使部件的主要装配关系或主要安装面呈水平或垂直布置。主视图一般都画成通过主要装配干线进行剖切的剖视图,如图 10-4 所示的球阀装配图中的主视图即是这样处理的。

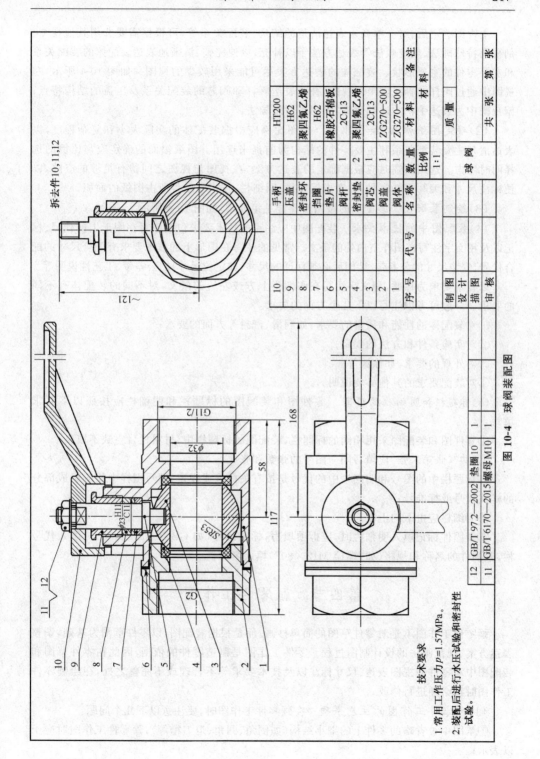

图 10-4 球阀装配图

序号	代 号	名 称	数 量	材 料	备 注
12	GB/T 97.2—2002	垫圈 10	1		
11	GB/T 6170—2015	螺母 M10	1		
10		手柄	1	HT200	
9		压盖	1	H62	
8		密封环	1	聚四氟乙烯	
7		挡圈	1	H62	
6		垫片	1	橡胶石棉板	
5		阀杆	1	2Cr13	
4		密封垫	2	聚四氟乙烯	
3		阀芯	1	2Cr13	
2		阀盖	1	ZG270-500	
1		阀体	1	ZG270-500	

比例	1:1	质量		共 张	第 张

球 阀

制图
设计
描图
审核

拆去件10,11,12

技术要求

1. 常用工作压力 p=1.57MPa。
2. 装配后进行水压试验和密封性
   试验。

主视图选定后,对一些尚未表达清楚的结构、装配关系等,可根据需要选用其他视图、剖视及特殊画法、规定画法等表达方法予以补充,以便完整、清晰地表达装配体的装配关系和主要零件的主要形状。装配体的表达方案尽可能采用较少的视图。如图 10-4 所示,左视图中通过阀杆的轴线做半剖视图,补充表达阀杆和阀芯的装配关系及压盖的结构特点;俯视图中为表达手柄的运动范围,采用了假想画法。

(2)确定图纸幅面、绘图比例　绘图比例应根据装配体的实际大小和复杂程度,以表达清楚主要装配关系和主要零件的结构为前提来选用。图纸幅面的确定应与比例的选择同时考虑。选用图幅时应根据确定的表达方案,在视图与视图之间留有足够的空隙,以便标注尺寸和编写零件序号,并考虑标题栏、明细栏、技术要求等所占图纸的面积。

(3)绘制装配图　装配图的做图步骤详见第九章,如图 10-4 所示。

(4)装配图中的技术要求　装配图中应注写的技术要求包括注写在图形上的代号、标记以及用文字注写在图样空白处的条文。常见的注写在图形上的技术要求有配合尺寸的配合代号、安装尺寸的公差带、装配后必须保证的尺寸(如定位尺寸)的公差带、工艺性说明等。

以技术要求为标题,用文字注写在明细栏上方或左边的条文,对不同的装配体有不同的要求。一般可考虑注写以下几个方面的要求:

①对装配体的性能和质量的要求,如润滑、密封等方面的要求;

②对实验条件和方法的规定;

③对外观的要求,如涂漆等;

④对装配要求的其他必要说明。

(5)标题栏和明细栏的填写　零件图和装配图的标题栏和明细栏应按照以下要求填写:

①零件图和装配图采用相同的标题栏,装配图的标题栏中,材料栏目空缺不填;

②"共×张第×张"应填写同一图号的张数和张次;

③标题栏中的图号和明细栏中的代号是按有关标准或规定,填写图样中相应组成部分的样式代号或标准号;

④明细栏应由下向上填写;

⑤紧固件标记填入明细栏时,应拆项填写,标准编号(如 GB/T 5782－2016)填入代号栏,紧固件的名称和规格(如"螺栓 M12×80")填入名称栏。

第四节　画零件工作图

画零件工作图不是对零件草图的简单抄画,而是根据装配图,以零件草图为基础,调整表达方案、规范画法的设计制图过程。零件工作图是制造零件的依据,因此在零件草图和装配图中对零件的视图表达、尺寸标注以及技术要求等不合理或不完整之处,在绘制零件工作图时都必须进行修改。

(1)画零件工作图的注意事项　在画零件工作图时,要注意以下几个问题:

①草图中被省略的零件上的细小结构(如倒角、圆角、退刀槽等),画零件工作图时应予以表示;

②零件的表达方案,如主视图的投射方向等,不一定照搬装配图的表达分案,应做必要

调整；

③装配图中注出的尺寸一般应抄注在相应的零件图中,其他尺寸在装配图中按比例量取。

(2)零件工作图技术要求的内容 包括尺寸公差、几何公差、表面粗糙度和材料热处理等,要明确标出。一般以装配图中的配合代号来明确尺寸公差。几何公差要以该零件在部件中所起的作用和各部分的功能来确定。难以在图形上注写技术要求时,用文字注写在标题栏的上方或左方。文字性的技术要求一般包括下列内容:

①对材料、毛坯、热处理和表面处理的要求,如硬度、化学成分等;

②对有关结构要素的要求,如圆角、倒角、尺寸等;

③对零件外观的要求,如镀层、喷漆等。

如图 10-5 所示为球阀的专用零件的零件工作图。

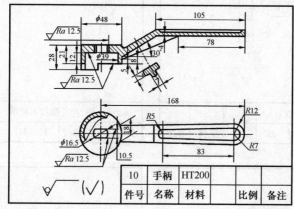

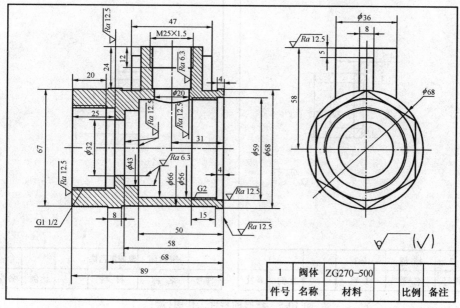

图 10-5 球阀的零件工作图

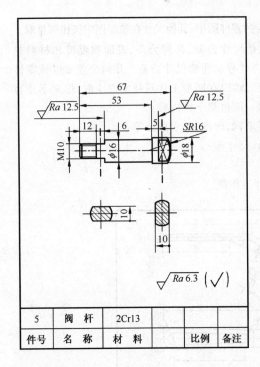

5	阀　杆	2Cr13			
件号	名　称	材　料		比例	备注

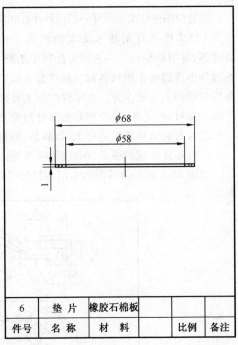

6	垫　片	橡胶石棉板			
件号	名　称	材　料		比例	备注

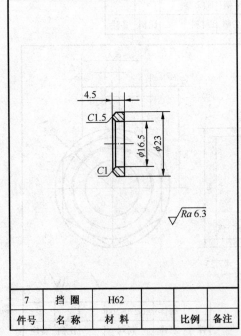

7	挡　圈	H62			
件号	名　称	材　料		比例	备注

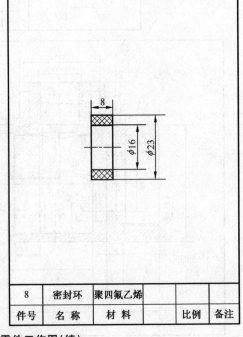

8	密封环	聚四氟乙烯			
件号	名　称	材　料		比例	备注

图 10-5　球阀的零件工作图(续)

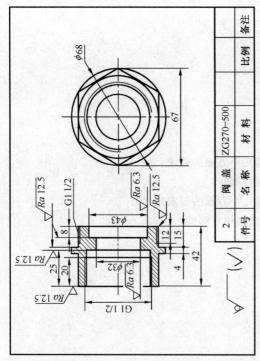

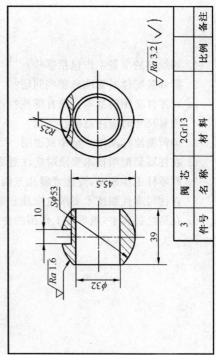

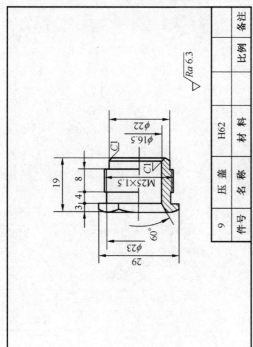

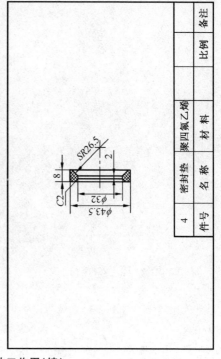

图 10-5　球阀的零件工作图(续)

复习思考题

1. 测绘前的准备工作包括哪些？
2. 拆卸装配体时要注意哪些问题？
3. 画零件草图的基本步骤有哪些？
4. 测量尺寸时应注意哪些问题？
5. 如何测绘标准件？请举例说明。
6. 在注写装配图技术要求时应注意哪几个方面的要求？
7. 画零件工作图时，要注意哪几方面的问题？
8. 在注写零件图技术要求时应注意哪几个方面的要求？
9. 在测绘过程中，画零件工作图的注意事项有哪些？

第十一章　焊　接　图

培训学习目的　焊接图是对焊接件进行焊接加工时所用的图样,是焊接件的装配图。在焊接件图中,除了应把焊接件的形状、尺寸和一般技术要求表达清楚外,还必须将与焊接有关的内容表达清楚,如焊缝的标注等。

本章主要讲解焊缝符号、焊缝标注和识读焊接图。

第一节　焊接概述

一、焊接方法及其分类

焊接方法的种类很多,根据在焊接过程中金属材料所处的状态,焊接方法分熔焊、压焊和钎焊三大类。

1. 熔焊

将待焊处的母材金属熔化以形成焊缝的焊接方法称为熔焊;常见的有电弧焊、气焊、电渣焊、埋弧焊及各种气体保护焊、激光焊等,其中又分为熔化极和非熔化极。

2. 压焊

在焊接过程中,必须对焊件施加压力(加热或不加热),以完成焊接的方法,称为压焊。

3. 钎焊

采用熔点低于被焊金属的钎料(填充金属),使其熔化后填充接头间隙,并与被焊金属相互扩散实现连接的焊接方法称为钎焊。钎焊过程中被焊工件不熔化,且一般没有塑性变形;主要特点是母材不熔化。

主要焊接方法及分类见附表 E-2。

二、焊接的优缺点

1. 焊接的优点

(1)连接性能好　具有较好的力学性能、密封性、导电性、耐腐蚀性、耐磨性等;

(2)省料省工成本低　比一般铆接节省金属材料 10%～20%,生产周期短,可焊补;

(3)质量轻

(4)简化工艺　可以小拼大,以简单拼复杂。

因此焊接广泛应用于航空、车辆、船舶、建筑以及国防等工业部门,如制造金属结构(船体、桥梁、容器、管道等)、制造机器零件或毛坯(轧辊、大型齿轮、刀具等)等。

2. 焊接的缺点

(1)焊接结构不可拆卸　更换修理部分零部件不便;

(2)焊接接头的组织和性能往往要变坏

(3)产生残余应力和变形　影响零、部件与金属结构的形状、尺寸,增加工作时的应

力,降低承载能力;

(4)焊接时易产生焊接缺陷　如裂纹、未焊透、夹渣、气孔等,引起应力集中,降低承载能力,缩短使用寿命。

三、焊接的基本原理

焊接电弧是由焊接电源供给的,具有一定电压的两电极间或电极与母材间,在气体介质中产生的强烈而持久的放电现象。引燃焊接电弧时,通常是将两电极(一极为工件,另一极为填充金属丝或焊条)接通电源,两极相互接触时发生短路,短暂接触并迅速分离,形成电弧。这种方式称为接触引弧。电弧形成后,只要电源保持两极之间一定的电位差,即可维持电弧的燃烧。

在焊接过程中,液态金属、熔渣和气体三者相互作用,是金属再冶炼的过程。由于焊接条件的特殊性,焊接化学冶金过程又有着与一般冶炼过程不同的特点。

四、常用的焊接方法

1. 焊条电弧焊(手弧焊)

焊条电弧焊是用手工操纵焊条进行焊接的电弧焊方法,故简称手弧焊。它具有设备简单,应用灵活,成本低等优点,对焊接接头的装配尺寸要求不高,可在各种条件下进行各种位置的焊接,是目前生产中应用最广泛的焊接方法。但焊条电弧焊时有强烈的弧光和烟尘,劳动条件差,生产率低,对工人的技术水平要求较高,焊接质量也不稳定。一般用于单件小批量生产中焊接碳素钢、低合金结构钢、不锈钢及铸铁的补焊等。

2. 埋弧自动焊(埋弧焊)

埋弧自动焊是将焊条电弧焊的引弧、焊条送进、电弧移动几个动作改由机械自动完成,电弧在焊剂层下燃烧,故简称埋弧焊。如果部分动作由机械完成,其他动作仍由焊工辅助完成,则称为埋弧半自动焊。

3. 气体保护焊

气体保护电弧焊是用气体将电弧、熔化金属与周围的空气隔离,防止空气与熔化金属发生冶金反应,以保证焊接质量的一种焊接方法。保护气体主要有 Ar,He,CO_2,N_2 等。

4. 电渣焊

利用电流通过液体熔渣所产生的电阻热进行焊接的方法称电渣焊。焊前先把工件垂直放置,在两工件之间留有 20~40mm 的间隙,在工件下端装有起焊槽,上端装引出板,并在工件两侧表面装有强迫焊缝成形的水冷成形装置。开始焊接时,使焊丝与起焊槽短路起弧,不断加入少量固体焊剂,利用电弧的热量使之熔化,形成液态熔渣,待渣池达到一定深度时,增加焊丝送进速度,并降低焊接电压,使焊丝插入渣池,电弧熄灭,转入电渣焊接过程。

5. 电阻焊

电阻焊和摩擦焊、超声波焊等是最常用的压力焊焊接方法。电阻焊是焊件组合后通过电极施加压力,利用电流通过接触处及焊件附近产生的电阻热,将焊件加热到塑性或局部熔化状态,再施加压力形成焊接接头的焊接方法。

电阻焊的基本形式有点焊、缝焊、凸焊、对焊等。

6. 钎焊

钎焊是利用熔点比母材低的填充金属(称为钎料),经加热熔化后,利用液态钎料润湿母材,填充接头间隙并与母材相互扩散,实现连接的焊接方法。

按钎焊过程中加热方式和保护条件不同,钎焊可分为:盐浴钎焊、火焰钎焊、电阻钎焊、感应钎焊、炉中钎焊、烙铁钎焊和波峰钎焊等;按钎料熔点不同,钎焊方法又可分为硬钎焊和软钎焊两种。

五、常见的焊接缺陷及焊接质量检验

现代的焊接技术是完全可以得到高质量的焊接接头的。然而,一个焊接产品的完成,要经过原材料划线、切割、坡口加工、装配、焊接等多道工序,并要使用多种设备、工艺装备和焊接材料,还要受操作者的技术水平等许多因素影响,极易出现各种各样的焊接缺陷。

1. 焊接缺陷

常见的焊接缺陷有焊缝成型差、焊缝余高不合格、焊缝宽窄差不合格、咬边、错口、弯折、弧坑、表面气孔、表面夹渣、表面裂纹、焊接变形等外部焊接缺陷和气孔、夹渣、未熔合、管道焊口未焊透、管道焊口根部焊瘤(凸出、凹陷)、内部裂纹等内部缺陷。

2. 焊接质量检验

焊接检验内容包括从图样设计到产品制出整个生产过程中所使用的材料、工具、设备、工艺过程和成品质量的检验,分为三个阶段:焊前检验、焊接过程中的检验、焊后成品的检验。检验方法根据对产品是否造成损伤可分为破坏性检验和无损探伤检验两类。

(1)焊前检验　焊前检验包括原材料(如母材、焊条、焊剂等)的检验、焊接结构设计的检查等。

(2)焊接过程中的检验　包括焊接工艺规范的检验、焊缝尺寸的检查、夹具情况和结构装配质量的检查等。

(3)焊后成品的检验

3. 焊接检验的方法

焊后成品检验的方法很多,常用的检验方法有:外观检验、致密性检验、受压容器的强度检验、物理方法检验。

第二节　焊接工艺相关概念

一、焊接接头的类型

用焊接方法连接的接头称为焊接接头(简称为接头)。它由焊缝、熔合区、热影响区及其邻近的母材组成。在焊接结构中焊接接头起两方面的作用,第一是连接作用,即把两焊件连接成一个整体;第二是传力作用,即传递焊件所承受的载荷。

根据 GB/T 3375—1994《焊接名词术语》中的规定,焊接接头可分为 10 种类型,即对接接头、T 形接头、十字接头、搭接接头、角接接头、端接接头、套管接头、斜对接接头、卷边接头和锁底接头,如图 11-1 所示。其中以对接接头、角接接头、搭接接头和 T 形接头应用最为普遍。

(1)对接接头　两构件表面构成≥135°,≤180°夹角的接头;

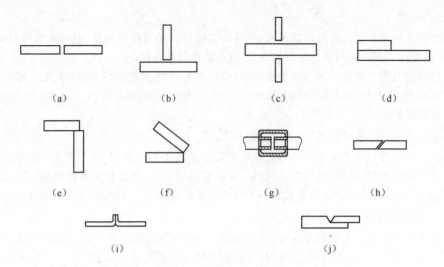

图 11-1　焊接接头的类型

(a)对接接头　(b)T形接头　(c)十字接头　(d)搭接接头　(e)角接接头　(f)端接接头　(g)套管接头
(h)斜对接接头　(i)卷边接头　(j)锁底接头

(2)T 形接头　一构件之端面与另一构件表面构成直角或近似直角的接头；

(3)十字接头　三个构件装配成"十字"形的接头；

(4)搭接接头　两构件部分重叠构成的接头；

(5)角接接头　两构件端部构成＞30°，＜135°夹角的接头；

(6)端接接头　两构件重叠放置或两构件表面之间的夹角≤30°构成的端部接头；

(7)套管接头　将一根直径稍大的短管套于需要被连接的两根管子的端部构成的接头；

(8)斜对接接头　接缝在焊件平面上倾斜布置的对接接头；

(9)卷边接头　待焊构件端部预先卷边，焊后卷边只部分熔化的接头；

(10)锁底接头　一个构件的端部放在另一构件预留底边上所构成的接头。

二、常用坡口的形式

根据设计或工艺需要，将焊件的待焊部位加工成一定几何形状的沟槽称为坡口。开设坡口的目的是为了得到在焊件厚度上全部焊透的焊缝。

坡口的形式由 GB/T 985.1—2008《气焊、焊条电弧焊、气体保护焊和高能束焊的推荐坡口》等标准制定。常用的坡口形式有：I 形坡口、Y 形坡口、带钝边 U 形坡口、双 Y 形坡口、带钝边单边 V 形坡口等，如图 11-2 所示。

三、表示坡口几何尺寸的参数

(1)坡口面　焊件上所开坡口的表面称为坡口面，如图 11-3 所示。

(2)坡口面角度和坡口角度　焊件表面的垂直面与坡口面之间的夹角称为坡口面角度，两坡口面之间的夹角称为坡口角度，如图 11-4 所示。开单面坡口时，坡口角度等于坡口面角度；开双面对称坡口时，坡口角度等于两倍的坡口面角度。坡口角度(或坡口面角

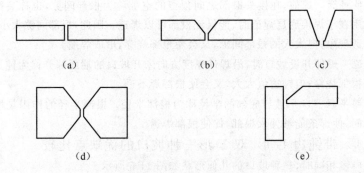

图 11-2　常见的坡口形式

(a)Ⅰ形坡口　(b)Y 形坡口　(c)带钝边 U 形坡口　(d)双 Y 形坡口　(e)带钝边单边 V 形坡口

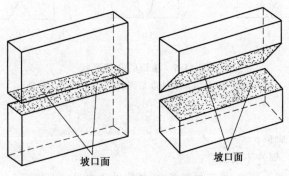

图 11-3　坡口面示意图

度),应保证焊条能够自由深入坡口内部,不和两侧坡口面相碰,但角度太大将会消耗太多的填充材料,并降低劳动生产率。

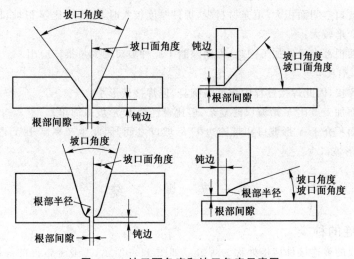

图 11-4　坡口面角度和坡口角度示意图

（3）根部间隙　焊前,在接头根部之间预留的空隙称为根部间隙,也称装配间隙。根部间隙的作用在于焊接底层焊道时,能保证根部可以焊透。因此,根部间隙太小时,将在根部产生焊不透现象;但太大的根部间隙,又会使根部烧穿,形成焊瘤。

（4）钝边　焊件开设坡口时,沿焊件厚度方向未开坡口的端面部分称为钝边。钝边的作用是防止根部烧穿;但钝边值太大,又会使根部焊不透。

（5）根部半径　U形坡口底部的半径称为根部半径。根部半径的作用是增大坡口根部的横向空间,使焊条能够伸入根部,促使根部焊透。

四、Y形、带钝边U形、双Y形三种坡口的优缺点比较

当焊件厚度相同时,三种坡口的几何形状如图11-5所示。

（a）　　　　　　（b）　　　　　　（c）

图 11-5　坡口的几何形状

(a)Y形坡口　(b)带钝边U形坡口　(c)双Y形坡口

（1）Y形坡口
①坡口面加工简单;
②可单面焊接,焊件不用翻身;
③焊接坡口空间面积大,填充材料多,焊件厚度较大时,生产率低;
④焊接变形大。

（2）带钝边U形坡口
①可单面焊接,焊件不用翻身;
②焊接坡口空间面积大,填充材料少,焊件厚度较大时,生产率比Y形坡口高;
③焊接变形较大;
④坡口面根部半径处加工困难,因而限制了此种坡口的大量推广应用。

（3）双Y形坡口
①双面焊接,因此焊接过程中焊件需翻身,但焊接变形小;
②坡口面加工虽比Y形坡口略复杂,但比带钝边U形坡口简单;
③坡口面积介于Y形坡口和带钝边U形坡口之间,因此生产率高于Y形坡口,填充材料也比Y形坡口少。

第三节　焊　　缝

一、焊缝的种类

焊接形成的被连接件熔接处称为焊缝。如图11-6所示,工业上常见的焊缝形式主要有:对接接头的对接焊缝、搭接接头的点焊缝、角接接头和T形接头的角焊缝。

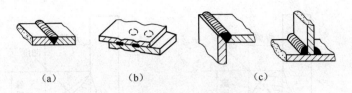

图 11-6　焊接接头和焊缝形式

(a)对接焊缝　(b)点焊缝　(c)角焊缝

二、焊缝几何形状的参数

1. 表示对接焊缝几何形状的参数

表示对接焊缝几何形状的参数有焊缝宽度、余高、熔深,如图 11-7 所示。

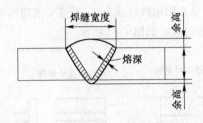

图 11-7　对接焊缝几何形状的参数示意图

（1）焊缝宽度　焊缝表面与母材的交界处称为焊趾。单道焊缝横截面中,两焊趾之间的距离称为焊缝宽度。

（2）余高　超出焊缝表面焊趾连线上面的那部分焊缝金属的高度称为余高。焊缝的余高使焊缝的横截面增加,承载能力提高,并且能增加射线摄片的灵敏度,但会使焊趾处产生应力集中。

通常要求余高不能低于母材,其高度随母材厚度增加而加大,但最大不得超过 3mm。

（3）熔深　在焊接接头横截面上,母材熔化的深度称为熔深。一定的熔深值保证了焊缝和母材的结合强度。当填充金属材料（焊条或焊丝）一定时,熔深的大小决定了焊缝的化学成分。不同的焊接方法要求不同的熔深值,例如堆焊时,为了保持堆焊层的硬度,减少母材对焊缝的稀释作用,在保证熔透的前提下,应要求较小的熔深。

2. 表示角焊缝几何形状的参数

根据角焊缝的外表形状,可将角焊缝分成两类:焊缝表面凸起带有余高的角焊缝称为凸角焊缝,焊缝表面下凹的角焊缝称为凹角焊缝,如图 11-8 所示。表示角焊缝几何形状的参数有焊脚、角焊缝凸度和角焊缝凹度。

（1）焊脚　角焊缝的横截面中,从一个焊件上的焊趾到另一个焊件表面的最小距离称为焊脚。焊脚值决定了两焊件的结合强度,它是最主要的一个参数。

（2）凸度　凸角焊缝横截面中,焊趾连线与焊缝表面之间的最大距离。

（3）凹度　凹角焊缝横截面中,焊趾连线与焊缝表面之间的最大距离。

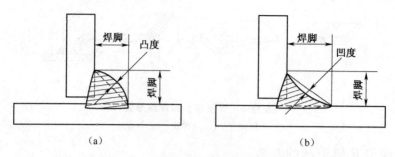

图 11-8 角焊缝几何形状的参数示意图

(a)凸形角焊缝 (b)凹形角焊缝

三、焊缝的图示法

在画焊接图时,焊缝可见面用细波纹线表示,不可见面用粗实线表示,焊缝的端面应涂黑表示。四种常见焊接接头的画法如图 11-9 所示。

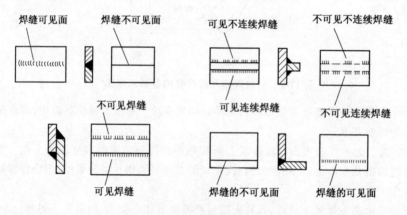

图 11-9 焊缝的规定画法

当焊接件的焊缝比较简单时,可以简化掉细波纹线,可见焊缝用粗实线表示,不可见焊缝用细虚线表示,如图 11-10(a)所示。当焊缝比较小时,允许不画断面形状,而是在焊缝处标注焊缝符号加以说明,如图 11-10(b)所示。

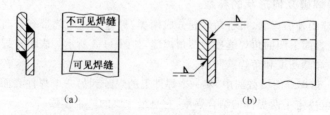

图 11-10 焊缝的简化画法

用视图、剖视图、断面图等表示焊缝的方法见表 11-1。

表 11-1　焊缝的图示法

图示方法	规　　定	图　　例
视图	视图中焊缝画法如图(a)(b)所示,表示焊缝的一系列细实线段允许示意绘制,也允许采用加粗线(2~3倍粗实线宽度)表示焊缝,如图(c)所示。但在同一图样中,只允许采用一种画法。 在表示焊缝端面的视图中,通常用粗实线绘出焊缝的轮廓;必要时,可用细实线画出焊接前的坡口形状等,如图(d)所示	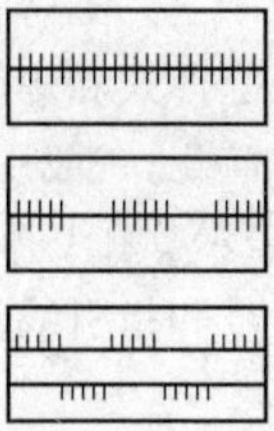 (a) 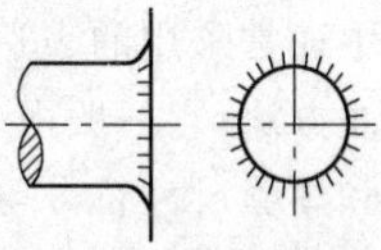　　(b) 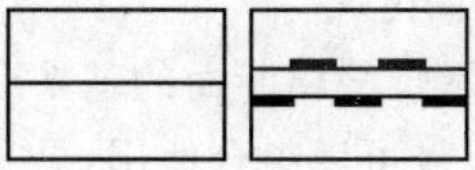 (c) 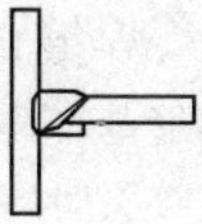　　(d)
剖视图或断面图	在剖视图或断面图上,焊缝的金属熔焊区通常应涂黑表示,如图(e)所示;若同时需要表示坡口等的形状时,熔焊区部分亦可用细实线画出焊接前的坡口形状,如图(f)所示	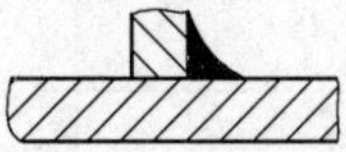 (e) 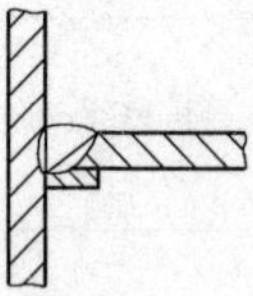　　(f)
轴测图	用轴测图示意地表示焊缝的画法	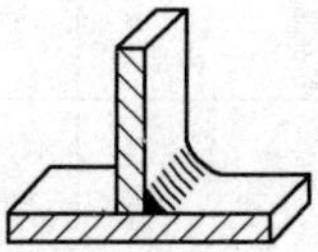 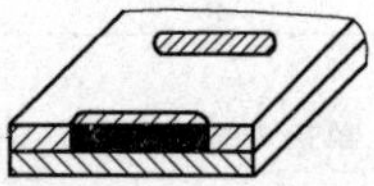
局部放大图	必要时,可将焊缝部位用局部放大图表示并标注尺寸	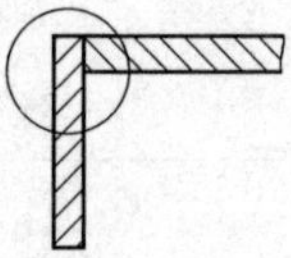 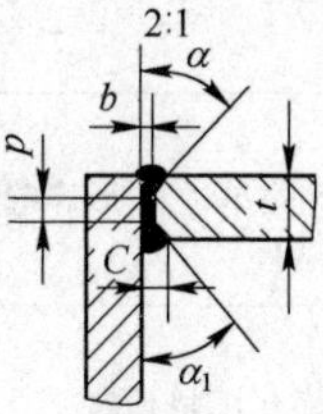
图示法中标注焊缝符号	当在图样中采用图示法绘出焊缝时,通常应同时标注焊缝符号	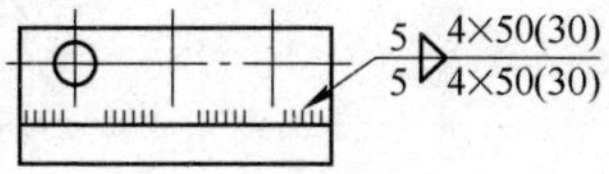 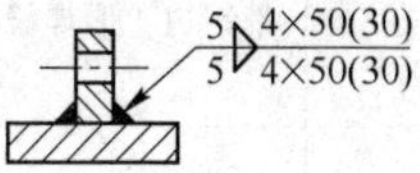

第四节 焊缝符号

在图样上标注焊接方法、焊缝形式和焊缝尺寸的代号称为焊缝符号。

绘制焊接图时,为了使图样简化,一般用焊缝符号来标注焊接结构,必要时也可采用技术制图中通常采用的表达方法表示。在 GB/T 324—2008《焊缝符号表示法》中规定了焊缝符号标注方法,它一般由基本符号和指引线组成,必要时可以加上补充符号、各种焊接方法的代号和焊缝尺寸符号等。

焊缝符号应清晰表达所要说明的信息,不使图样增加更多的注解。

一、焊缝的基本符号

焊缝基本符号表示焊缝横断面的基本形式或特征,常用基本符号见表 11-2。标注双面焊缝或接头时,基本符号可以组合使用,见表 11-3。

表 11-2 焊缝的基本符号

序号	名　称	示　意　图	符　号
1	卷边焊缝(卷边完全熔化)	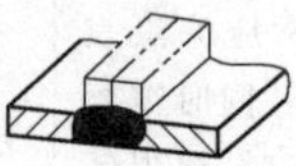	 〵〵
2	I 形焊缝		 ‖
3	V 形焊缝	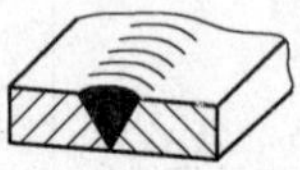	 ∨
4	单边 V 形焊缝		 Ⅴ
5	带钝边 V 形焊缝		 Y
6	带钝边单边 V 形焊缝	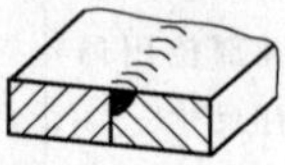	 Υ
7	带钝边 U 形焊缝	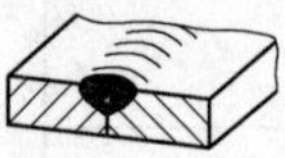	Y
8	带钝边 J 形焊缝		 Ⴂ
9	封底焊缝		 ⌣

续表 11-2

序号	名 称	示 意 图	符 号
10	角焊缝	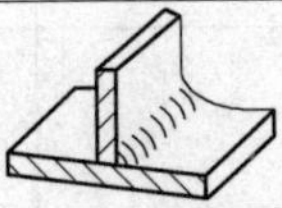	
11	塞焊缝或槽焊缝		
12	点焊缝	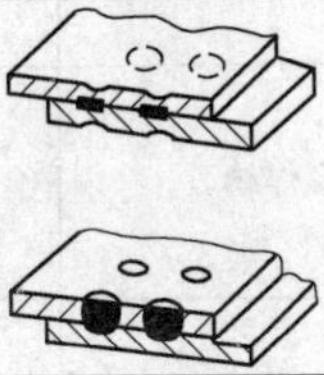	
13	缝焊缝	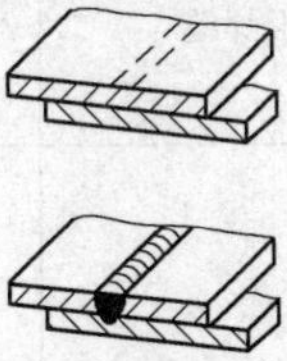	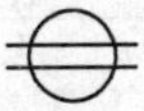
14	陡边 V 形焊缝	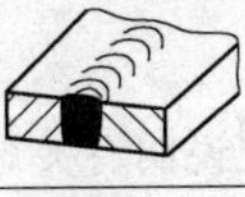	
15	陡边单 V 形焊缝	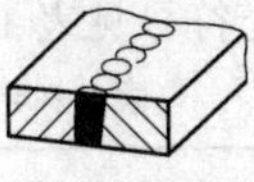	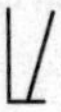
16	端焊缝		
17	堆焊缝	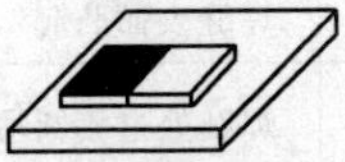	
18	平面连接(钎焊)	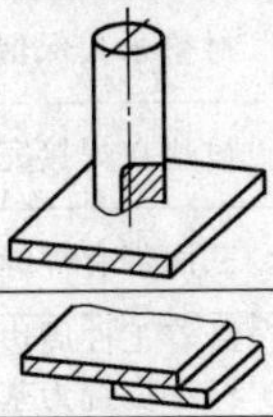	
19	斜面连接(钎焊)	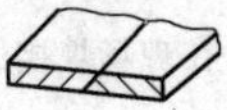	
20	折叠连接(钎焊)		

表 11-3　焊缝基本符号的组合

序号	名　称	示　意　图	符　号
1	双面 V 形焊缝 （X 焊缝）	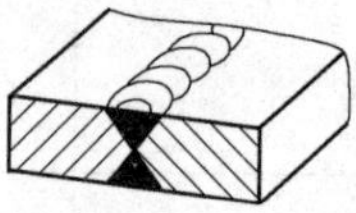	 X
2	双面单 V 形焊缝 （K 焊缝）	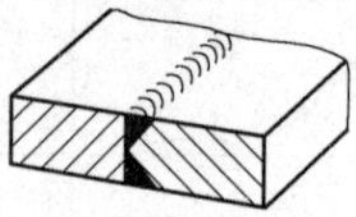	 K
3	带钝边的双面 V 形焊缝	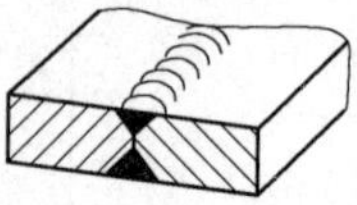	 Y
4	带钝边的双面单 V 形焊缝	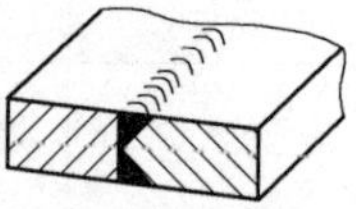	 K
5	双面 U 形焊缝	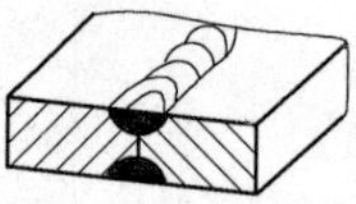	

二、焊缝的补充符号

焊缝的补充符号用来补充说明有关焊缝或接头的某些特征（诸如表面形状、衬垫、焊缝分布、施焊地点等）。焊缝补充符号见表 11-4，焊缝补充符号应用示例见表 11-5。

表 11-4　焊缝补充符号

序号	名　称	符　号	说　明
1	平面	 ———	焊缝表面通常经过加工后平整
2	凹面	⌣	焊缝表面凹陷
3	凸面	⌢	焊缝表面凸起
4	圆滑过渡		焊趾处过渡圆滑
5	永久衬垫	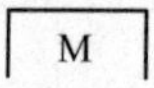 M	衬垫永久保留
6	临时衬垫	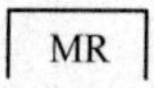 MR	衬垫在焊接完成后拆除
7	三面焊缝		三面带有焊缝
8	周围焊缝	 ○	沿着工件周边施焊的焊缝 标注位置为基准线与箭头线的交点处
9	现场焊缝		在现场焊接的焊缝
10	尾部	 <	可以表示所需的信息

表 11-5　焊缝补充符号应用示例

序号	名　称	示　意　图	符　号
1	平齐的 V 形焊缝		
2	凸起的双面 V 形焊缝		
3	凹陷的角焊缝		
4	平齐的 V 形焊缝和封底焊缝		
5	表面过渡平滑的角焊缝		

三、焊缝基本符号和基准线、指引线的位置规定

1. 基本要求

在焊缝符号中，基本符号和指引线、基准线为基本要素。焊缝的准确位置通常由基本符号和指引线、基准线之间的相对位置决定，具体位置包括：指引线的位置、基准线的位置、基本符号的位置。基准线和指引线如图 11-11 所示。

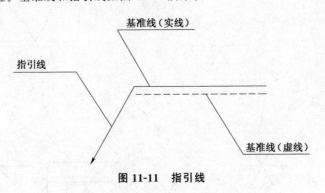

图 11-11　指引线

2. 基准线

基准线由两条相互平行的细实线和细虚线组成，细实线与细虚线的位置可根据需要互换。基准线一般与图样标题栏的长边相平行；必要时，也可与图样标题栏的长边相垂直。

3. 指引线

指引线用细实线绘制。箭头直接指向的接头侧为"接头的箭头侧"，与之相对的则为

"接头的非箭头侧",如图 11-12 所示。

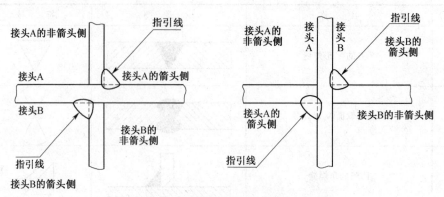

图 11-12　接头的"箭头侧"及"非箭头侧"示例

4. 基本符号与基准线的相对位置

①基本符号在细实线侧时,表示焊缝在箭头侧[图 11-13(a)];

②基本符号在细虚线侧时,表示焊缝在非箭头侧[图 11-13(b)];

③对称焊缝允许省略细虚线[图 11-13(c)];

④在明确焊缝分布位置的情况下,有些双面焊缝也可省略细虚线[图 11-13(d)]。

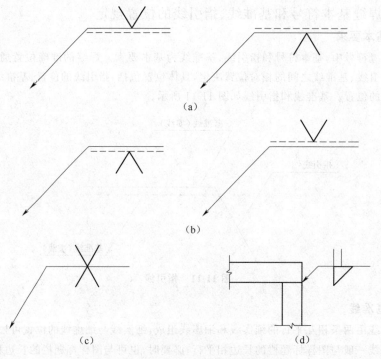

图 11-13　基本符号与基准线的相对位置

(a)焊缝在接头的箭头侧　(b)焊缝在接头的非箭头侧　(c)对称焊缝　(d)双面焊缝

四、焊缝符号的补充说明

1. 周围焊缝和现场焊缝（表 11-6）

表 11-6　周围焊缝和现场焊缝

序号	名称	示　意　图	说　　明
1	周围焊缝		当焊缝围绕工件周边时,可采用圆形的符号
2	现场焊缝		用一个小旗表示野外或现场焊缝

2. 焊接方法的标注

必要时,可以在尾部标注焊接方法代号,如图 11-14 所示。

尾部需要标注的内容较多时,可参照如下次序排列:

①相同焊缝数量;

②焊接方法代号(按照 GB/T 5185 规定,见附录 E-2);

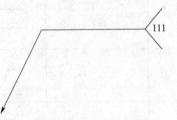

图 11-14　焊接方法的尾部标注

③缺欠质量等级(按照 GB/T 19418 规定);

④焊接位置(按照 GB/T 16672 规定);

⑤焊接材料(如按照相关焊接材料标准);

⑥其他。

每个款项应用斜线"/"分开。

为了简化图样,也可以将上述内容包含在某个文件中,采用封闭尾部给出该文件的编号(如 WPS 编号或表格编号等),如图 11-15 所示。

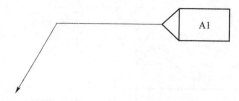

图 11-15　封闭尾部示例

五、焊缝尺寸符号

焊缝尺寸指的是工件的厚度、坡口的角度、根部的间隙等数据的大小;焊缝尺寸一般不标注,必要时可以在焊缝符号中标注尺寸。尺寸符号见表 11-6。

表 11-6　焊缝尺寸符号

符号	名　　称	示　意　图	符号	名　　称	示　意　图
δ	工件厚度		c	焊缝宽度	
α	坡口角度		K	焊脚尺寸	
β	坡口面角度		d	点焊:熔核直径 塞焊:孔径	
b	根部间隙		n	焊缝段数	
p	钝边		l	焊缝长度	
R	根部半径		e	焊缝间距	
H	坡口深度		N	相同焊缝数量	
S	焊缝有效厚度		h	余高	

第五节 焊接标注

一、焊缝标注规则

焊缝尺寸的标注方法如图 11-16 所示：

①横向尺寸标注在基本符号的左侧；

②纵向尺寸标注在基本符号的右侧；

③坡口角度、坡口面角度、根部间隙标注在基本符号的上侧或下侧；

④相同焊缝数量标注在尾部；

⑤当尺寸较多不易分辨时，可在尺寸数据前标注相应的尺寸符号。

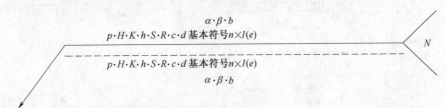

图 11-16 尺寸标注方法

当指引线方向改变时，上述规则不变。

二、关于焊缝尺寸的其他规定

①确定焊缝的尺寸不在焊缝符号中标注，应将其标注在图样上；

②在基本符号的右侧无任何尺寸标注又无其他说明时，意味着焊缝在工件的整个长度方向上是连续的；

③在基本符号的左侧无任何尺寸标注又无其他说明时，意味着对接焊缝应完全焊透；

④塞焊缝、槽焊缝带有斜边时，应标注其底部的尺寸。

焊缝尺寸的标注示例见表 11-7。

表 11-7 焊缝尺寸的标注示例

序号	名称	示意图	尺寸符号	柱注方法
1	对接焊缝		S——焊缝有效厚度	
2	连续角焊缝		K——焊脚尺寸	
3	断续角焊缝		l——焊缝长度； e——间距； n——焊缝段数； K——见序号2	

续表 11-7

序号	名称	示　意　图	尺寸符号	标注方法
4	交错断续角焊缝	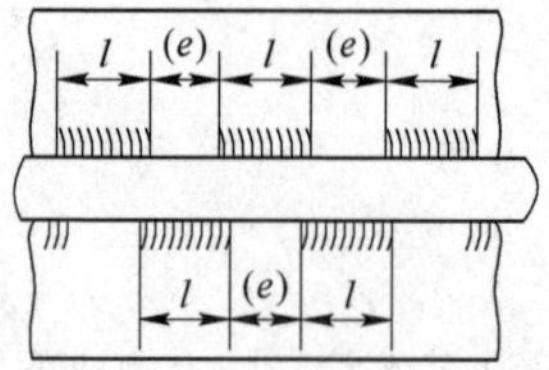	l,e,n——见序号3； K——见序号2	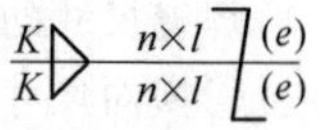
5	塞焊缝或槽焊缝	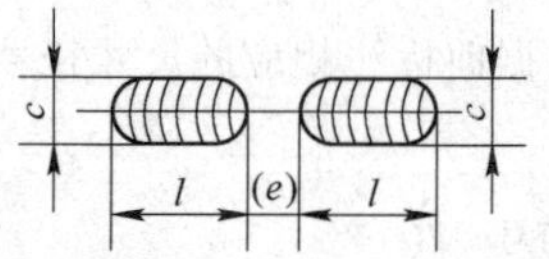	l,e,n——见序号3； c——槽宽	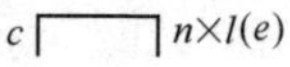
		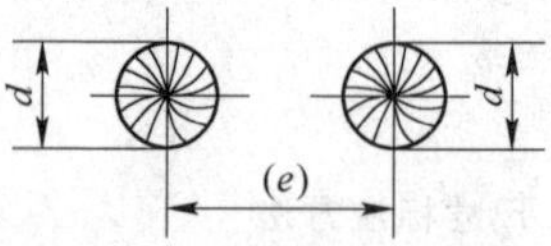	e,n——见序号3； d——孔径	
6	点焊缝	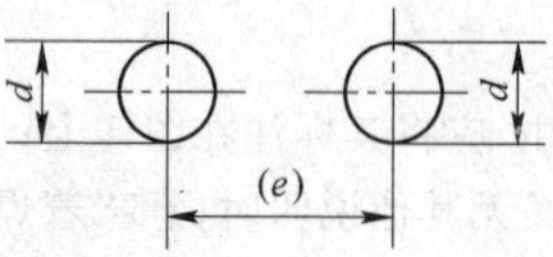	n——焊点数量； e——焊点距； d——熔核直径	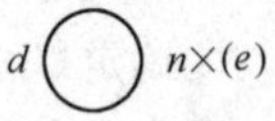
7	缝焊缝	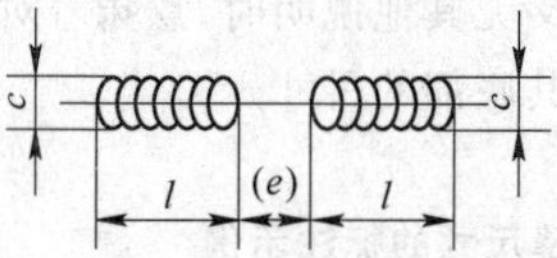	l,e,n——见序号3； c——焊缝宽度	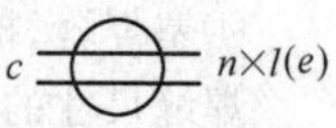

三、焊接方法的标注

常见焊接方法有电弧焊、接触焊、电渣焊和钎焊等，其中以电弧焊应用最为广泛。每种焊接工艺方法可通过代号加以识别，焊接及相关工艺方法一般采用三位数代号表示，其中，一位数代号表示工艺方法大类，二位数代号表示工艺方法分类，二三位数代号表示某种工艺方法。焊接方法代号见附表 E-2(GB/T 5185—2005)。在图样上焊接方法代号标注在焊缝符号指引线的尾部。

如图 11-17(a)所示，采用单一焊接方法，指引线尾部标注的"111"表示为焊条电弧焊，实基准线下标注的"6"和焊接基本符号表示焊脚高为 6mm 的角焊接。

如图 11-17(b)所示，采用组合焊接方法，即一个焊接接头采用两种焊接方法完成，指引线尾部的"12/15"表示该角焊接先用等离子焊打底，再用埋弧焊盖面，实基准线上标注的"6"和焊接基本符号表示焊脚高为 6mm 的角焊接。

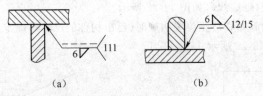

图 11-17　焊接方法的标注

四、焊缝符号的简化标注方法

①当同一图样上全部焊缝所采用的焊接方法完全相同时,焊缝符号尾部表示焊接方法的代号可省略不注,但必须在技术要求或其他技术文件中注明"全部焊缝均采用……焊"等字样;当大部分焊接方法相同时,也可在技术要求或其他技术文件中注明"除图样中注明的焊接方法外,其余焊缝均采用……焊"等字样。

②在焊缝符号中标注交错对称焊缝的尺寸时,允许在基准线上只标注一次,如图 11-18 所示。

③当断续焊缝、对称焊缝和交错断续焊缝的段数无严格要求时,允许省略焊缝段数,如图 11-19 所示。

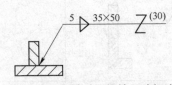

图 11-18　交错对称焊缝尺寸标注

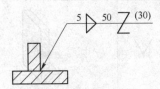

图 11-19　省略焊缝段数的标注

④在同一图样中,当若干条焊缝的坡口尺寸和焊缝符号均相同时,可采用如图 11-20(a)所示的方法集中标注。当这些焊缝同时在接头中的位置均相同时,也可采用在焊缝符号的尾部加注相同焊缝数量的方法简化标注;但其他形式的焊缝,仍需分别标注,如图 11-20(b)所示。

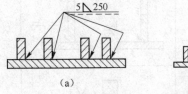

（a）

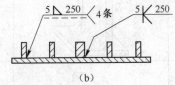

（b）

图 11-20　相同焊缝的标注

⑤当同一图样中全部焊缝相同且已用图示方法明确表示其位置时,可统一在技术要求中用符号表示或用文字说明,如"全部焊缝为5⊿";当部分焊缝相同时,也可采用同样的方法表示,但剩余焊缝应在图样中明确标注。

⑥为了简化标注方法,或者标注位置受到限制时,可标注焊缝简化代号,但必须在该图样下方或在标题栏附近说明这些代号的意义,如图 11-21 所示。

⑦在不致引起误解的情况下,当指引线指向焊缝,而非箭头侧又无焊缝要求时,允许省

略非箭头侧的基准线(细虚线),如图 11-22 所示。

　　⑧当焊缝长度的起始和终止位置明确时(已由构件的尺寸等确定),允许在焊缝符号中省略焊缝长度,如图 11-22 所示。

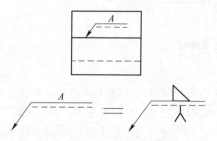

图 11-21　简化代号的标注

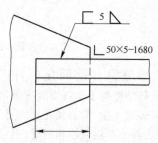

图 11-22　省略虚基准线和焊缝长度的标注

五、焊缝标注示例(表 11-8~表 11-10)

表 11-8　焊缝基本符号标注示例

序号	符号	示　意　图	标　注　示　例	备　注
1	V			
2	Y			
3	◿			
4	X			
5	K			

表 11-9 焊缝补充符号示例

序号	符号	示意图	标注示例	备注
1	 ▽	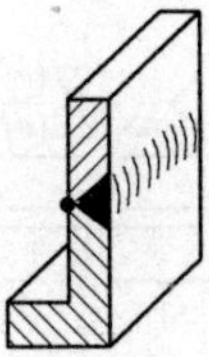	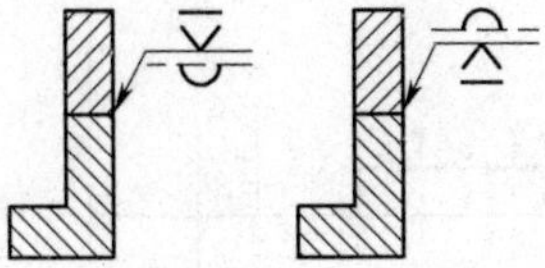	
2	 ✕		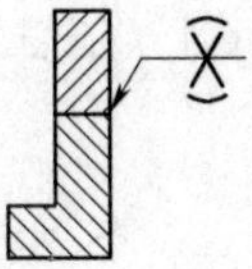	
3	 ◿	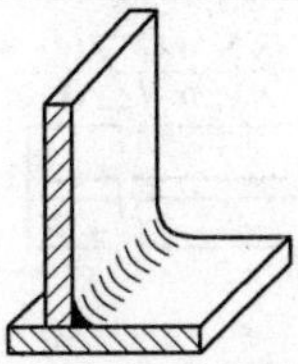	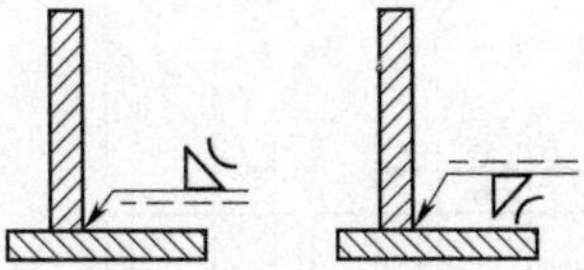	

表 11-10 焊缝标注综合示例

序号	视图或剖视图画法示例	焊缝符号及定位尺寸简化注法示例	说明
1	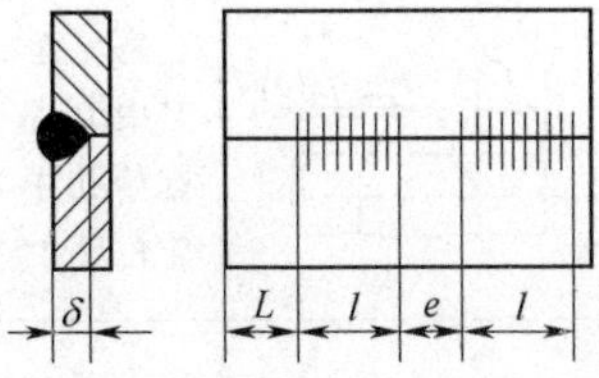	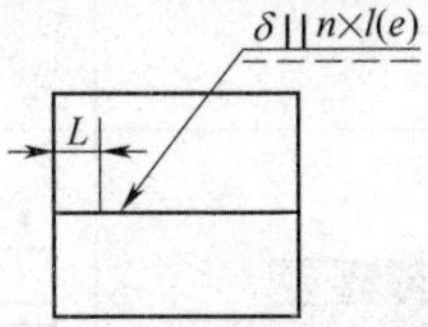 $\delta \lVert n \times l(e)$ L	断续 I 形焊缝在箭头侧,其中 L 是确定焊缝起始位置的定位尺寸
		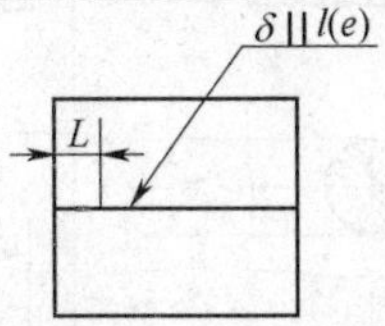 $\delta \lVert l(e)$ L	按照本节四、③⑦的规定,焊缝符号标注中省略了焊缝段数和非箭头侧的基准线(虚线)
2	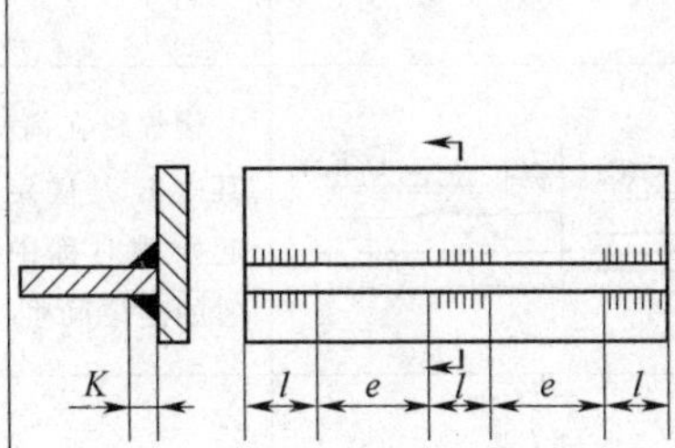	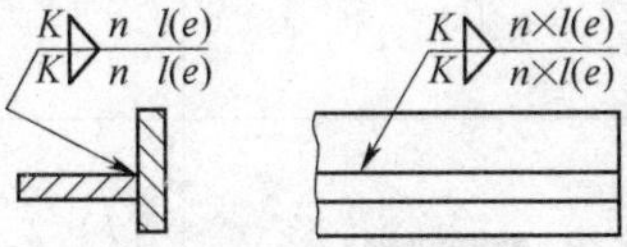 $K \triangleright n \ l(e)$ $n \ l(e)$ $K \triangleright n \times l(e)$ $n \times l(e)$	对称断续角焊缝,构件两端均有焊缝
		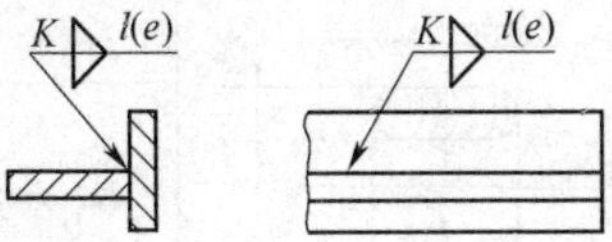 $K \triangleright l(e)$ $K \triangleright l(e)$	按照本节四、③的规定,焊缝符号标注中省略了焊缝段数;按照本节四、②的规定,焊缝符号中的尺寸只在基准段上标注一次

续表 11-10

序号	视图或剖视图画法示例	焊缝符号及定位尺寸简化注法示例	说　　明
3	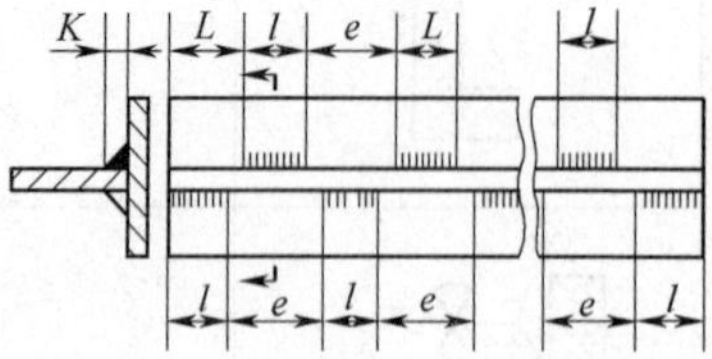	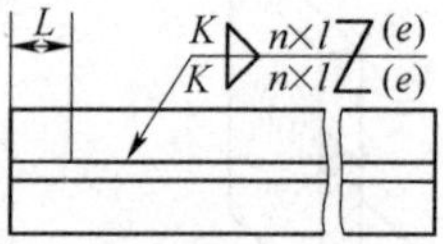	交错断续角焊缝，其中 L 是确定箭头侧焊缝起始位置的定位尺寸,工件在非箭头侧两端均有焊缝
		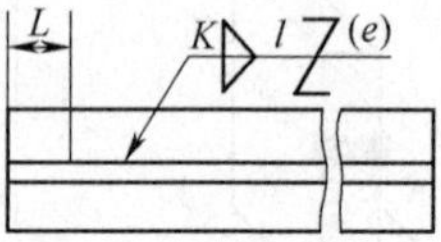	说明见序号 2
4	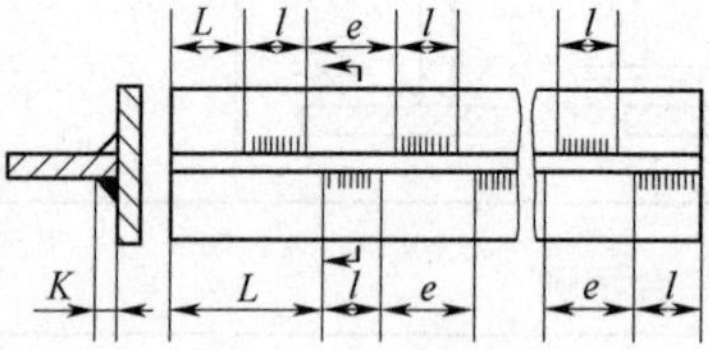	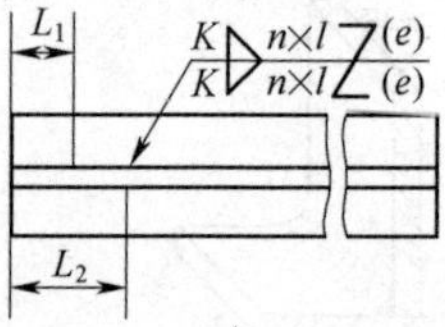	交错断续角焊缝，其中 L_1 是确定箭头侧焊缝起始位置的定位尺寸,L_2 是确定非箭头侧焊缝起始位置的定位尺寸
		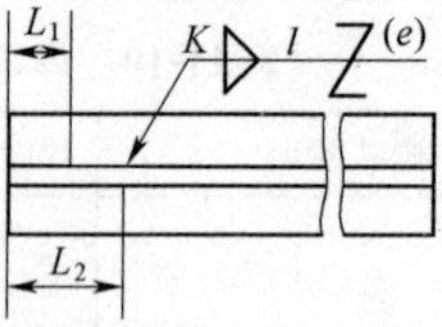	说明见序号 2
5	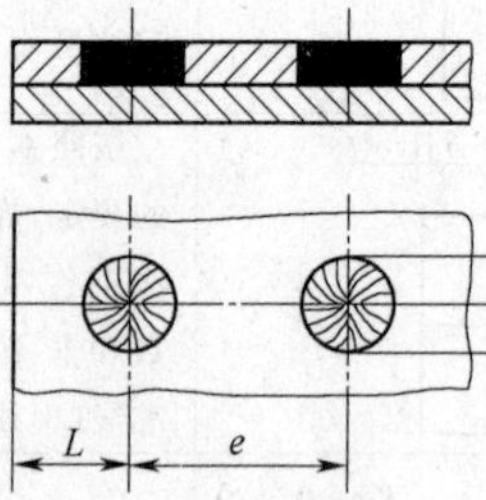	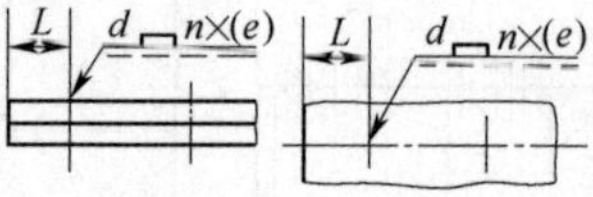	塞焊缝在箭头侧，其中 L 是确定焊缝起始孔中心位置的定位尺寸
		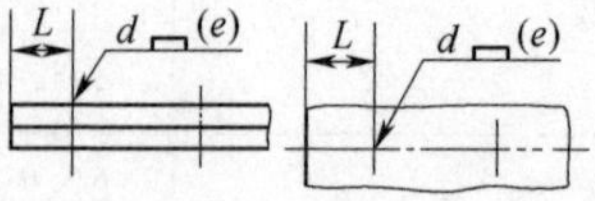	说明见序号 1
6	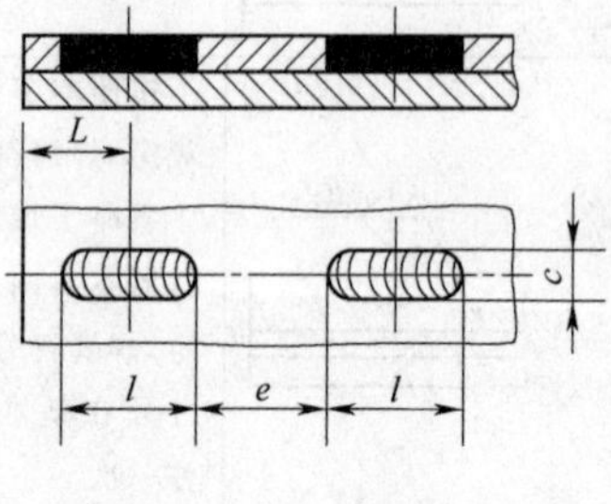	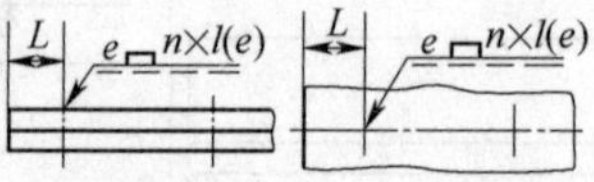	槽焊缝在箭头侧，其中 L 是确定焊缝起始槽对称中心位置的定位尺寸
		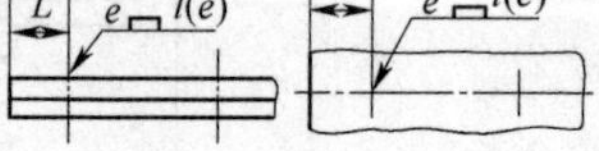	说明见序号 1

续表 11-10

序号	视图或剖视图画法示例	焊缝符号及定位尺寸简化注法示例	说　　明
7	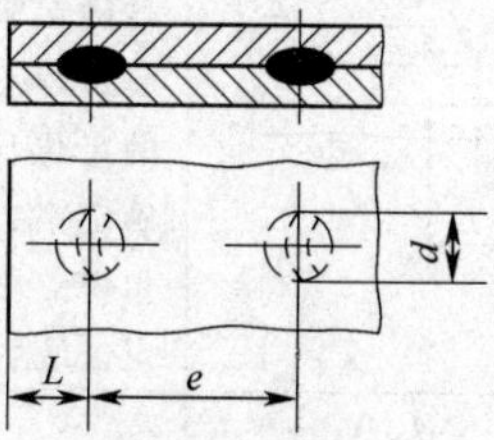	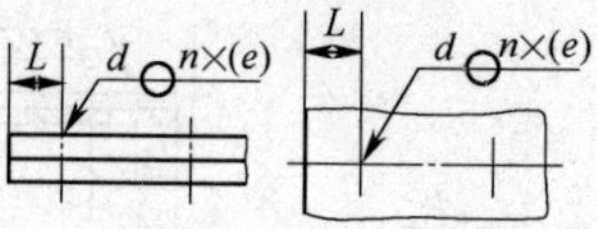	点焊缝位于中心位置，其中 L 是确定焊缝起始焊点中心位置的定位尺寸
		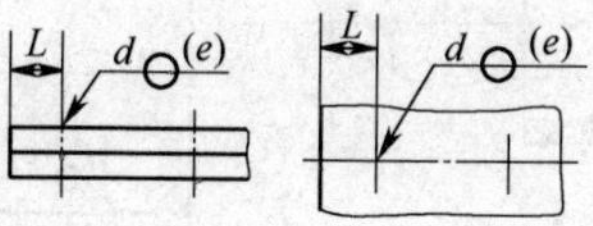	按照本节四、③的规定，焊缝符号标注中省略了焊缝段数
8	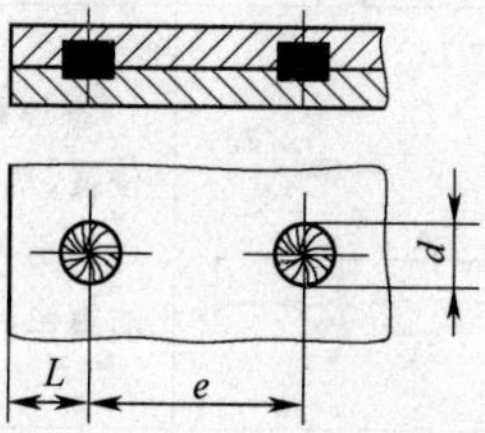	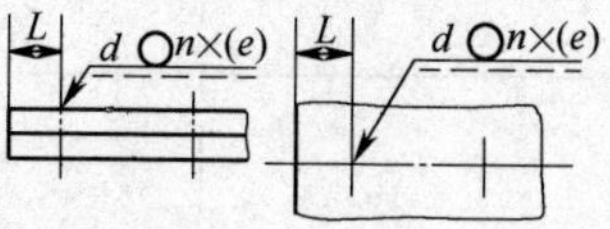	点焊缝偏离中心位置，在箭头侧
		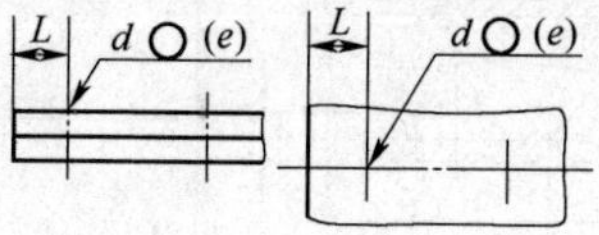	说明见序号 1
9	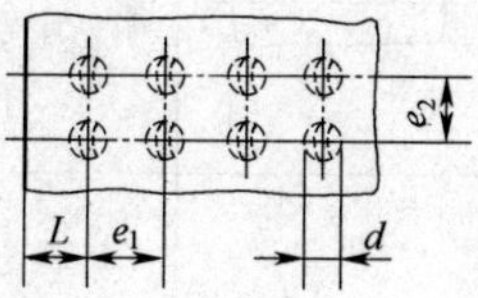	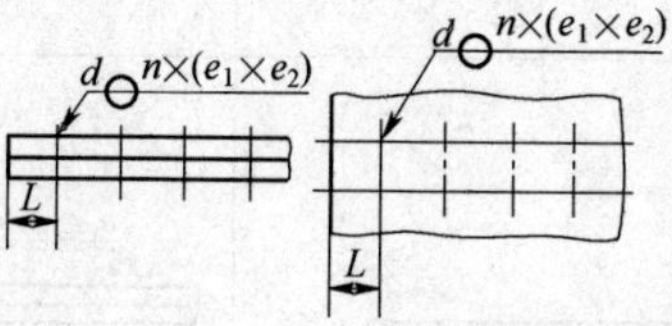	两行对称点焊缝位于中心位置，其中 e_1 是相邻两焊点中心的间距，e_2 是点焊缝的行间距，L 是确定第一列焊缝起始焊点中心位置的定位尺寸
		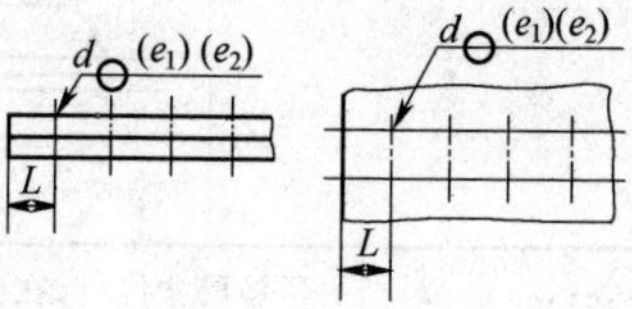	说明见序号 7

续表 11-10

序号	视图或剖视图画法示例	焊缝符号及定位尺寸简化注法示例	说　明
10	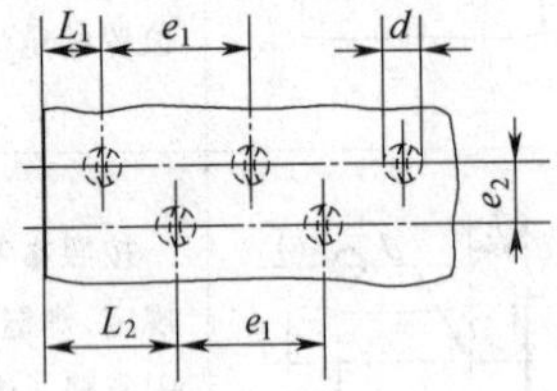	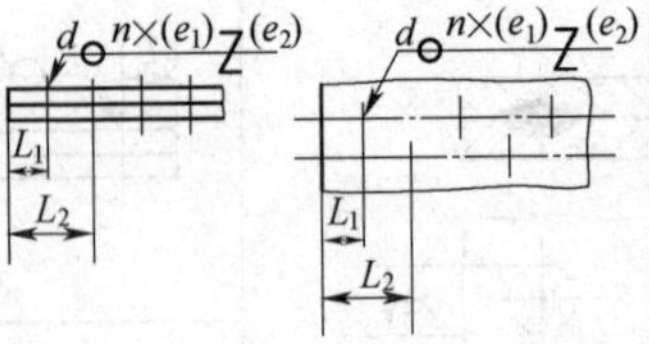	交错点焊缝位于中心位置，其中 L_1 是确定第一行焊缝起始焊点中心位置的定位尺寸，L_2 是确定第二行焊缝起始焊点中心位置的定位尺寸
		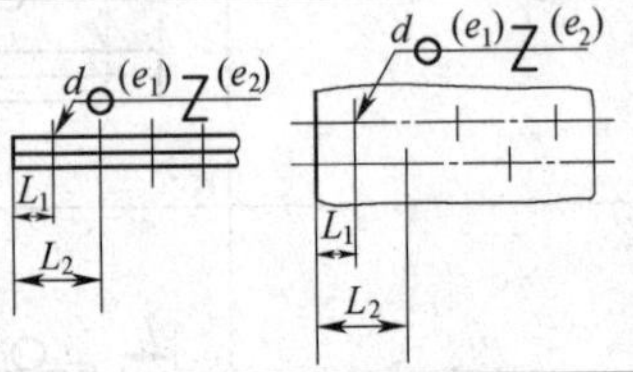	说明见序号 2
11	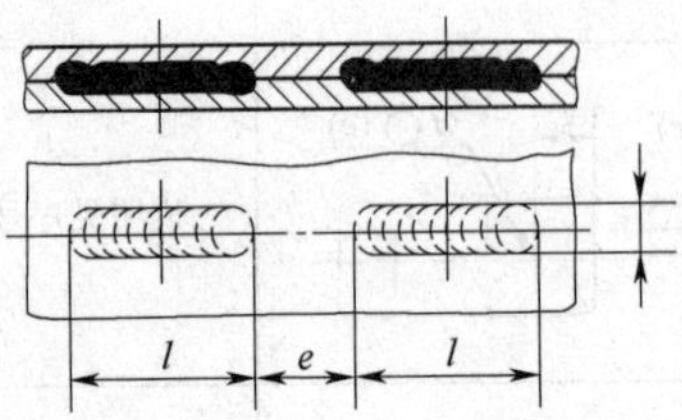	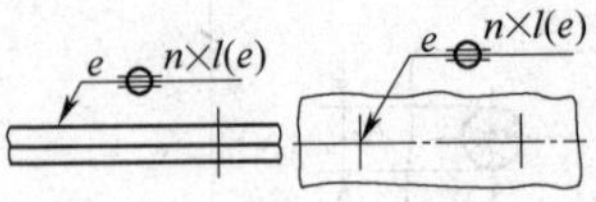	缝焊缝位于中心位置，其中 L 是确定起始缝对中心位置的定位尺寸
		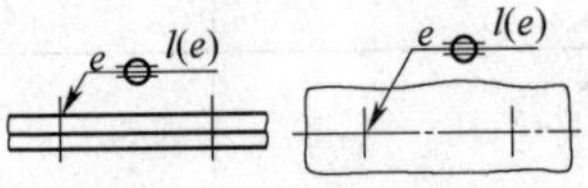	说明见序号 7
12	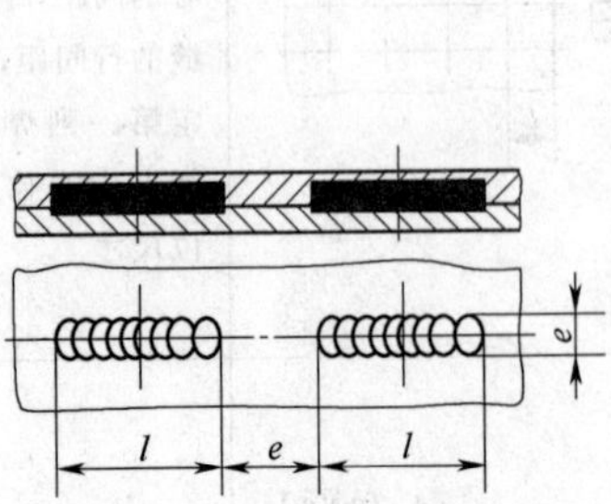	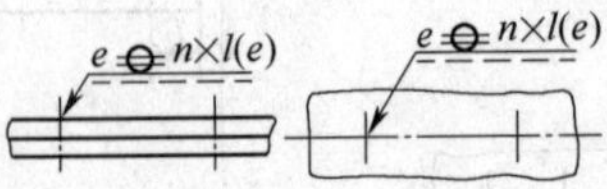	缝焊缝偏离中心位置，在箭头侧；说明见序号 11
		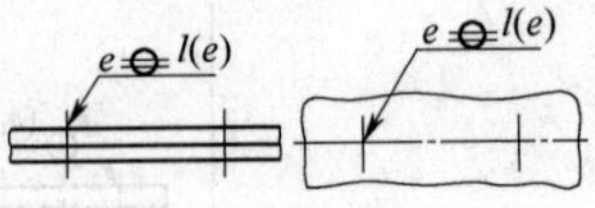	说明见序号 1

注:1. 图中 L,L_1,L_2,l,e,e_1,e_2,s,d,c,n 等是尺寸代号,在图样中应标出具体数值。

　　2. 在焊缝符号标注中省略焊缝段数和非箭头侧的基准线(细虚线)时,必须认真分析,不得产生误解。

第六节　焊接图的内容和识读

一、焊接图的内容

　　焊接图是焊接件的装配图。从形式上看焊接图类似装配图,但装配图表达的是部件或机器,而焊接图表达的仅是一个零件即焊接件;焊接图不仅包括装配图的所有内容,还应具有零件图的内容,表达各构件的相对位置、焊接要求及焊缝尺寸等。如图 11-23 所示,焊接图应包括以下几个方面的内容:

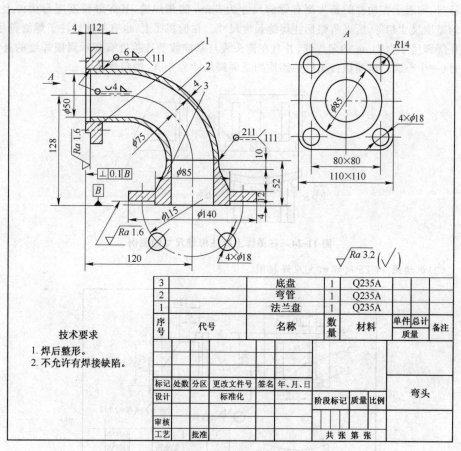

图 11-23　弯头焊接图

　　①一组用于表达焊接件结构和形状的视图;

　　②一组尺寸确定焊接件的大小,其中应包括焊接件的规格尺寸、各焊接件的相互位置尺寸及焊后的加工尺寸等;

　　③各焊件连接处的接头形式,焊缝符号及焊缝尺寸;

　　④对构件焊接以及焊后处理、加工的技术要求;

　　⑤说明各构件名称、材料、数量的明细栏及相应的编号;

⑥标题栏。

二、识读焊接图

识读焊接图,需弄清被焊接件的种类、数量、材料及所在部位;看懂视图,能想象出焊接件及各构件的结构形状,并分析尺寸,了解其加工要求;了解各构件间的焊接装配方法、焊接的内容和要求等。

1. 示例一:识读支座焊接图

识读重点:在图样上标注焊缝尺寸的图例。

(1)在图样上标注焊缝尺寸的图例　如图 11-24 所示的主视图上,有两处标注了焊缝符号,均表示在构件的箭头侧有焊脚尺寸为 6mm 的角焊缝,其焊缝长度应与构件上底板的宽度尺寸相等,所以省略标注焊缝长度尺寸。在俯视图上,也有两处标注了焊缝符号,也是焊脚尺寸为 6mm 的角焊缝,并且在箭头线与基准线的连接处有表示周围焊缝的补充符号(一个小圆),说明该接头处的四周均是焊脚尺寸为 6mm 的角焊缝。

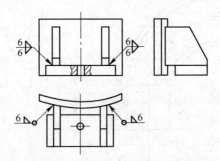

图 11-24　在图样上标注焊缝尺寸的图例

(2)识读图 11-25 所示的支座焊接图

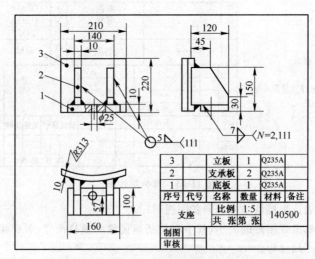

3		立板	1	Q235A	
2		支承板	2	Q235A	
1		底板	1	Q235A	
序号	代号	名称	数量	材料	备注

支座	比例	1:5	140500
	共　张　第　张		

制图			
审核			

图 11-25　支座焊接图

①该焊接件的名称为支座,采用三个基本视图表达焊接形状和结构。

②支座由底板、支承板、立板三个构件焊接而成,主视图采用局部剖视图表达底板上的

孔,左视图表达立板、支承板与底板焊接的形状,俯视图反映底板上孔的定位尺寸。

③焊接件各构件连接处的接头形式为角焊接。主视图的焊接符号 $\overset{5}{\underset{\diagdown}{\diagup}}\diagup^{111}$ 表示焊接工件周围,焊脚尺寸为 5mm,角焊缝,焊接方法为焊条电弧焊。左视图的焊接符号 $\overset{7}{\diagup}\diagdown\overset{N=2,111}{\diagup}$ 表示用焊条电弧焊形成的连续、对称角焊缝,焊脚尺寸为 7mm,相同的焊缝数量 $N=2$。

④构件 1 为底板,材料为 Q235A,数量为 1;构件 2 为支承板,材料为 Q235A,数量为 2;构件 3 为立板,材料为 Q235A,数量为 1。

⑤标题栏:名称为支座,比例为 1:5,表示缩小比例。构件的材料为 Q235A,表示普通碳素结构钢,Q 代表这种材料的屈服强度,235 指这种材质的屈服值,Q235 表示屈服强度是 235MPa,A 表示钢的质量等级。

2. 示例二:识读连管支架焊接图

识读重点:带钝边 V 形焊缝的标注。

(1)带钝边 V 形焊缝的标注(图 11-26)

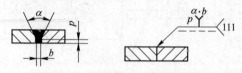

图 11-26　带钝边 V 形焊缝的标注

(2)识读图 11-27 所示的连管支架焊接图

①焊接件的名称为连管支架,采用两个基本视图表达焊接形状和结构。

②连管支架由支承法兰、支承板、底板和圆管四个构件焊接而成。主视图采用局部剖视表达了底板上的孔,支承法兰上孔的分布情况,表达了 $4\times\phi9$ 孔的定位尺寸;俯视图采用局部剖视表达了圆管的形状及底板上孔的位置,表达了 $2\times\phi13$ 孔的定位尺寸。

③图中标注的焊接符号 $\overset{10}{=====}\diagdown\circ$ 表示底板和支承板采用角焊接,并且在箭头线与基准线的连线处有表示周围焊缝的补充符号,说明该接头处的四周均是焊脚尺寸为 10mm 的角焊缝;焊接符号 $\overset{10}{\diagdown}\diagdown\circ$ 表示支承板和圆管采用角焊接,采用双面角焊缝,焊脚高为 10mm;焊接符号 $\overset{60°2}{\underset{2}{\diagdown}}Y$ 表示圆管与支撑法兰采用带钝边 V 形焊缝,坡口角度 60°,钝边为 2mm,根部间隙为 2mm。

④各构件焊接及焊后处理、加工的技术要求:未注圆角 $R3$,焊缝采用焊条电弧焊接,焊条 J422,所有焊缝表面不允许有未熔合缺陷。

⑤构件 1 为底板,材料为 Q235A,数量为 1;构件 2 为支承板,材料为 Q235A,数量为 1;构件 3 为支承法兰,材料为 Q235A,数量为 1;构件 4 为圆管,材料为 Q235A,数量为 1。

⑥标题栏:名称为连管支架,比例为 1:1,构件的材料均为 Q235A,表示普通碳素结构钢,Q 代表这种材料的屈服强度,235 指这种材质的屈服值,Q235 表示屈服点是 235MPa,

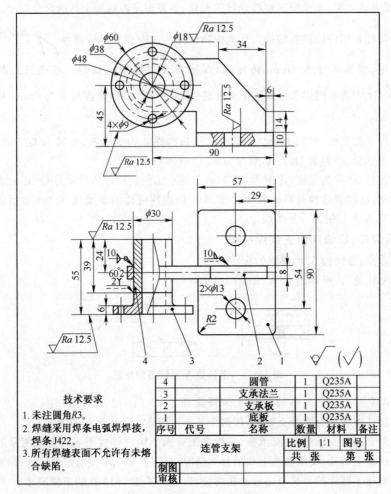

图 11-27　连管支架焊接图

A 表示钢的质量等级。

3. 示例三:识读分气缸焊接图

识读重点:带钝边单边 V 形焊缝和封底焊缝的符号与标注。

(1)焊缝的符号与标注　带钝边单边 V 形焊缝的符号与标注如图 11-28 所示,封底焊缝的符号与标注如图 11-29 所示。

(2)识读图 11-30 所示分气缸焊接图

①该焊接件的名称为分气缸,采用主视图、左视图表达焊接形状和结构。

②分气缸由封头、进汽口、筒体、出气口、压力表座、支座、排污管七个构件焊接而成。主视图表达分气缸主要外形结构和形状及焊缝的形状、尺寸,左视图采用局部剖视表达筒体的壁厚尺寸及直径。

③图中标注的焊接符号:表示筒体焊接,上面为 V 形焊缝,钝边高

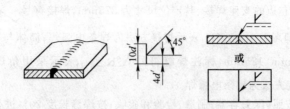

图 11-28　带钝边单边 V 形焊缝的符号与标注

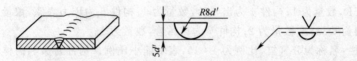

图 11-29　封底焊缝的符号与标注

度为 2mm,坡口角度为 60°,根部间隙为 2mm,下面为封底焊缝,12 表示焊接方法为埋弧焊; $\begin{smallmatrix}60°\\12\quad2\end{smallmatrix}$, $\begin{smallmatrix}60°\\12\quad2\end{smallmatrix}$ 表示筒体与封头采用封底焊缝,上面为 V 形焊缝,钝边高度为 2mm,坡口角度为 60°,根部间隙为 2mm,下面为封底焊缝,12 表示焊接方法为埋弧焊。

④图中分别表示了筒体与进气口焊接,其定位尺寸为 1410mm;筒体与出气口焊接,其定位尺寸为 1410mm;筒体与压力表座焊接,其定位尺寸为 285mm,150mm;筒体与排污管焊接,其定位尺寸为 875mm,940mm。焊接符号 $\curvearrowright$ 111 表示采用带钝边单边 V 形焊缝,焊接工件周围,焊脚尺寸为 5mm,111 表示焊接方法为焊条电弧焊。

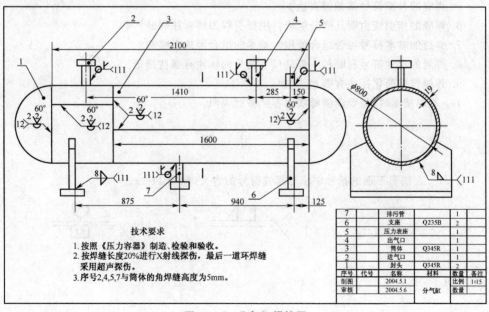

技术要求
1. 按照《压力容器》制造、检验和验收。
2. 按焊缝长度20%进行X射线探伤,最后一道环焊缝采用超声探伤。
3. 序号2,4,5,7与筒体的角焊缝高度为5mm。

7		排污管		1	
6		支座	Q235B	2	
5		压力表座		1	
4		出气口		1	
3		筒体	Q345R	1	
2		进气口		1	
1		封头	Q345R	2	
序号	代号	名称	材料	数量	备注
制图		2004.5.1		比例	1:15
审核		2004.5.6	分气缸	数量	

图 11-30　分气缸焊接图

⑤图中筒体与左边的支座焊接,其定位尺寸为 875mm,焊接符号 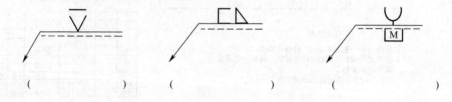表示采用双面角焊接,焊脚高为 8mm,111 表示焊接方法为焊条电弧焊;筒体与右边的支座焊接,其定位尺寸为 940mm,125mm,标注焊缝符号 表示采用角焊缝,焊条尺寸为 8mm,111 表示焊接方法为焊条电弧焊。

⑥技术要求:按照《压力容器》制造、检验和验收;按焊缝长度 20% 进行 X 射线探伤,最后一道环焊缝采用超声波探伤;序号 2,4,5,7 与筒体的角焊缝高度为 5mm。

⑦构件 1 为封头,材料为 Q345R,数量为 2;构件 2 为进气口,数量为 1;构件 3 为筒体,材料为 Q345R,数量为 1;构件 4 为出气口,数量为 1;构件 5 为压力表座,数量为 1;构件 6 为支座,材料为 Q235B,数量为 2;构件 7 为排污管,数量为 1。

⑧标题栏:名称为分气缸,比例为 1:15,表示缩小比例。构件封头和筒体的材料均为 Q345R,表示普通低碳合金钢,屈服强度为 265～345MPa 级的压力容器专用钢板。构件支座的材料为 Q235B,表示普通碳素结构钢,Q235 表示屈服强度是 235MPa,B 表示钢的质量等级。

复习思考题

1. 什么叫焊接? 工业上常用焊接的种类有哪些?
2. 焊接图的概念。焊接图应包含哪些内容?
3. 焊缝的概念。焊缝的画法中有哪些规定?
4. 焊缝的基本符号有哪些?
5. 焊缝的补充符号都如何表达?
6. 焊缝的指引线由哪几部分组成? 用指引线怎样标注焊缝?
7. 焊缝的基本符号可否组合使用? 基本的组合形式有哪些?
8. 焊缝的尺寸符号有哪些? 焊缝尺寸符号的标注有哪些规定?
9. 焊缝符号简化标注有哪些要求?
10. 看焊接图时,需要读懂哪些内容? 举例说明。

练　习　题

11.1　在图形下面的括号中填写焊缝符号的含义(题图 11-1)。

(　　　　　)　　　(　　　　　)　　　(　　　　　)

题图 11-1

( ) ( ) ( )

题图 11-1(续)

11.2 说明下列标注的焊缝符号的含义(题图 11-2)。

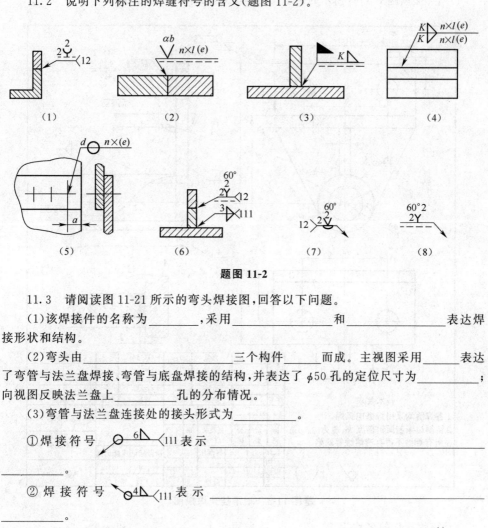

(1) (2) (3) (4)

(5) (6) (7) (8)

题图 11-2

11.3 请阅读图 11-21 所示的弯头焊接图,回答以下问题。

(1)该焊接件的名称为_____,采用_____和_____表达焊接形状和结构。

(2)弯头由_____三个构件_____而成。主视图采用_____表达了弯管与法兰盘焊接、弯管与底盘焊接的结构,并表达了 $\phi50$ 孔的定位尺寸为_____;向视图反映法兰盘上_____孔的分布情况。

(3)弯管与法兰盘连接处的接头形式为_____。

①焊接符号 6△111 表示_____

_____。

② 焊接符号 4△111 表示_____

_____。

(4)弯管与底盘的连接处的接头形式为_____,焊接符号 2‖△111 表示_____。

(5)几何公差 | ⊥ | 0.1 | B | 表示弯管与法兰盘焊接后的_____相对于弯管与底盘焊

接后的＿＿＿＿＿＿＿的＿＿＿＿＿＿公差为＿＿＿＿＿。

（6）构件 1 为＿＿＿＿＿，材料为＿＿＿＿＿，数量为＿＿＿＿；构件 2 为＿＿＿＿，材料为＿＿＿＿，数量为＿＿＿＿；构件 3 为＿＿＿＿，材料为＿＿＿＿，数量为＿＿＿＿。

（7）标题栏：名称为弯头，比例为＿＿＿＿，构件的材料均为 Q235A，表示＿＿＿＿＿，Q 代表这种材质的＿＿＿＿＿，235 指这种材质的＿＿＿＿＿，Q235 表示屈服强度是＿＿＿＿＿，A 表示＿＿＿＿＿＿＿＿＿＿＿＿＿＿。

（8）文字技术要求：＿＿＿＿＿＿＿＿＿＿＿＿＿＿。

11.4　阅读题图 11-3 所示的轴承挂架焊接图，回答以下问题。

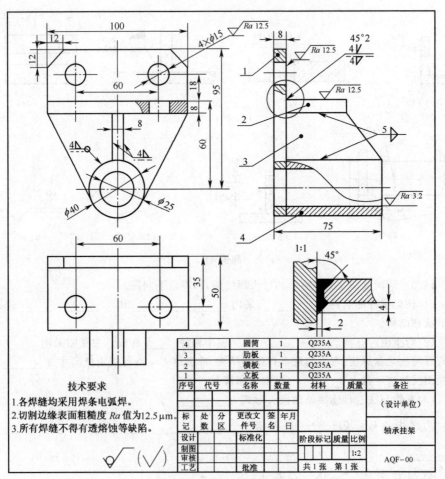

技术要求
1.各焊缝均采用焊条电弧焊。
2.切割边缘表面粗糙度 Ra 值为12.5μm。
3.所有焊缝不得有透熔蚀等缺陷。

4		圆筒	1	Q235A		
3		肋板	1	Q235A		
2		横板	1	Q235A		
1		立板	1	Q235A		
序号	代号	名称	数量	材料	质量	备注
						（设计单位）
标记	处数	分区	更改文件号	签名	年月日	
设计		标准化		阶段标记	质量	比例	轴承挂架
制图						1:2
审核						AQF-00
工艺		批准		共 1 张　第 1 张		

题图 11-3　轴承挂架焊接图

（1）该焊接件的名称为＿＿＿＿＿＿＿，采用三个＿＿＿＿＿＿和一个＿＿＿＿＿＿表达焊接形状和结构。

（2）轴承挂架由＿＿＿＿＿＿＿＿＿四个构件焊接而成。主视图采用＿＿＿＿＿表达横板上的孔，左视图采用＿＿＿＿表达立板上的孔及圆筒的内孔，俯视图表达横板的形状及其孔的位置,并采用一个_____表示_____。

(3)焊接符号 $\frac{45°2}{4\vee}$ 表示_____
_____。

(4)焊接符号 ⟩5⟩ 表示肋板与横板、圆筒采用_____。

(5)焊接符号 4△ 表示肋板与立板采用_____。

(6)焊接符号 4△○ 表示圆筒与立板采用_____。

(7)文字技术要求:_____
_____。

(8)构件 1 为_____,材料为_____,数量为_____;构件 2 为
_____,材料为_____,数量为_____;构件 3 为_____,材料为
_____,数量为_____;构件 4 为_____,材料为_____,数量
为_____。

(9)标题栏:名称为轴承挂架,比例为_____,表示_____比例,构件的材料均
为 Q235A,表示_____,Q 代表这种材料的_____,235 指材质的
_____,Q235 表示屈服强度为_____,A 表示钢的_____。

第十二章　展开图简介

培训学习目的　钣金制件是由金属板材弯卷、焊接而成。加工这类制件时,将制件表面按其真实形状和大小,依次连续地摊平在同一平面上,称为主体表面的展开,展开后所得的图形,称为表面展开图。

绘制展开图的方法有图解法和计算法两类。本章简要讲解展开图的图解法。

第一节　平面立体表面的展开

平面立体的表面都是平面,只要将其各表面的实形求出,并依次推平在一个平面上,即能得到平面立体的展开图。

一、棱柱管的展开

图 12-1(a)是方管接头,由斜口四棱柱组成。图 12-1(c)是带斜切口的四棱柱表面展开图的画法。

四棱柱的两个侧面是梯形,另两个侧面是矩形,水平投影 abcd 反映实形和各边实长。同时,由于棱柱的各条棱线都平行于正面,故正面投影(a')($1'$),$b'2'$,$c'3'$,(d')($4'$)均反映棱线实长。

做图过程:

①将棱柱底边展开成一直线,取 $AB=ab$,$BC=bc$,$CD=cd$,$DA=da$;

②过 A,B,C,D 做直线,量取 AⅠ$=$(a')($1'$),BⅡ$=b'2'$,…,并依次连接Ⅰ,Ⅱ,Ⅲ,Ⅳ,Ⅰ各点,即得四棱柱的展开图,如图 12-1(c)所示。

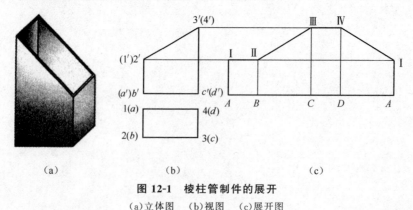

(a)　　　　　　　　(b)　　　　　　　　(c)

图 12-1　棱柱管制件的展开

(a)立体图　(b)视图　(c)展开图

二、棱锥管的展开

图 12-2(a)是方口管接头,主体部分是截头四棱锥。图 12-2(c)是截头四棱锥表面展开图的画法。

　　画展开图时,先将棱线延长使之相交于 S 点,求出整个四棱锥各侧面三角形的边长,画出整个棱锥的表面展开图,然后在每一条棱线上减去截去部分的实长,即得到截头四棱锥的展开图。

　　做图过程:

　　①利用直角三角形法求棱线实长,把它画在主视图的右边。量取 $S_0 D_0$ 等于锥顶 S 距底面的高度,并取 $D_0 C_0 = sc$,则 $S_0 C_0$ 即为棱线 SC 的实长,也是其余三棱线的实长。

　　②经过点 g', f' 做水平线,与 $S_0 C_0$ 分别交于点 G_0 和 F_0,$S_0 G_0$ 和 $S_0 F_0$ 即为截去部分的线段实长,如图 12-2(b)所示。

　　③以 S 为顶点,分别截取 $SB,SC,\cdots$,等于棱线实长,$BC = bc$,$CD = cd$,$\cdots$,依次画出三角形,即得整个四棱锥的展开图。然后取 $SF = S_0 F_0$,$SG = S_0 G_0$,$\cdots$,截去顶部即为截头棱锥的展开图,如图 12-2(c)所示。

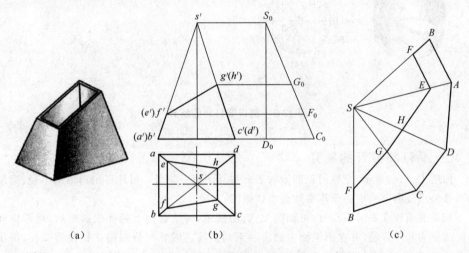

图 12-2　棱锥管制件的展开

(a)立体图　　(b)视图　　(c)展开图

第二节　可展曲面的表面展开

　　可展曲面上的相邻两素线是互相平行或相交的,能展开成一个平面。因此,在做展开图时,可以将相邻两素线间的曲面当作平面来展开。

一、圆柱管的展开

　　如图 12-3(a)所示,斜口圆柱管表面上相邻两素线 ⅠA,ⅡB,ⅢC,$\cdots$ 的长度不等。画展开图时,先在圆管表面上取若干素线,分别量取这些素线的实长,然后用曲线把这些素线的端点光滑连接起来,如图 12-3(c)所示。

　　做图过程:

　　①在水平投影中将圆管底圆的投影分成若干等份(图中为 12 等份),求出各等分点的正面投影 $1'$, $2'$, $3'$,$\cdots$,求出素线的投影 $1'a'$,$\cdots$。在图示情况下,斜口圆管素线的正

面投影反映实长。

②将底圆展成一直线，使其长度为 πD，取同样等份，得各等分点 Ⅰ，Ⅱ，Ⅲ，…。

③过各等分点 Ⅰ，Ⅱ，Ⅲ，…，做垂线，并分别量取各素线长，使 $ⅠA = 1\ 'a'$，$ⅡB = 2\ 'b'$，$ⅢC = 3\ 'c'$，…，得各端点 A，B，C，…。

④光滑连接各素线的端点 A，B，C，…，得斜口圆管的展开图，如图 12-3(c)所示。

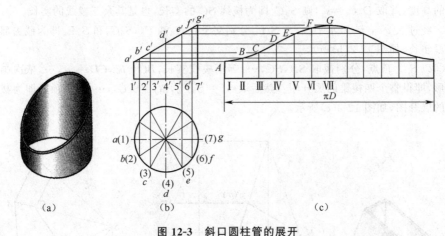

图 12-3　斜口圆柱管的展开

(a)立体图　(b)视图　(c)展开图

二、平口圆锥管的展开

如图 12-4(a)所示，完整的正圆锥的表面展开图为一扇形。可计算出扇形的半径、扇形的圆弧长以及扇形的中心角等参数值直接做图。

如果准确程度要求不高时，可如图 12-4(b)所示，将锥台向上延伸成圆锥后，将圆锥面的底圆分为若干等份，并在圆锥面上做出一系列素线。展开时分别用弦长代替弧长，依次量在以 S 为圆心、R 为半径的圆弧上，将首尾两点与 S' 相连，即得正圆锥面的展开图。

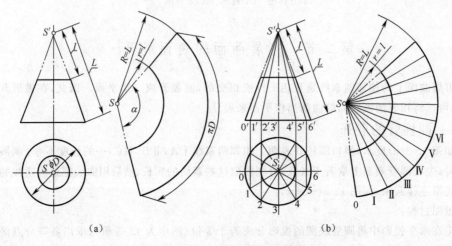

(a)　　　　　　　　　　　　(b)

图 12-4　平口圆锥管的展开

做圆锥台的展开图,可先做出整个圆锥的展开图,再扣除截切成圆锥台管时的上端小圆锥面的展开图。

三、斜口圆锥管的展开

斜口锥管是圆锥管被一平面斜截去一部分得到的,其展开图为扇形的一部分,如图12-5(a)所示。

做图过程:

①等分底圆周(图中为 8 等份),在斜口圆锥两面投影图的基础上,补全完整锥体的两面投影。因 $s'1'$ 是圆锥素线的实长,将底圆展为一弧线,依次截取 $Ⅰ Ⅱ = 12,Ⅱ Ⅲ = 23$,…,过各等分点在圆锥面上引素线 $SⅠ,SⅡ$,…,画出完整圆锥的表面展开图。

②在投影图上求出各素线与斜口椭圆周的交点 A,B,C… 的投影 $(a,a'),(b,b'),(c,c')$,…。用比例法求各段素线 $ⅡB,ⅢC$,…的实长。其做法是过 b',c',…做横线与 $s'1'$ 相交(因各素线绕过顶点 S 的铅垂轴旋转成正平线时,它们均与 $SⅠ$ 重合)得交点 b_0,c_0,…,由于 $s'1'$ 反映实长,所以 $S'b_0,S'c_0$,…也反映实长。

③在展开图上截取 $SA = S'a_0,SB = S'b_0,SC = S'c_0$,…各点,用曲线依次光滑连接 A,B,C,…,则得斜口锥管的展开图,如图12-5(c)所示。

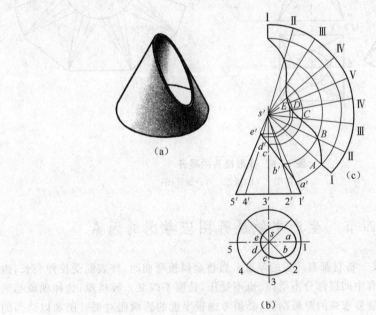

图 12-5　斜口圆锥管的展开

(a)立体图　　(b)视图　　(c)展开图

第三节　变形接头的展开

为了画出各种变形接头的表面展开图,须按其具体形状把它们划分成许多平面(可展曲面、锥面),然后依次画出其展开图,即可得到整个变形接头的展开图。

如图 12-6(a)所示的上圆下方变形接头,它由四个相同的等腰三角形和四个相同的部分斜圆锥面所组成。

做图过程:

①用直角三角形法求出各三角形的两腰实长 $A\text{I}$,$A\text{II}$,$A\text{III}$,$A\text{IV}$,其中 $A\text{I}=A\text{IV}$,$A\text{II}=A\text{III}$。

②在图 12-6(c)所示的展开图上截取 $AB=ab$,分别以 A 和 B 为圆心,$A\text{I}$ 为半径做圆弧,交于 IV 点,得三角形 $AB\text{IV}$;再以 IV 和 A 为圆心,分别以 34 的弧长和 $A\text{II}$ 为半径做圆弧,交于 III 点,得三角形 $A\text{II}\text{III}$;同理依次做出各个三角形 $A\text{II}\text{III}$,$A\text{I}\text{II}$。

③光滑连接 I,II,III,IV 等点,即得一个等腰三角形和一个部分锥面的展开图。

④用同样的方法依次做出其他各组成部分的表面展开图,即得整个变形接头的展开图,如图 12-6(c)所示,接缝线是 $\text{I}E$,$\text{I}E=1'e'$。

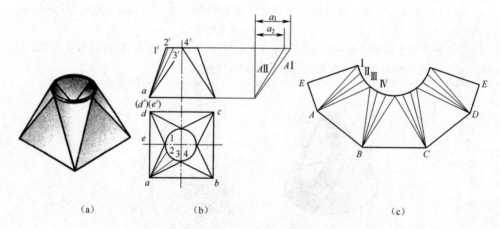

图 12-6　变形接头的展开

(a)立体图　　(b)视图　　(c)展开图

第四节　生产中做展开图应考虑的因素

(1)**板材的厚度**　板材都有一定的厚度。当将金属板弯曲时,外表面受拉伸变长,内表面受压缩变短,只有中间层部分不受拉、也不受压,长度不改变。板越厚,这种现象越明显。因此,对于精确度要求高的厚板制件,必须考虑板厚度的影响而对展开图加以适当的修正。

(2)**加工工艺**　加工工艺涉及加工方法和技术要求等方面内容。如果是搭接,展开后要留出铆或焊所需要的搭接宽度;如果是咬缝,则根据咬缝形式留出适当的咬缝余量(根据不同的咬缝形式,咬缝余量一般为 3~5 倍咬缝宽度),如图 12-7 所示。通常,厚钢板接口处多采用焊接或铆接,薄铁皮的接口处多采用咬缝或咬缝加焊接。

(3)**节约板材**　在生产中历来十分注意板材节约,以降低成本。在画展开图下料时,要仔细计算、认真排料、采取各种措施、充分利用板材,尽量减少浪费。

图 12-7　接口的加工方法
(a)铆接　(b)焊接　(c)咬缝

复习思考题

1. 什么叫立体表面展开？什么叫表面展开图？
2. 做展开图前为什么必须先求线段的实长？常用求实长的方法有几种？
3. 立体表面展开的方法有几种？各适于哪些类型的立体？
4. 做展开图时，为什么必须先准确地求出相贯线？
5. 生产中做展开图应考虑哪些因素？

附　　录

附录 A　螺纹和紧固件(附表 A-1~附表 A-12)

附表 A-1　普通螺纹直径与螺距(GB/T 196~197—2003)　　　(mm)

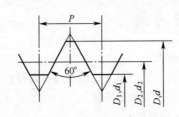

D——内螺纹大径；

d——外螺纹大径；

D_2——内螺纹中径；

d_2——外螺纹中径；

D_1——内螺纹小径；

d_1——外螺纹小径；

P——螺距

标记示例：

M10 — 6g

　　粗牙普通外螺纹、公称直径 $d=10$、右旋、中径及大径公差带均为 6g、中等旋合长度

M10×1 LH — 6H

　　细牙普通内螺纹、公称直径 $D=10$、螺距 $P=1$、左旋、中径及小径公差带均为 6H,中等旋合长度

公称直径 D,d			螺距 P		粗牙螺纹小径 D_1,d_1
第一系列	第二系列	第三系列	粗牙	细牙	
3			0.5	0.35	3.242
	3.5		0.6		
4			0.7	0.5	4.134
	4.5		0.75		
5			0.8		
6			1	0.75,(0.5)	4.917
		7			5.917
8			1.25	1,0.75,(0.5)	6.647
10			1.5	1.25,1,0.75,(0.5)	8.376
12			1.75	1.5,1.25,1,(0.75),(0.5)	10.106
	14		2		11.835
		15		1.5,(1)	13.376
16			2	1.5,1,(0.75),(0.5)	13.835

续附表 A-1

公称直径 D,d			螺距 P		粗牙螺纹
第一系列	第二系列	第三系列	粗牙	细牙	小径 D_1,d_1
	18				15.294
20			2.5	2,1.5,1,(0.75),(0.5)	17.294
		22			19.294
24			3	2,1.5,1,(0.75)	20.752
		25		2,1.5,(1)	22.835
	27		3	2,1.5,1,(0.5)	23.752
30			3.5	(3),2,1.5,1,(0.75)	26.211
	33			(3),2,1.5,(1),(0.75)	29.211
		35		1.5	33.376
36			4	3,2,1.5,(1)	31.670
	39				34.670
		40		(3),(2),1.5	36.752
42			4.5		37.129
	45		5	(4),3,2,1.5,(1)	40.129
48					42.587

注:1. 优先选用第一系列,其次是第二系列,第三系列尽可能不用;

2. 括号内尺寸尽可能不用;

3. M14×1.25 仅用于火花塞,M35×1.5 仅用于滚动轴承锁紧螺母。

附表 A-2 六角头螺栓(GB/T 5782～5783—2016) (mm)

六角头螺栓—A 和 B 级（GB/T 5782—2016）　　六角头螺栓—全螺纹—A 和 B 级（GB/T 5783—2016）

标记示例:

螺栓 GB/T 5782—2016 M12×80

　　螺纹规格 d＝M12、公称长度 L＝80mm、性能等级为 8.8 级、表面氧化、A 级的六角头螺栓

螺栓 GB/T 5783—2016 M12×80

　　螺纹规格 d＝M12、公称长度 L＝80mm、性能等级为 8.8 级、表面氧化、全螺纹、A 级的六角头螺栓

续附表 A-2

螺纹规格 d		M5	M6	M8	M10	M12	M16	M20	M24	M30	M36	M42	M48
b 参考	$L \leqslant 125$	16	18	22	26	30	38	40	54	66	78	—	—
	$125 < L \leqslant 200$	—	—	28	32	36	44	52	60	72	84	96	108
	$L > 200$						57	65	73	85	97	109	121
k 公称		3.5	4	5.3	6.4	7.5	10	12.5	15	18.7	22.5	26	30
d_s max		5	6	8	10	12	16	20	24	30	36	42	48
s max		8	10	13	16	18	24	30	36	46	55	65	75
e min	A	8.79	11.05	14.38	17.77	20.03	26.75	33.53	39.98	—	—	—	—
	B	8.63	10.89	14.2	17.59	19.85	26.17	32.95	39.55	50.85	60.79	72.02	82.6
L 范围	GB5782	25~50	30~60	35~80	40~100	45~120	55~160	65~200	80~240	90~300	110~300	160~420	180~480
	GB5783	10~40	12~50	16~65	20~80	25~100	35~100	40~100	50~100	60~100	70~100	80~420	90~480
L 系列公称		10,12,16,20~50(5 进位),(55),60,(65),70~160(10 进位),180,220~500(20 进位)											

注:括号内的规格尽可能不用。末端按 GB/T 2—2016 规定。

附表 A-3　双头螺柱(GB/T 897~900—1988)　　　　　（mm）

$b_m = 1d$(GB/T 897—1988),$b_m = 1.25d$(GB/T 898—1988),$b_m = 1.5d$(GB/T 899—1988),$b_m = 2d$(GB/T 900—1988)

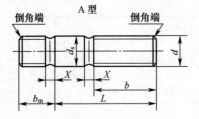

A 型

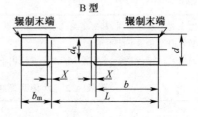

B 型

标记示例:

螺柱 GB/T 900—1988　M10×50

　　两端均为粗牙普通螺纹,$d = 10$,$L = 50$,性能等级为 4.8 级、不经表面处理、B 型、$b_m = 2d$ 的双头螺柱

螺柱 GB/T 900—1988　AM10 - M10×1×50

　　旋入端为粗牙普通螺纹,旋螺母端为螺距 $P = 1$ 的细牙普通螺纹、$d = 10$,$L = 50$,性能等级为 4.8 级、不经表面处理、A 型、$b_m = 2d$ 的双头螺柱

螺纹规格 d	b_m				x	L/b(螺柱长度/旋螺母端长度)	
	GB/T 897	GB/T 898	GB/T 899	GB/T 900			
M4	—	—	6	8		$\dfrac{16\sim22}{8}$	$\dfrac{25\sim40}{14}$
M5	5	6	8	10	1.5P	$\dfrac{16\sim22}{10}$	$\dfrac{25\sim50}{16}$
M6	6	8	10	12		$\dfrac{20\sim22}{10}$　$\dfrac{25\sim30}{14}$	$\dfrac{32\sim75}{18}$

续附表 A-3

螺纹规格 d	b_m				x	L/b(螺柱长度/旋螺母端长度)
	GB/T 897	GB/T 898	GB/T 899	GB/T 900		
M8	8	10	12	16		$\dfrac{20\sim22}{12}$ $\dfrac{25\sim30}{16}$ $\dfrac{32\sim90}{22}$
M10	10	12	15	20		$\dfrac{25\sim28}{14}$ $\dfrac{30\sim38}{16}$ $\dfrac{40\sim120}{26}$ $\dfrac{130}{32}$
M12	12	15	18	24		$\dfrac{25\sim30}{14}$ $\dfrac{32\sim40}{16}$ $\dfrac{45\sim120}{26}$ $\dfrac{130\sim180}{32}$
M16	16	20	24	32		$\dfrac{30\sim38}{16}$ $\dfrac{40\sim55}{20}$ $\dfrac{60\sim120}{30}$ $\dfrac{130\sim200}{36}$
M20	20	25	30	40	1.5P	$\dfrac{35\sim40}{20}$ $\dfrac{45\sim65}{30}$ $\dfrac{70\sim120}{38}$ $\dfrac{130\sim200}{44}$
(M24)	24	30	36	48		$\dfrac{45\sim50}{25}$ $\dfrac{55\sim75}{35}$ $\dfrac{80\sim120}{46}$ $\dfrac{130\sim200}{52}$
(M30)	30	38	45	60		$\dfrac{60\sim65}{40}$ $\dfrac{70\sim90}{50}$ $\dfrac{95\sim120}{66}$ $\dfrac{130\sim200}{72}$ $\dfrac{210\sim250}{85}$
M36	36	45	54	72		$\dfrac{65\sim75}{45}$ $\dfrac{80\sim110}{60}$ $\dfrac{120\sim}{78}$ $\dfrac{130\sim200}{84}$ $\dfrac{210\sim300}{97}$
M42	42	52	63	84		$\dfrac{70\sim80}{50}$ $\dfrac{85\sim110}{70}$ $\dfrac{120\sim}{90}$ $\dfrac{130\sim200}{96}$ $\dfrac{210\sim300}{109}$
M48	48	60	72	96		$\dfrac{80\sim90}{60}$ $\dfrac{95\sim110}{80}$ $\dfrac{120\sim}{102}$ $\dfrac{130\sim200}{108}$ $\dfrac{210\sim300}{121}$

d_s	A 型 d_s=螺纹大径	B 型 $d_s\approx$螺纹中径
L 系列公称	12,(14),16,(18),20,(22),25,(28),(32),35,(38),40,45,50,55,60,(65),70,75,80,(85),90,(95),100~260(10 进位),280,300	

注:1. 尽可能不采用括号内的规格。末端按 GB/T 2—2016 规定。

2. $b_m=1d$,一般用于钢、青铜、硬铝;$b_m=(1.25\sim1.5)d$,一般用于铸铁;$b_m=2d$,一般用于铝、有色金属较软材料。

附表 A-4　螺钉(一)　　　　　　　　　　　　　(mm)

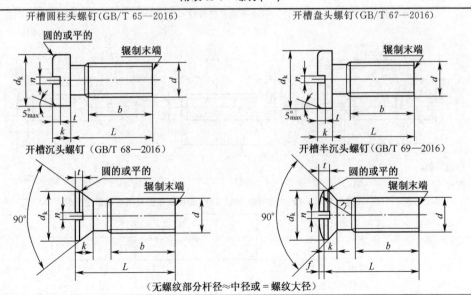

开槽圆柱头螺钉(GB/T 65—2016)　　　　　开槽盘头螺钉(GB/T 67—2016)

开槽沉头螺钉(GB/T 68—2016)　　　　　开槽半沉头螺钉(GB/T 69—2016)

(无螺纹部分杆径≈中径或=螺纹大径)

续附表 A-4

标记示例:

螺钉 GB/T 65—2016　M5×20

螺纹规格 d＝M5、公称长度 L＝20、性能等级为4.8级,不经表面处理的开槽圆柱头螺钉

螺纹规格 d	P	b_{min}	n 公称	f GB/T 69	r_f GB/T 69	k_{max} GB/T 65	k_{max} GB/T 68 GB/T 69	d_{kmax} GB/T 65	d_{kmax} GB/T 68 GB/T 69	t_{min} GB/T 65	t_{min} GB/T 68	t_{min} GB/T 69	L 范围 GB/T 65	L 范围 GB/T 68 GB/T 69	全螺纹时最大长度 GB/T 65	全螺纹时最大长度 GB/T 68 GB/T 69
M2	0.4	25	0.5	0.5	4	1.3	1.2	4.0	3.8	0.5	0.4	0.8	2.5~20	3~20	30	3
M3	0.5		0.8	0.7	6	1.8	1.65	5.6	5.5	0.7	0.6	1.2	4~30	5~30		
M4	0.7		1.2	1	9.5	2.4	2.7	8.0	8.4	1	1	1.6	5~40	6~40		
M5	0.8		1.2	1.2	9.5	3.0	2.7	9.5	9.3	1.2	1.1	2	6~50	8~50		
M6	1		1.6	1.4	12	3.6	3.3	12	11.3	1.4	1.2	2.4	8~60	8~60		
M8	1.25	38	2	2	16.5	4.8	4.65	16	15.8	1.9	1.8	3.2	10~80	10~80	40	45
M10	1.5		2.5	2.3	19.5	6	5	20	18.8	2.4	2	3.8	12~80	12~80		

l 系列公称: 2,2.5,3,4,5,6,8,10,12,(14),16,20~50(5进位),(55),60,(65),70,(75),80

注:螺纹公差:6g;力学性能等级:4.8,5.8;产品等级:A。

<h3 style="text-align:center">附表 A-5　螺钉(二)　　　　(mm)</h3>

开槽锥端紧定螺钉（GB/T 71—1985）　　开槽平端紧定螺钉（GB/T 73—1985）　　开槽长圆柱端紧定螺钉（GB/T 75—1985）

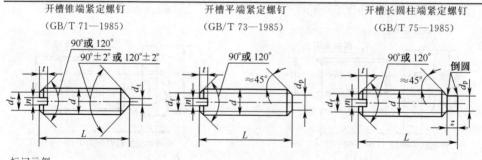

标记示例:

螺钉 GB/T 71—1985　M5×12

螺纹规格 d＝M5、公称长度 L＝12、性能等级为14H级、表面氧化的开槽锥端紧定螺钉

螺纹规格 d	P	d_f	d_{tmax}	d_{pmax}	n 公称	t_{max}	z_{max}	L 范围 GB/T 71	L 范围 GB/T 73	L 范围 GB/T 75
M2	0.4	螺纹小径	0.2	1	0.25	0.84	1.25	3~10	2~10	3~10
M3	0.5		0.3	2	0.4	1.05	1.75	4~16	3~16	5~16

续附表 A-5

螺纹规格 d	P	d_f	$d_{t\,max}$	$d_{p\,max}$	n公称	t_{max}	z_{max}	L范围 GB/T 71	L范围 GB/T 73	L范围 GB/T 75
M4	0.7		0.4	2.5	0.6	1.42	2.25	6~20	4~20	6~20
M5	0.8		0.5	3.5	0.8	1.63	2.75	8~25	5~25	8~25
M6	1	螺纹	1.5	4	1	2	3.75	8~30	6~30	8~30
M8	1.25	小径	2	5.5	1.2	2.5	4.3	10~40	8~40	10~40
M10	1.5		2.5	7	1.6	3	5.3	12~50	10~50	12~50
M12	1.75		3	8.5	2	3.6	6.3	14~60	12~60	14~60
L系列公称	2,2.5,3,4,5,6,8,10,12,(14),16,20,25,30,35,40,45,50,(55),60									

注：螺纹公差：6g；力学性能等级：14H，22H；产品等级：A。

附表 A-6　内六角圆柱头螺钉（GB/T 70.1—2008）　　　　（mm）

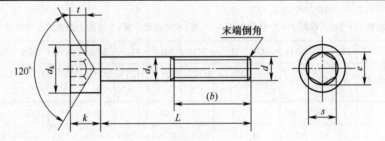

标记示例：

螺钉 GB/T 70.1—2008 M5×20

　　螺纹规格 d＝M5、公称长度 L＝20、性能等级为 8.8 级、表面氧化的内六角圆柱头螺钉

螺纹规格 d		M4	M5	M6	M8	M10	M12	M14	M16	M20	M24	M30	M36
螺距 P		0.7	0.8	1	1.25	1.5	1.75	2	2	2.5	3	3.5	4
b 参考		20	22	24	28	32	36	40	44	52	60	72	84
$d_{k\,max}$	光滑头部	7	8.5	10	13	16	18	21	24	30	36	45	54
	滚花头部	7.22	8.72	10.22	13.27	16.27	18.27	21.33	24.33	3.33	36.39	45.39	54.46
k_{max}		4	5	6	8	10	12	14	16	20	24	30	36
t_{min}		2	2.5	3	4	5	6	7	8	10	12	15.5	19
s公称		3	4	5	6	8	10	12	14	17	19	22	27
e_{min}		3.44	4.58	5.72	6.68	9.15	11.43	13.72	16	19.44	21.73	25.15	30.35
d_{max}		4	5	6	8	10	12	14	16	20	24	30	36
L范围		6~40	8~50	10~60	12~80	16~100	20~120	25~140	25~160	30~200	40~200	45~200	55~200
全螺纹时最大长度		25	25	30	35	40	45	55	55	65	80	90	110
L系列公称	5,6,8,10,12,(14),(16),20~50(5进位),(55),60,(65),70~160(10进位),180,200												

注：1. 括号内的规格尽可能不采用。末端按 GB/T 2—2016 规定。

　　2. 力学性能等级：8.8，12.9 级；螺纹公差：力学性能等级为 8.8 级时为 6g，12.9 级时为 5g，6g。

　　3. 产品等级：A。

附表 A-7　1 型六角螺母　　　　　　　　　　（mm）

1 型六角螺母—C 级　（GB/T 41 — 2016）　　　　　1 型六角螺母—A 和 B 级　（GB/T 6170 — 2015）

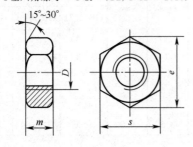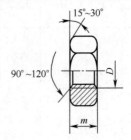

标记示例：

螺母 GB/T 41 — 2016　M12

　　螺纹规格 D＝M12、性能等级为 5 级、不经表面处理、C 级的 1 型六角螺母

螺母 GB/T 6170 — 2015　M24×2

　　螺纹规格 D＝M24、螺距 P＝2、性能等级为 10 级、不经表面处理、A 级的 1 型细牙六角螺母

螺纹规格	D	M4	M5	M6	M8	M10	M12	M16	M20	M24	M30	M36	M42	M48
	$D \times P$	—	—	—	M8×1	M10×1	M12×1.5	M16×1.5	M20×2	M24×2	M30×2	M36×2	M42×3	M48×3
s_{max}		7	8	10	13	16	18	24	30	36	46	55	65	75
e_{min}	A,B 级	7.66	8.79	11.05	14.38	17.77	20.03	26.75	32.95	39.55	50.85	60.79	72.02	82.6
	C 级		8.63	10.89	14.2	17.59	19.85	26.17	32.95	39.55	50.85	60.79	72.02	82.6
m_{max}	A,B 级	3.2	4.7	5.2	6.8	8.4	10.8	14.8	18	21.5	25.6	31	34	38
	C 级	—	5.6	6.1	7.9	9.5	12.2	15.9	18.7	22.3	26.4	31.5	34.9	38.9

注：1. P——螺距。

　2. A 级用于 $D \leqslant 16$ 的螺母，B 级用于 $D > 16$ 的螺母，C 级用于 $D \geqslant 5$ 的螺母。

　3. 螺纹公差：A，B 级为 6H，C 级为 7H；力学性能等级：A，B 级为 6，8，10 级，C 级为 4，5 级。

附表 A-8　垫圈　　　　　　　　　　　（mm）

小垫圈—A 级　（GB/T 848—2002）　平垫圈—A 级　（GB/T 97.1—2002）

平垫圈 倒角型—A 级　（GB/T 97.2—2002）　平垫圈—C 级　（GB/T 95—2002）

大垫圈—A 级　（GB/T 96.1—2002）　大垫圈—C 级　（GB/T 96.2—2002）

特大垫圈—C 级　（GB/T 5287—2002）

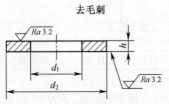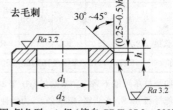

平垫圈—A 级（摘自 GB/T 97.1—2002）　　平垫圈 倒角型—A 级（摘自 GB/T 97.2—2002）

续附表 A-8

标记示例：

垫圈 GB/T 95—2002 8

标准系列、公称尺寸 $d=8$mm、硬度等级为100HV级、不经表面处理、产品等级为 C 级平垫圈

垫圈 GB/T 97.2—2002 8

标准系列、公称尺寸 $d=8$mm、硬度等级为200HV级、不经表面处理、产品等级为 A 级、倒角型平垫圈

公称尺寸（螺纹规格）	标准系列									特大系列			大系列			小系列		
	GB/T 95（C 级）			GB/T 97.1（A 级）			GB/T 97.2（A 级）			GB/T 5287（C 级）			GB/T 96（A、C 级）			GB/T 848（A 级）		
d	d_{1min}	d_{2max}	h	d_{1min}	d_{2max}	h	d_{1min}	d_{2max}	h	d_{1min}	d_{2max}	h	d_{1min}	d_{2max}	h	d_{1min}	d_{2max}	h
4	—	—	—	4.3	9	0.8	—	—	—	—	—	—	4.3	12	1	4.3	8	0.5
5	5.5	10	1	5.3	10	1	5.3	10	1	5.5	18	2	5.3	15	1.2	5.3	9	1
6	6.6	12	1.6	6.4	12	1.6	6.4	12	1.6	6.6	22	2	6.4	18	1.6	6.4	11	1.6
8	9	16	1.6	8.4	16	1.6	8.4	16	1.6	9	28	3	8.4	24	2	8.4	15	1.6
10	11	20	2	10.5	20	2	10.5	20	2	11	34	3	10.5	30	2.5	10.5	18	1.6
12	13.5	24	2.5	13	24	2.5	13	24	2.5	13.5	44	4	13	37	3	13	20	2
14	15.5	28	2.5	15	28	2.5	15	28	2.5	15.5	50	4	15	44	3	15	24	2.5
16	17.5	30	3	17	30	3	17	30	3	17.5	56	5	17	50	3	17	28	2.5
20	22	37	3	21	37	3	21	37	3	22	72	6	22	60	4	21	34	3
24	26	44	4	25	44	4	25	44	4	26	85	6	26	72	5	25	39	4
30	33	56	4	31	56	4	31	56	4	33	105	6	33	92	5	31	50	4
36	39	66	5	37	66	5	37	66	5	39	125	8	39	110	8	37	60	5
42	45	78	8	—	—	—	—	—	—	—	—	—	45	125	10	—	—	—
48	52	92	8	—	—	—	—	—	—	—	—	—	52	145	10	—	—	—

注：1. C 级垫圈没有 $Ra3.2$ 和去毛刺的要求；

2. A 级适用于精装配系列，C 级适用于中等装配系列；

3. GB/T 848 — 2002 主要用于圆柱头螺钉，其他用于标准六角头螺栓、螺钉、螺母。

附表 A-9 标准型弹簧垫圈（GB/T 93—1987） （mm）

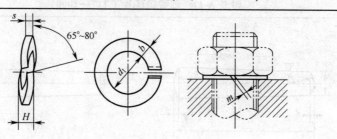

标记示例：

垫圈 GB/T 93—1987 10

规格 10mm、材料为 65Mn、表面氧化的标准型弹簧垫圈

续附表 A-9

规格 （螺纹大径）	4	5	6	8	10	12	16	20	24	30	36	42	48
d_{1min}	4.1	5.1	6.1	8.1	10.2	12.2	16.2	20.2	24.5	30.5	36.5	42.5	48.5
$s=b_{公称}$	1.1	1.3	1.6	2.1	2.6	3.1	4.1	5	6	7.5	9	10.5	12
$m\leqslant$	0.55	0.65	0.8	1.05	1.3	1.55	2.05	2.5	3	3.75	4.5	5.25	6
H_{max}	2.75	3.25	4	5.25	6.5	7.75	10.25	12.5	15	18.75	22.5	26.25	30

注：m 应大于零。

附表 A-10　普通圆柱销（GB/T 119.1—2000）　　　　　（mm）

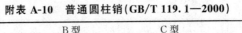

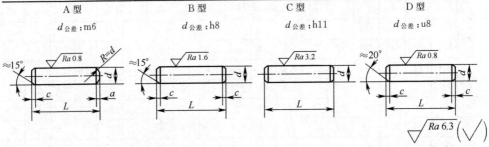

标记示例：

销　GB/T 119.1—2000　A10×90

　　公称直径 $d=10$、公称长度 $L=90$、材料为 35 钢、热处理硬度 28～38HRC，表面氧化处理的 A 型圆柱销

销　GB/T 119.1—2000　10×90

　　公称直径 $d=10$、公称长度 $L=90$、材料为 35 钢、热处理硬度 28～38HRC，表面氧化处理的 B 型圆柱销

d（公称）	2	3	4	5	6	8	10	12	16	20	25
$a\approx$	0.25	0.4	0.5	0.63	0.8	1.0	1.2	1.6	2.0	2.5	3.0
$c\approx$	0.35	0.5	0.63	0.8	1.2	1.6	2.0	2.5	3.0	3.5	4.0
L 范围	6～20	8～30	8～40	10～50	12～60	14～80	18～95	22～140	26～180	35～200	50～200
L 系列公称						2,3,4,5,6～32(2 进位),35～100(5 进位), 120～200(20 进位)					

附表 A-11　圆锥销（GB/T 117—2000）　　　　　（mm）

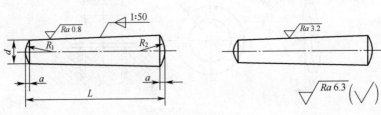

标记示例：

销 GB/T 117—2000　A10×60

　　公称直径 $d=10$、长度 $L=60$、材料 35 钢、热处理硬度 25～38HRC，表面氧化处理的 A 型圆锥销

续附表 A-11

d（公称）	2	2.5	3	4	5	6	8	10	12	16	20	25
$a\approx$	0.25	0.3	0.4	0.5	0.63	0.8	1.0	1.2	1.6	2.0	2.5	3.0
L 范围	10～35	10～35	12～45	14～55	18～60	22～90	22～120	26～160	32～180	40～200	45～200	50～200
L 系列公称	2,3,4,5,6～32(2 进位),35～100(5 进位),120～200(20 进位)											

附表 A-12 开口销（GB/T 91—2000） （mm）

允许制造的型式

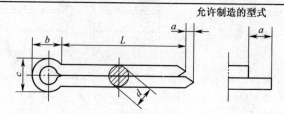

标记示例：

销 GB/T 91—2000 5×50

公称直径 $d=5$、长度 $L=50$、材料为低碳钢、不经表面处理的开口销

公称规格		0.8	1	1.2	1.6	2	2.5	3.2	4	5	6.3	8	10	12
d	max	0.7	0.9	1	1.4	1.8	2.3	2.9	3.7	4.6	5.9	7.5	9.5	11.4
	min	0.6	0.8	0.9	1.3	1.7	2.1	2.7	3.5	4.4	5.7	7.3	9.3	11.1
c_{max}		1.4	1.8	2	2.8	3.6	4.6	5.8	7.4	9.2	11.8	15	19	24.8
$b\approx$		2.4	3	3	3.2	4	5	6.4		10	12.6	16	20	26
a_{max}		1.6				2.5			3.2		4			6.3
L		5～16	6～20	8～26	8～32	10～40	12～50	14～65	18～80	22～100	30～120	40～160	45～200	70～200
L 系列公称		4,5,6～32(2 进位),36,40～100(5 进位),120～200(20 进位),224,250,280												

注：销孔公称直径的范围为：$d_{min} \leqslant$（销孔直径）$\leqslant d_{max}$。

附录 B 平键和滚动轴承（附表 B-1、附表 B-2）

附表 B-1 导向型平键及键槽的断面尺寸 （mm）

GB/T 1097—2003 平键及键槽的断面尺寸

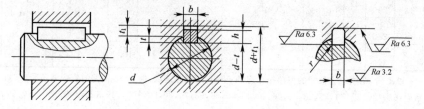

续附表 B-1

GB/T 1097—2003 导向型平键的型式、尺寸

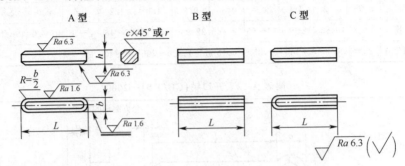

A 型　　　　　　B 型　　　　　C 型

标记示例：

GB/T 1097—2003　键 16×10×100　（普通 A 型平键：$b=16,h=10,L=100$）

GB/T 1097—2003　键 B16×10×100　（普通 B 型平键：$b=16,h=10,L=100$）

GB/T 1097—2003　键 C16×10×100　（普通 C 型平键：$b=16,h=10,L=100$）

轴	键		键　槽										
			公称尺寸 b	宽　度　b					深　度				半　径 r
公称直径 d	公称尺寸 $b×h$	长度 L		偏　差					轴 t		毂 t_1		
				较松键联结		一般键联结		较紧键联结	公称	偏差	公称	偏差	最小	最大
				轴 H9	毂 D10	N9	毂 JS9	轴和毂 P9						
>10~12	4×4	8~45	4						2.5		1.8		0.08	0.16
>12~17	5×5	10~56	5	+0.030 0	+0.078 +0.030	0 −0.030	± 0.015	−0.012 −0.042	3.0	+0.1 0	2.3	+0.1 0	0.16	0.25
>17~22	6×6	14~70	6						3.5		2.8			
>22~30	8×7	18~90	8	+0.036 0	+0.098 +0.040	0 −0.036	± 0.018	−0.015 −0.051	4.0		3.3			
>30~38	10×8	22~110	10						5.0		3.3			
>38~44	12×8	28~140	12						5.0		3.3		0.25	0.40
>44~50	14×9	36~160	14	+0.043 0	+0.120 +0.050	0 −0.043	± 0.0215	−0.018 −0.061	5.5		3.8			
>50~58	16×10	45~180	16						6.0	+0.2 0	4.3	+0.2 0		
>58~65	18×11	50~200	18						7.0		4.4			
>65~75	20×12	56~220	20						7.5		4.9			
>75~85	22×14	63~250	22	+0.052 0	+0.149 +0.065	0 −0.052	± 0.026	−0.022 −0.074	9.0		5.4		0.40	0.60
>85~95	25×14	70~280	25						9.0		5.4			
>95~100	28×16	80~320	28						10.0		6.4			

注：1. $d-t$ 和 $d+t_1$ 两组组合尺寸的偏差按相应的 t 和 t_1 的偏差选取，但 $d-t$ 偏差的值应取负号（—）；

2. L 系列：6~22(2 进位)，25,28,32,36,40,45,50,56,63,70,80,90,100,110,125,140,160,180,200,220,250,280,320,360,400,450,500。

附表 B-2 滚动轴承

深沟球轴承（GB/T 276—2013）　　圆锥滚子轴承（GB/T 297—2015）　　推力球轴承（GB/T 301—2015）

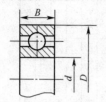

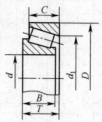

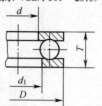

标记示例：

滚动轴承 6310　GB/T 276—2013 滚动轴承　30212　GB/T 297—2015

标记示例：

滚动轴承　51305　GB/T 301—2015

轴承型号	尺寸/mm			轴承型号	尺寸/mm					轴承型号	尺寸/mm			
	d	D	B		d	D	B	C	T		d	D	T	d_1
尺寸系列[（0）2]				尺寸系列[02]						尺寸系列[12]				
6202	15	35	11	30203	17	40	12	11	13.25	51202	15	32	12	17
6203	17	40	12	30204	20	47	14	12	15.25	51203	17	35	12	19
6204	20	47	14	30205	25	52	15	13	16.25	51204	20	40	14	22
6205	25	52	15	30206	30	62	16	14	17.25	51205	25	47	15	27
6206	30	62	16	30207	35	72	17	15	18.25	51206	30	52	16	32
6207	35	72	17	30208	40	80	18	16	19.75	51207	35	62	18	37
6208	40	80	18	30209	45	85	19	16	20.75	51208	40	68	19	42
6209	45	85	19	30210	50	90	20	17	21.75	51209	45	73	20	47
6210	50	90	20	30211	55	100	21	18	22.75	51210	50	78	22	52
6211	55	100	21	30212	60	110	22	19	23.75	51211	55	90	25	57
6212	60	110	22	30213	65	120	23	20	24.75	51212	60	95	26	62
尺寸系列[（0）3]				尺寸系列[03]						尺寸系列[13]				
6302	15	42	13	30302	15	42	13	11	14.25	51304	20	47	18	22
6303	17	47	14	30303	17	47	14	12	15.25	51305	25	52	18	27
6304	20	52	15	30304	20	52	15	13	16.25	51306	30	60	21	32
6305	25	62	17	30305	25	62	17	15	18.25	51307	35	68	24	37
6306	30	72	19	30306	30	72	19	16	20.75	51308	40	78	26	42
6307	35	80	21	30307	35	80	21	18	22.75	51309	45	85	28	47
6308	40	90	23	30308	40	90	23	20	25.25	51310	50	95	31	52
6309	45	100	25	30309	45	100	25	22	27.25	51311	55	105	35	57
6310	50	110	27	30310	50	110	27	23	29.25	51312	60	110	35	62
6311	55	120	29	30311	55	120	29	25	31.50	51313	65	115	36	67
6312	60	130	31	30312	60	130	31	26	33.50	51314	70	125	40	72

注：圆括号中的尺寸系列代号在轴承代号中省略。

附录 C　公差和偏差（附表 C-1～附表 C-3）

附表 C-1　标准公差数值（GB/T 1800.1 — 2009）

公称尺寸/mm	IT1	IT2	IT3	IT4	IT5	IT6	IT7	IT8	IT9	IT10	IT11	IT12	IT13	IT14	IT15	IT16	IT17	IT18
	μm											mm						
≤3	0.8	1.2	2	3	4	6	10	14	25	40	60	0.10	0.14	0.25	0.40	0.60	1.0	1.4
>3~6	1	1.5	2.5	4	5	8	12	18	30	48	75	0.12	0.18	0.30	0.48	0.75	1.2	1.8
>6~10	1	1.5	2.5	4	6	9	15	22	36	58	90	0.15	0.22	0.36	0.58	0.90	1.5	2.2
>10~18	1.2	2	3	5	8	11	18	27	43	70	110	0.18	0.27	0.43	0.70	1.10	1.8	2.7
>18~30	1.5	2.5	4	6	9	13	21	33	52	84	130	0.21	0.33	0.52	0.84	1.30	2.1	3.3
>30~50	1.5	2.5	4	7	11	16	25	39	62	100	160	0.25	0.39	0.62	1.00	1.60	2.5	3.9
>50~80	2	3	5	8	13	19	30	46	74	120	190	0.30	0.46	0.74	1.20	1.90	3.0	4.6
>80~120	2.5	4	6	10	15	22	35	54	87	140	220	0.35	0.54	0.87	1.40	2.20	3.5	5.4
>120~180	3.5	5	8	12	18	25	40	63	100	160	250	0.40	0.63	1.00	1.60	2.50	4.0	6.3
>180~250	4.5	7	10	14	20	29	46	72	115	185	290	0.46	0.72	1.15	1.85	2.90	4.6	7.2
>250~315	6	8	12	16	23	32	52	81	130	210	320	0.52	0.81	1.30	2.10	3.20	5.2	8.1
>315~400	7	9	13	18	25	36	57	89	140	230	360	0.57	0.89	1.40	2.30	3.60	5.7	8.9
>400~500	8	10	15	20	27	40	63	97	155	250	400	0.63	0.97	1.55	2.50	4.00	6.3	9.7
>500~630	9	11	16	22	30	44	70	110	175	280	440	0.70	1.10	1.75	2.8	4.4	7.0	11.0
>630~800	10	13	18	25	35	50	80	125	200	320	500	0.80	1.25	2.00	3.2	5.0	8.0	12.5
>800~1000	11	15	21	29	40	56	90	140	230	360	560	0.90	1.40	2.30	3.6	5.6	9.0	14.0
>1000~1250	13	18	24	34	46	66	105	165	260	420	660	1.05	1.65	2.60	4.2	6.6	10.5	16.5
>1250~1600	15	21	29	40	54	78	125	195	310	500	780	1.25	1.95	3.10	5.0	7.8	12.5	19.5
>1600~2000	18	25	35	48	65	92	150	230	370	600	920	1.50	2.30	3.70	6.0	9.2	15.0	23.0
>2000~2500	22	30	41	57	77	110	175	280	440	700	1100	1.75	2.80	4.40	7.0	11.0	17.5	28.0
>2500~3150	26	36	50	69	93	135	210	330	540	860	1350	2.10	3.30	5.40	8.6	13.5	21.0	33.0

注:1. 公称尺寸>500mm 的 IT1～IT5 的标准公差为试行。

2. 公称尺寸≤1mm 时,无 IT14～IT18。

附表 C-2　优先配合中轴的极限偏差(摘自 GB/T 1800.2—2009)

公称尺寸/mm	公差带(μm)												
	e	d	f	g	h	h	h	h	k	n	p	s	u
	11	9	7	6	6	7	9	11	6	6	6	6	6
≤3	-60 / -120	-20 / -45	-6 / -16	-2 / -8	0 / -6	0 / -10	0 / -25	0 / -60	+6 / 0	+10 / +4	+12 / +6	+20 / +14	+24 / +18
>3~6	-70 / -145	-30 / -60	-10 / -22	-4 / -12	0 / -8	0 / -12	0 / -30	0 / -75	+9 / +1	+16 / +8	+20 / +12	+27 / +19	+31 / +23
>6~10	-80 / -170	-40 / -76	-13 / -28	-5 / -14	0 / -9	0 / -15	0 / -36	0 / -90	+10 / +1	+19 / +10	+24 / +15	+32 / +23	+37 / +28
>10~14	-95 / -205	-50 / -93	-16 / -34	-6 / -17	0 / -11	0 / -18	0 / -43	0 / -110	+12 / +1	+23 / +12	+29 / +18	+39 / +28	+44 / +33
>14~18	-95 / -205	-50 / -93	-16 / -34	-6 / -17	0 / -11	0 / -18	0 / -43	0 / -110	+12 / +1	+23 / +12	+29 / +18	+39 / +28	+44 / +33
>18~24	-110 / -240	-65 / -117	-20 / -41	-7 / -20	0 / -13	0 / -21	0 / -52	0 / -130	+15 / +2	+28 / +15	+35 / +22	+48 / +35	+54 / +41
>24~30	-110 / -240	-65 / -117	-20 / -41	-7 / -20	0 / -13	0 / -21	0 / -52	0 / -130	+15 / +2	+28 / +15	+35 / +22	+48 / +35	+61 / +48
>30~40	-120 / -280	-80 / -142	-25 / -50	-9 / -25	0 / -16	0 / -25	0 / -62	0 / -160	+18 / +2	+33 / +17	+42 / +26	+59 / +43	+76 / +60
>40~50	-130 / -290	-80 / -142	-25 / -50	-9 / -25	0 / -16	0 / -25	0 / -62	0 / -160	+18 / +2	+33 / +17	+42 / +26	+59 / +43	+86 / +70
>50~65	-140 / -330	-100 / -174	-30 / -60	-10 / -29	0 / -19	0 / -30	0 / -74	0 / -190	+21 / +2	+39 / +20	+51 / +32	+72 / +53	+106 / +87
>65~80	-150 / -340	-100 / -174	-30 / -60	-10 / -29	0 / -19	0 / -30	0 / -74	0 / -190	+21 / +2	+39 / +20	+51 / +32	+78 / +59	+121 / +102
>80~100	-170 / -390	-120 / -207	-36 / -71	-12 / -34	0 / -22	0 / -35	0 / -87	0 / -220	+25 / +3	+45 / +23	+59 / +37	+93 / +71	+146 / +124
>100~120	-180 / -400	-120 / -207	-36 / -71	-12 / -34	0 / -22	0 / -35	0 / -87	0 / -220	+25 / +3	+45 / +23	+59 / +37	+101 / +79	+166 / +144
>120~140	-200 / -450	-145 / -245	-43 / -83	-14 / -39	0 / -25	0 / -40	0 / -100	0 / -250	+28 / +3	+52 / +27	+68 / +43	+117 / +92	+195 / +170
>140~160	-210 / -460	-145 / -245	-43 / -83	-14 / -39	0 / -25	0 / -40	0 / -100	0 / -250	+28 / +3	+52 / +27	+68 / +43	+125 / +100	+215 / +190
>160~180	-230 / -480	-145 / -245	-43 / -83	-14 / -39	0 / -25	0 / -40	0 / -100	0 / -250	+28 / +3	+52 / +27	+68 / +43	+133 / +108	+235 / +210
>180~200	-240 / -530	-170 / -285	-50 / -96	-155 / -44	0 / -29	0 / -46	0 / -115	0 / -290	+33 / +4	+60 / +31	+79 / +50	+151 / +122	+265 / +236
>200~225	-260 / -550	-170 / -285	-50 / -96	-155 / -44	0 / -29	0 / -46	0 / -115	0 / -290	+33 / +4	+60 / +31	+79 / +50	+159 / +130	+287 / +258
>225~250	-280 / -570	-170 / -285	-50 / -96	-155 / -44	0 / -29	0 / -46	0 / -115	0 / -290	+33 / +4	+60 / +31	+79 / +50	+169 / +140	+313 / +284

续附表 C-2

公称尺寸 /mm	公差带(μm)												
	e	d	f	g	h				k	n	p	s	u
	11	9	7	6	6	7	9	11	6	6	6	6	6
>250~280	−300 −620	−190 −320	−56 −108	−17 −49	0 −32	0 −52	0 −130	0 −320	+36 +4	+66 +34	+88 +56	+190 +158	+347 +315
>280~315	−330 −650	−190 −320	−56 −108	−17 −49	0 −32	0 −52	0 −130	0 −320	+36 +4	+66 +34	+88 +56	+202 +170	+382 +350
>315~355	−360 −720	−210 −350	−62 −119	−18 −54	0 −36	0 −57	0 −140	0 −360	+40 +4	+73 +37	+98 +62	+226 +190	+426 +390
>355~400	−400 −760	−210 −350	−62 −119	−18 −54	0 −36	0 −57	0 −140	0 −360	+40 +4	+73 +37	+98 +62	+244 +208	+471 +435
>400~450	−440 −840	−230 −385	−68 −131	−20 −60	0 −40	0 −63	0 −155	0 −400	+45 +5	+80 +40	+108 +68	+272 +232	+530 +490
>450~500	−480 −880	−230 −385	−68 −131	−20 −60	0 −40	0 −63	0 −155	0 −400	+45 +5	+80 +40	+108 +68	+292 +252	+580 +540

附表 C-3　优先配合中孔的极限偏差(摘自 GB/T 1800.2—2009)

基本尺寸 (mm)	公差带(μm)												
	C	D	F	G	H				K	N	P	S	U
	11	9	8	7	7	8	9	11	7	7	7	7	7
≤3	+120 +60	+45 +20	+20 +6	+12 +2	+10 0	+14 0	+25 0	+60 0	0 −10	−4 −14	−6 −16	−14 −24	−18 −28
>3~6	+145 +70	+60 +30	+28 +10	+16 +4	+12 0	+18 0	+30 0	+75 0	+3 −9	−4 −16	−8 −20	−15 −27	−19 −31
>6~10	+170 +80	+76 +40	+35 +13	+20 +5	+15 0	+22 0	+36 0	+90 0	+5 −10	−4 −19	−9 −24	−17 −32	−22 −37
>10~14	+205 +95	+93 +50	+43 +16	+24 +6	+18 0	+27 0	+43 0	+110 0	+6 −12	−5 −23	−11 −29	−21 −39	−26 −44
>14~18	+205 +95	+93 +50	+43 +16	+24 +6	+18 0	+27 0	+43 0	+110 0	+6 −12	−5 −23	−11 −29	−21 −39	−26 −44
>18~24	+240 +110	+117 +65	+53 +20	+28 +7	+21 0	+33 0	+52 0	+130 0	+6 −15	−7 −28	−14 −35	−27 −48	−33 −54
>24~30	+240 +110	+117 +65	+53 +20	+28 +7	+21 0	+33 0	+52 0	+130 0	+6 −15	−7 −28	−14 −35	−27 −48	−40 −61
>30~40	+280 +120	+142 +80	+64 +25	+34 +9	+25 0	+39 0	+62 0	+160 0	+7 −18	−8 −33	−17 −42	−34 −59	−51 −76
>40~50	+290 +130	+142 +80	+64 +25	+34 +9	+25 0	+39 0	+62 0	+160 0	+7 −18	−8 −33	−17 −42	−34 −59	−61 −86

续附表 C-3

基本尺寸 (mm)	公差带(μm)												
	C	D	F	G	H				K	N	P	S	U
	11	9	8	7	7	8	9	11	7	7	7	7	7
>50~65	+330 +140	+174 +100	+76 +30	+40 +10	+30 0	+46 0	+74 0	+190 0	+9 −21	−9 −39	−21 −51	−42 −72	−76 −106
>65~80	+340 +150											−48 −78	−91 −121
>80~100	+390 +170	+207 +120	+90 +36	+47 +12	+35 0	+54 0	+87 0	+220 0	+10 −25	−10 −45	−24 −59	−58 −93	−111 −146
>100~120	+400 +180											−66 −101	−131 −166
>120~140	+450 +200	+245 +145	+106 +43	+54 +14	+40 0	+63 0	+100 0	+250 0	+12 −28	−12 −52	−28 −68	−77 −117	−155 −195
>140~160	+460 +210											−85 −125	−175 −215
>160~180	+480 +230											−93 −133	−195 −235
>180~200	+530 +240	+285 +170	+122 +50	+61 +15	46 0	+72 0	+115 0	+290 0	+13 −33	−14 −60	−33 −79	−105 −151	−219 −265
>200~225	+550 +260											−113 −159	−241 −287
>225~250	+570 +280											−123 −169	−267 −313
>250~280	+620 +300	+320 +190	+137 +56	+69 +17	+52 0	+81 0	+130 0	+320 0	+16 −36	−14 −66	−36 −88	−138 −190	−295 −347
>280~315	+650 +330											−150 −202	−330 −382
>315~355	+720 +360	+350 +210	+151 +62	+75 +18	+57 0	+89 0	+140 0	+360 0	+17 −40	−16 −73	−41 −98	−169 −226	−369 −426
>355~400	+760 +400											−187 −244	−414 −471
>400~450	+840 +440	+385 +230	+165 +68	+83 +20	+63 0	+97 0	+155 0	+400 0	+18 −45	−17 −80	−45 −108	−209 −272	−467 −530
>450~500	+880 +480											−229 −292	−517 −580

附录 D　工艺结构及尺寸(附表 D-1～附表 D-3)

附表 D-1　紧固件通孔及沉头座尺寸(GB/T 152.2—2014,GB/T 152.3～152.4—1988,GB/T 5277—1985)

(mm)

螺纹规格 d			4	5	6	8	10	12	14	16	20	24
通孔直径 d_1 GB/T 5277—1985	精装配		4.3	5.3	6.4	8.4	10.5	13	15	17	21	25
	中等装配		4.5	5.5	6.6	9	11	13.5	15.5	17.5	22	26
	粗装配		4.8	5.8	7	10	12	14.5	16.5	18.5	24	28
六角头螺栓和螺母用沉孔 GB/T 152.4—1988	用于螺栓和六角螺母	d_2 (H15)	10	11	13	18	22	26	30	33	40	48
		d_3	—	—	—	—	—	16	18	20	24	28
		t	锪平为止									
圆柱头用沉孔 GB/T 152.3—1988	用于内六角圆柱头螺钉	d_2 (H13)	8	10	11	15	18	20	24	26	33	40
		d_3	—	—	—	—	—	16	18	20	24	28
		t (H13)	4.6	5.7	6.8	9	11	13	15	17.5	21.5	25.5
	用于开槽圆柱头及内六角圆柱头螺钉	d_2 (H13)	8	10	11	15	18	20	24	26	33	—
		d_3	—	—	—	—	—	16	18	20	24	—
		t (H13)	3.2	4	4.7	6	7	8	9	10.5	12.5	—
沉头用沉孔 GB/T 152.2—2014	用于沉头及半沉头螺钉	d_2 (H13)	9.6	10.6	12.8	17.6	20.3	24.4	28.4	2.4	40.4	—
		$t\approx$	2.7	2.7	3.3	4.6	5	6	7	8	10	—

注:尺寸下带括号的为其公差带。

附表 D-2　普通螺纹退刀槽和倒角(GB/T 3 — 1997)　(mm)

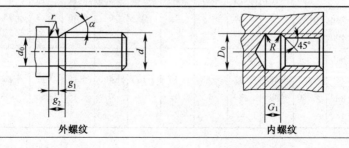

外螺纹　　　　　　　内螺纹

续附表 D-2

	螺距 P	0.5	0.6	0.7	0.75	0.8	1	1.25	1.5	1.75	2	2.5	3
外螺纹	g_{2max}	1.5	1.8	2.1	2.25	2.4	3	3.75	4.5	5.25	6	7.5	9
	g_{1min}	0.8	0.9	1.1	1.2	1.3	1.6	2	2.5	3	3.4	4.4	5.2
	d_g	$d-0.8$	$d-1$	$d-1.1$	$d-1.2$	$d-1.3$	$d-1.6$	$d-2$	$d-2.3$	$d-2.6$	$d-3$	$d-3.6$	$d-4.4$
	$r\approx$	0.2	0.4	0.4	0.4	0.4	0.6	0.6	0.8	1	1	1.2	1.6
	始端端面倒角一般为45°,也可以采用60°或30°;深度应大于或等于螺纹牙型高度;过渡角α应不小于30°												
内螺纹	G_1	2	2.4	2.8	3	3.2	4	5	6	7	8	10	12
	D_g	$D+0.3$					$D+0.5$						
	$R\approx$	0.2	0.3	0.4	0.4	0.4	0.5	0.6	0.8	0.9	1	1.2	1.5
	入口端面倒角一般为120°,也可以采用90°;端面倒角直径为(1.05～1)D。其中 D 为螺纹公称直径代号												

附表 D-3　砂轮越程槽(GB/T 6403.5—2008)　　　(mm)

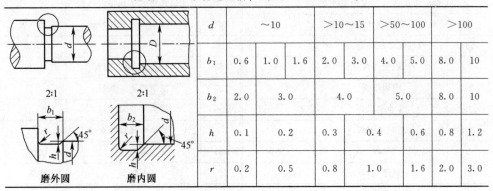

d	～10			>10～15			>50～100		>100	
b_1	0.6	1.0	1.6	2.0	3.0	4.0	5.0	8.0	10	
b_2	2.0		3.0		4.0		5.0		10	
h	0.1		0.2	0.3		0.4		0.6	0.8	1.2
r	0.2		0.5	0.8		1.0		1.6	2.0	3.0

磨外圆　　磨内圆

附录 E　常用符号和代号(附表 E-1～附表 E-3)

附表 E-1　常用符号的比例画法(GB/T 18594—2001)

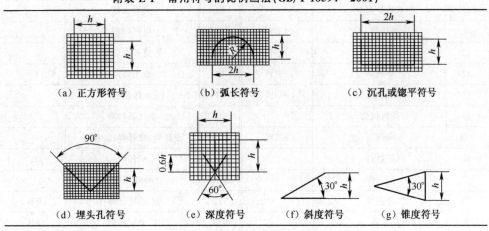

(a) 正方形符号　　(b) 弧长符号　　(c) 沉孔或锪平符号

(d) 埋头孔符号　　(e) 深度符号　　(f) 斜度符号　　(g) 锥度符号

注:符号的线宽为 $h/10$(h——尺寸数字的字体高度)。

附表 E-2　主要焊接方法的代号和缩写(GB/T 5185—2005,ISO 4063—2011)

代号	名称	缩写	代号	名称	缩写
1	电弧焊		51	电子束焊	
111	焊条电弧焊	SMAW	511	真空电子束焊	
112	重力焊		512	非真空电子束焊	
114	药芯焊丝电弧焊		52	激光焊	LBW
12	埋弧焊	SAW	521	固态激光焊	
121	丝极埋弧焊		522	气态激光焊	
122	带极埋弧焊		7	其他焊接方法	
123	多丝埋弧焊		71	热剂焊	
13	熔化极气体保护焊		72	电渣焊	
131	熔化极惰性气体保护电弧焊		14	非熔化极气体保护电弧焊	
135	熔化极非惰性气体保护焊		141	钨极惰性气体保护焊	GTAW
136	非惰性气体保护药芯焊丝		15	等离子弧焊	PAW
24	闪光对焊	FW	151	大电流等离子弧焊	PAW
25	电阻电焊		152	微束等离子弧焊	
29	其他电阻焊		153	等离子粉末堆焊	
291	高频电阻焊		18	其他电弧焊方法	
3	气焊	OFW	181	碳弧焊	CAW
31	氧燃气焊		2	电阻焊	RW
311	氧乙炔焊	OAW	21	点焊	RSW
312	氧丙烷焊		22	缝焊	SW
313	氢氧焊		23	凸焊	PW
32	空气燃气焊		8	切割及气刨	
33	氧乙炔喷焊		81	火焰切割	
4	压焊	CEW	82	电弧切割	
41	超声波焊	USW	83	等离子弧切割	
42	摩擦焊	FRW	84	激光切割	
43	锻焊	FOW	87	电弧切割	
44	高机械焊		871	空气弧切割	
441	爆炸焊	EXW	9	硬钎焊、软钎焊、钎接焊	
45	扩散焊		91	硬钎焊	B
47	气压焊		911	红外线硬钎焊	
48	冷压焊		912	火焰硬钎焊	TB
5	束焊		913	炉中硬钎焊	FB

续附表 E-2

代号	名称	缩写	代号	名称	缩写
914	浸沾硬钎焊	DiPB	94	软钎焊	S
915	盐浴硬钎焊	SDB	941	红外线软钎焊	
916	感应硬钎焊	IB	942	火焰软钎焊	TS
917	超声波硬钎焊	UB	943	炉中软钎焊	FS
918	电阻硬钎焊	RB	944	浸沾软钎焊	DiPS
919	扩散硬钎焊	DB	945	盐浴软钎焊	SDS
923	摩擦硬钎焊	FB	97	钎接焊	BW
924	真空硬钎焊	VB	971	气体钎接焊	GBW
93	其他硬钎焊方法		972	电弧钎接焊	ABW

附表 E-3 常用电气图用图形符号

国标代号	图形符号	说　明	被取代的标准 SJ 137—65
GB/T 4728.2—2005		接地一般符号	=
GB/T 4728.2—2005		无噪声接地(抗干扰接地)	无
GB/T 4728.2—2005		保护接地	无
GB/T 4728.2—2005		等电位	无
GB/T 4728.3—2005		导线、电线、电缆、电路、传输 通路、线路、母线一般符号	=
GB/T 4728.3—2005		导线的连接	=
GB/T 4728.3—2005		端子	=
GB/T 4728.3—2005		导线或电缆的分支和合并	=
GB/T 4728.4—2005		电阻器一般符号(优选型)	=
GB/T 4728.4—2005		可调电阻器	=
GB/T 4728.4—2005		热敏电阻器	=

续附表 E-3

国标代号	图形符号	说　　明	被取代的标准 SJ 137—65
GB/T 4728.4—2005		滑动触点电阻器	=
GB/T 4728.4—2005		电容器一般符号	=
GB/T 4728.4—2005		穿心电容器	=
GB/T 4728.4—2005		极性电容器	=
GB/T 4728.4—2005		可调电容器	=
GB/T 4728.4—2005		电感器、线圈、绕组、扼流圈	=
GB/T 4728.4—2005		带磁芯的电感器	=
GB/T 4728.4—2005		带磁芯可调的电感器	=
GB/T 4728.4—2005		有两个抽头的电感器	=
GB/T 4728.5—2005		半导体二极管一般符号	
GB/T 4728.5—2005		发光二极管	
GB/T 4728.5—2005		温度效应二极管	=
GB/T 4728.5—2005		变容二极管	
GB/T 4728.5—2005		三极晶体闸流管	无
GB/T 4728.5—2005		PNP 型半导体管	
GB/T 4728.5—2005		NPN 型半导体管	
GB/T 4728.5—2005		具有 P 型双基极半导体管	
GB/T 4728.5—2005		具有 N 型双基极半导体管	

续附表 E-3

国标代号	图形符号	说　明	被取代的标准 SJ 137—65
GB/T 4728.6—2008		原电池或蓄电池	=
GB/T 4728.6—2008	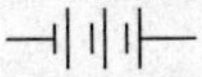	原电池或蓄电池组	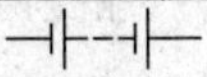
GB/T 4728.7—2008	形式1 形式2 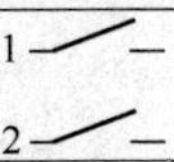	动合(常开)触点,也可 用作开关的一般符号	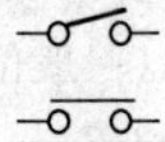
GB/T 4728.7—2008		动断(常闭)触点	
GB/T 4728.7—2008	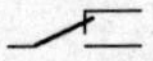	先开后断的转换触点	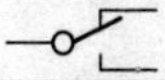
GB/T 4728.7—2008	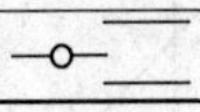	中间断开的转换触点	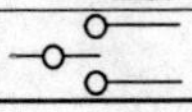

附录 F　各章练习题参考答案

第二章

2.1

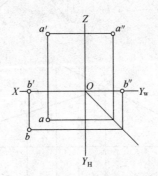

2.2

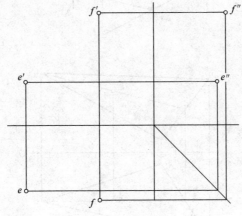

2.3

AB 为＿正垂＿线,实长＿13＿;CD 为＿侧垂＿线,实长＿13＿;EF 为＿正平＿线,

实长　14　　;GH 为　铅垂　线,实长　17　　。

2.4

物体上共有:　5　条正垂线;　4　条铅垂线;　2　条正平线;　4　条侧垂线

2.5

(相交两直线)　　(平行两直线)　　(交叉两直线)

2.6

(一般位置平面)　　(铅垂面)　　(正平面)

2.7

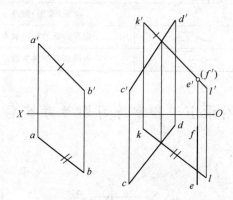

2.8

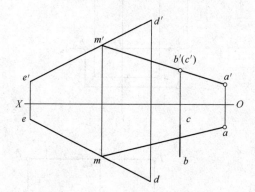

2.9

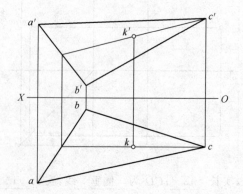

2.10

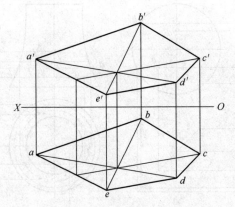

第三章

3.1

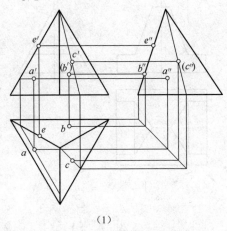

（1）

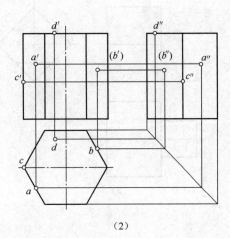

（2）

3.2

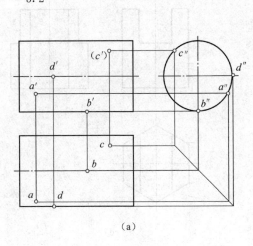

（a）

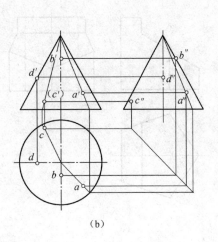

（b）

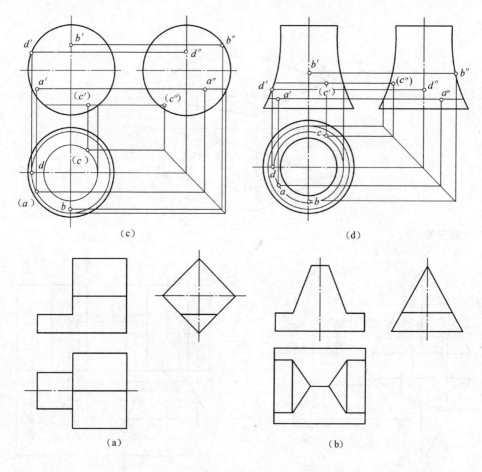

(c)   (d)

(a)   (b)

3.3

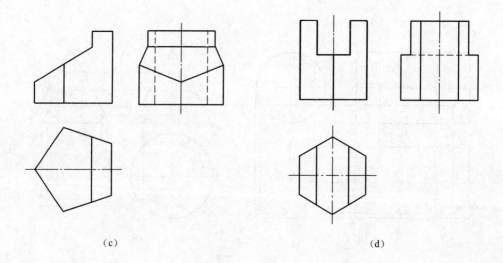

(c)   (d)

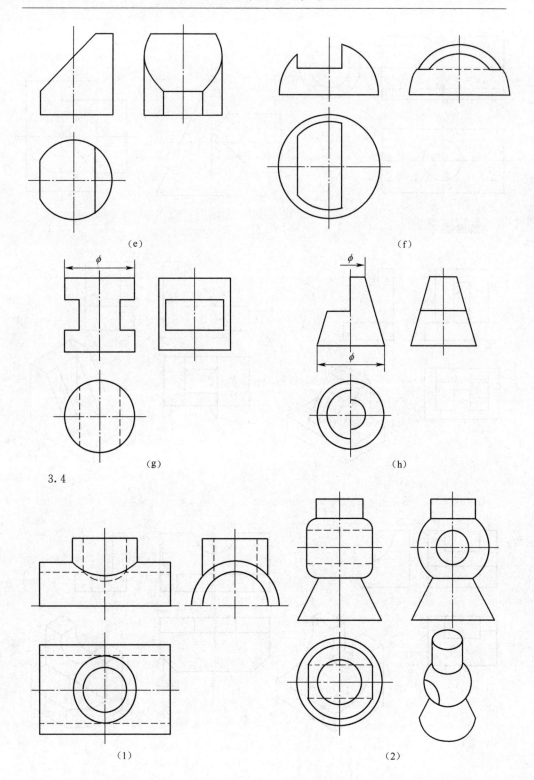

(e)

(f)

(g)

(h)

3.4

(1)

(2)

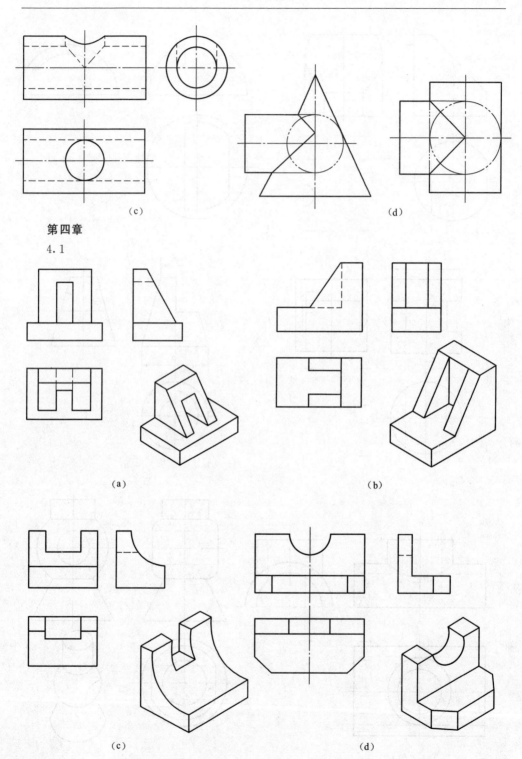

(c)

(d)

第四章

4.1

(a)

(b)

(c)

(d)

4.2

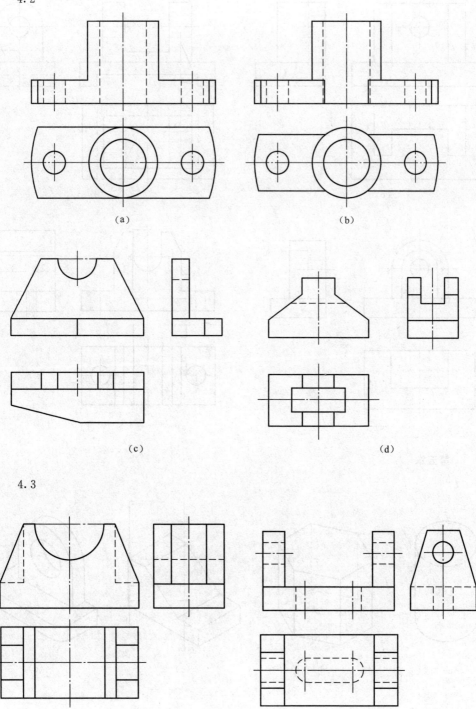

(a)

(b)

(c)

(d)

4.3

(a)

(b)

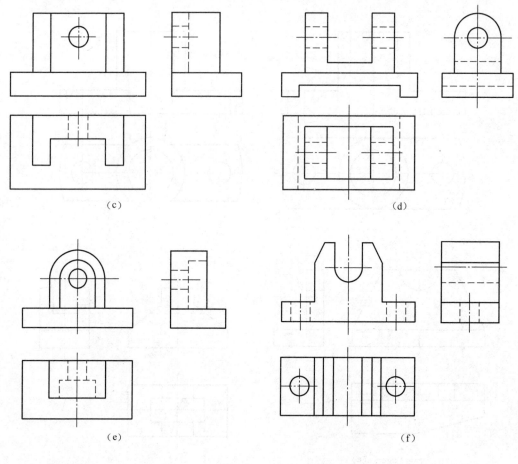

(c)

(d)

(e)

(f)

第五章

5.1

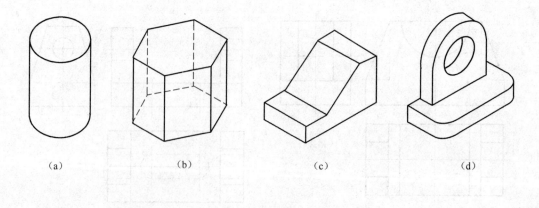

(a)　　　　　(b)　　　　　(c)　　　　　(d)

5.2

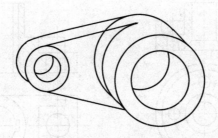

第六章

6.1

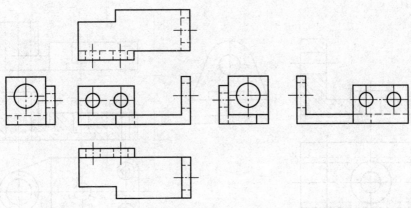

6.2

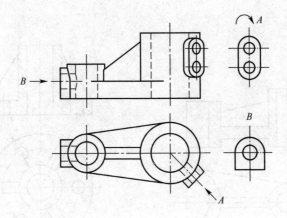

6.3

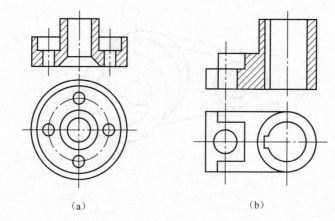

(a)　　　　　　　　　　(b)

6.4

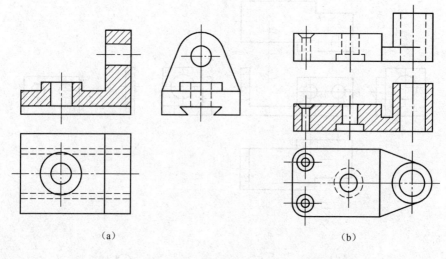

(a)　　　　　　　　　　(b)

6.5

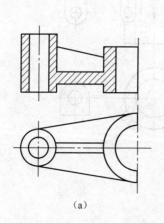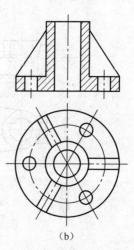

(a)　　　　　　　　　　(b)

6.6

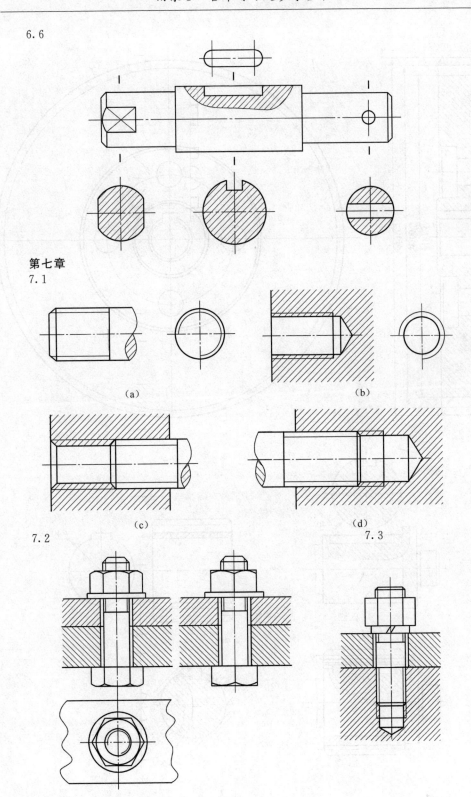

第七章

7.1

(a)

(b)

(c)

(d)

7.2

7.3

7.4

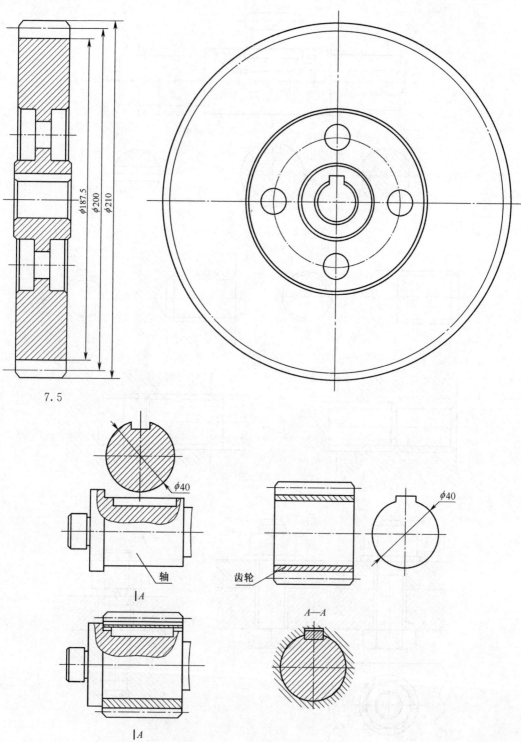

7.5

軸

齿轮

$\phi 40$

$\phi 40$

$\phi 187.5$　$\phi 200$　$\phi 210$

A

A

$A—A$

第八章

8.1

①零件上 ϕ50n6 的这段长度为　60mm　，表面粗糙度代号为 $\sqrt{Ra\,1.6}$ 。

②轴上平键键槽的长度为　32mm　，宽度为 $14^{-0.02}_{-0.05}$ ，深度为　5.5mm　。

③M22×1.5—6g 的含义是　细牙普通外螺纹,大径为 22mm,螺距为 1.5mm,右旋,中径、大径公差带为 6g,中等旋合长度　。

④图上尺寸 22×22 的含义是　平面的宽相等,为 22mm　。

⑤ϕ50n6 的含义是:公称尺寸为ϕ50mm,公差等级为　6 级　。

⑥图中几何公差的含义为:被测要素为　ϕ50n6 轴线　,基准要素为　两处 ϕ32f6 轴线　,公差项目为　同轴度　,公差值为ϕ0.03mm。

⑦C—C 移出断面如下图所示。

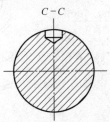

图　C—C 移出断面

8.2

①主视图采用了 B—B　全(两个相交平面剖切)　剖视图。

②轴向尺寸基准为右端面,径向尺寸基准为中心轴线。

③右端面上 ϕ10 圆柱孔的定位尺寸为　20mm(高度方向)　。

④$\dfrac{3\times \text{M5}-7\text{H}\,\triangledown10}{\text{孔}\,\triangledown12}$ 表示　3　个　普通粗牙螺纹　孔,大径为　5mm　,公差带代号为　7H　,螺孔深度为　10mm　。$\dfrac{6\times\phi7}{\sqcup\phi11\triangledown5}$ 表示　6　个　锪平沉　孔,沉孔直径为　11mm　,深为　5mm　。

⑤ϕ16H7 是基　孔　制的　基准　孔,公差等级为　7 级　。

⑥ $\boxed{\perp\ 0.05\ A}$ 的含义:表示被测要素为 ϕ　90mm　的　右　端面,基准要素为 ϕ　16H6　轴线,公差项目为　垂直度　,公差值为　0.05mm　。

8.3

①零件的名称为　轴架　,材料为　HT150　。

②主视图采用　两个平行平面剖切的　剖视图,剖切平面通过　M6—H7轴线和前后对称面　。

③主视图中的断面为　重合断面　,所表达的结构叫　加强肋板　,其厚度为　6mm　。

④G1¼表示的是　管螺纹　结构的尺寸。

⑤图中的重要尺寸是　110mm,38mm,35mm,70mm,50mm 等　。

⑥$\phi 15H7$ 孔 的 定 位 尺 寸 是 ___110mm___ , $4 \times M6—H7$ 的 定 位 尺 寸 是 ___50mm,___
___50mm___ 。

8.4

①阀盖零件图采用了全剖视图、局部剖视图和局部视图。

②长、宽尺寸基准是 $\phi 30$ 轴线,高度尺寸基准是 底面 。

③在左视图中下列尺寸属于哪种类型尺寸(定形、定位)?

92 ___定位尺寸___ 　　100 ___定形尺寸___ 　　52 ___定位尺寸___ 　　$\phi 30$ ___定形尺寸___

46 ___定形尺寸___ 　　15 ___定位尺寸___ 　　58×58 ___定形尺寸___

④ $\phi 30^{+0.052}_{0}$ 上 极 限 尺 寸 为 ___$\phi 30.052mm$___ ,下 极 限 尺 寸 为 ___$\phi 30mm$___ ,公 差
为 ___0.052mm___ 。

⑤阀盖零件加工面表面粗糙度为 $\sqrt{Ra\,1.6}$ 的共有 ___3___ 处,含义为 ___用去除材料的方___
___法获得表面粗糙度 R 轮廓允许值为 $1.6\mu m$___ 。

⑥解释图中几何公差的意义。

$\boxed{◎ \mid \phi 0.025 \mid A}$: $\phi 30^{+0.052}_{0}$ 轴线对 $\phi 14^{+0.034}_{0}$ 轴线的同轴度公差为 $\phi 0.025$ 。

$\boxed{\perp \mid \phi 0.025 \mid B}$: $\phi 30^{+0.052}_{0}$ 轴线对尺寸 44 右端面的垂直度公差为 $\phi 0.025$ 。

第九章

9.1

①装配图的内容包括 ___一组视图___ 、 ___必要的尺寸___ 、 ___技术要求___ 、 ___零件序号、___
___明细栏和标题栏___ 。

②在滑动轴承装配图中,俯视图采用了 ___拆卸画法、以拆代剖画法___ 表达方法。

③滑动轴承由 ___9___ 种 ___12___ 个零件组成,其中有 ___4___ 种共 ___7___ 个标准件,标准件的
名称规格是 ___螺栓 $M12 \times 120$、螺母 AM12、螺母 BM12、油杯 12___ 。

④轴承座是滑动轴承的主要零件,位于滑动轴承的下面,它和轴承盖由 ___两个螺栓___
紧固,起到支承和压紧 ___上、下轴衬___ 的作用;轴承盖上端安装有标准件 ___油杯___ ,用于给
轴衬 ___润滑___ 。

⑤滑动轴承的规格、性能尺寸为 ___$\phi 50H7$___ ,表明该轴承只能支承直径为 ___50mm___
的轴。

⑥滑动轴承的装配尺寸有 ___90H9/f9,$\phi 60H8/k7$,65H9/f9,$\phi 10H8/s7$,2,85 ± 0.3___ 。

⑦滑动轴承的安装尺寸有 ___$\phi 17,180$___ ,分别表示 ___安装孔的直径和两个安装孔的中___
___心距___ 。

⑧在一般情况下,滑动轴承是 ___成对___ 使用的,将两个滑动轴承分装在一根轴的两端,
支承轴做旋转运动。

9.2

①该装配体共有 ___11___ 种零件组成。

②该装配体共有 ___4___ 个图形,它们分别是 ___全剖的主视图___ , ___半剖的左视图___ , ___
局部剖的俯视图___ , ___单独表达零件 2 的 B 向视图___ 。

③件 6 和件 8 是由 ___圆柱销___ 连接的。

④螺杆 8 与固定钳座 1 左右两端的配合代号分别是 φ12H8/f7 和 φ18H8/f7,它们表示 __基孔__ 制, __间隙__ 配合。在零件图上标注右端的配合要求时,孔的标注方法是 __φ18H8($^{+0.027}_{0}$) 或 φ18H8 或 φ 18$^{+0.027}_{0}$__,轴的标注方法是 __φ18f7($^{-0.020}_{-0.041}$) 或 φ18f7 或 φ 18$^{-0.020}_{-0.041}$__。

⑤活动钳身 4 是靠件 __9__ 来带动它运动的,件 4 和件 9 是通过件 __3__ 来固定的。

⑥件 3 上的两个小孔,其用途是当需要旋入或旋出螺钉 3 时,要借助一工具上的两个销插入两小孔内,才能转动螺钉 3。

⑦该装配体的装配顺序是:

a)先将钳口板 2,各用两个螺钉 10 装在固定钳座 1 和活动钳身 4 上。

b)将螺母块 9 先放入固定钳座 1 的槽中,然后将螺杆 8(装上垫圈 11),旋入螺母块 9 中;再将其左端装上垫圈(一)5、环 6,同时钻铰加工销孔,然后打入圆柱销 7,将环 6 和螺杆 8 连接起来。

c)将活动钳身 4 跨在固定钳座 1 上,同时要对准并装入螺母块 9 上端的圆柱部分,再拧上螺钉 3,即装配完毕。

该装配体的拆卸顺序与装配顺序相反。

⑧机用虎钳的工作原理如下:

机用虎钳是装在机床上夹持工件用的。螺杆 8 由固定钳座 1 支承,在尾部用圆柱销 7 把环 6 和螺杆 8 连接起来,使螺杆 8 只能在固定钳座 1 上转动。将螺母块 9 的上部装在活动钳身 4 的孔中,依靠螺钉 3 把活动钳身 4 和螺母块 9 固定在一起。当螺杆 8 转动时,螺母块 9 便带动活动钳身 4 做轴向移动,使钳口张开或闭合,把工件松开或夹紧。为避免螺杆 8 在转动时,其台肩和环 6 同活动钳身 4 的左右端面摩擦,又设置了垫圈 5 和 11。

9.3

①该钻模是由 __9__ 种共 __11__ 个零件组成。

②主视图采用了 __全__ 剖和 __局部__ 剖,剖切面与机件前后方向的 __对称面__ 重合,故省略了标注,左视图采用了 __局部__ 剖视。

③底座 1 的侧面有 __3__ 个弧形槽。

④特制螺母 5 的直径应 __小于__ 22,作用是 __快速取出工件__。

⑤钻模板 2 上有 __3__ 个 φ10 H7/h6 孔,钻套 3 的主要作用是 __保护钻模板__,图中双点画线表示 __需钻孔工件__,系 __假想__ 画法。

⑥φ22 H7/h6 是 __6__ 号件和 __7__ 号件的配合尺寸,属于 __基孔__ 制的 __间隙__ 配合,H7 表示 7 号件孔的 __公差带__ 代号,h6 表示 __6__ 号件的 __公差带__ 代号,7 和 6 代表 __公差等级__。

⑦三个孔钻完后,先松开 __特制螺母__,再取出 __开口垫圈__,工件便可拆下。

⑧与底座 1 相邻的零件有 __6,8,9__ (只写出件号)。

⑨钻模的外形尺寸:长 __85__ 、宽 __85__ 、高 __82__ 。

⑩圆柱销 8 的作用是 __定位底座和钻模板__ 。

第十一章

11.1

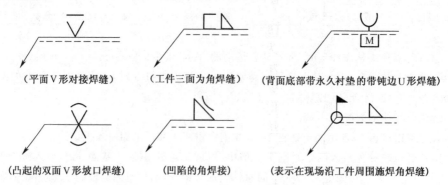

（平面V形对接焊缝）　　　（工件三面为角焊缝）　　（背面底部带永久衬垫的带钝边U形焊缝）

（凸起的双面V形坡口焊缝）　　（凹陷的角焊接）　　（表示在现场沿工件周围施焊角焊缝）

11.2

(1)在背面用埋弧焊形成的带钝边 U 形连续焊缝,钝边 $p=2$,根部间隙 $b=2$。

(2)V 形焊缝,坡口角度为 α,根部间隙为 b,有 n 条焊缝,焊缝长度为 l,焊缝间距为 e。

(3)在现场装配时焊接,角焊缝,焊脚高度为 K。

(4)有 n 条双面断续链状角焊缝,焊缝长度为 l,焊缝的间距为 e,焊脚高度为 K。

(5)点焊,熔核直径为 d,共 n 个焊点,焊点间距为 e。

(6)

①用埋弧焊形成的带钝边 V 形连续焊缝在箭头侧,钝边 $p=2$,根部间隙 $b=2$,坡口角度 $\alpha=60°$。

②用焊条电弧焊形成的连续、对称角焊缝,焊脚尺寸 $K=3$。

(7)采用封底焊缝,上面为 V 形焊缝,钝边高度为 2mm,坡口角度为 60°,根部间隙为 2mm,下面为封底焊缝,12 表示焊接方法为埋弧焊。

(8)采用带钝边 V 形焊缝,坡口角度 60°,钝边为 2mm,根部间隙为 2mm。

11.3

(1)该焊接件的名称为　弯头　,采用　一个基本视图　和　一个向视图　表达焊接形状和结构。

(2)弯头由　法兰盘、弯管、底盘　三个构件　焊接　而成。主视图采用　全剖　表达了弯管与法兰盘焊接、弯管与底盘焊接的结构,并表达了 $\phi50$ 孔的定位尺寸为　128mm　;向视图反映法兰盘上 $4\times\phi18$ 孔的分布情况。

(3)弯管与法兰盘连接处的接头形式为　角焊接　。

①焊接符号　表示　焊接工件周围,角焊缝,焊脚尺寸为 6mm,111 表示焊条电弧焊　。

②焊接符号　表示　焊接工件周围,角焊缝,焊脚尺寸为 4mm,111 表示焊条电弧焊　。

(4)弯管与底盘的连接处的接头形式为　Ⅰ形焊缝　,焊接符号　表示　Ⅰ

形焊缝,焊接工件周围,焊脚尺寸为 2mm,111 表示焊条电弧焊　。

(5)几何公差 ⊥ 0.1 B 表示弯管与法兰盘焊接后的　左端面　相对于弯管与底盘焊接后的　底面即 B 面　的　垂直度　公差为　0.1mm　。

(6)构件 1 为　法兰盘　,材料为　Q235A　,数量为　1　;构件 2 为　弯管　,材料为 Q235A　,数量为　1　;构件 3 为　底盘　,材料为　Q235A　,数量为　1　。

(7)标题栏:名称为弯头,比例为　1∶1　,构件的材料均为 Q235A,表示　普通碳素结构钢　,Q 代表这种材质的　屈服强度　,235 指这种材质的　屈服值　,Q235 表示屈服强度是　235MPa　,A 表示　钢的质量等级　。

(8)文字技术要求：　焊后整形,不允许有焊接缺陷　。

11.4

(1)该焊接件的名称为　轴承挂架　,采用三个　基本视图　和一个　局部放大图　表达焊接形状和结构。

(2)轴承挂架由　立板、横板、肋板、圆筒　四个构件焊接而成。主视图采用　局部剖视　表达横板上的孔,左视图采用　局部剖视　表达立板上的孔及圆筒的内孔,俯视图表达横板的形状及其孔的位置,并采用一个　局部放大图　表示　焊缝的形状和尺寸　。

(3)焊接符号 ⤍ 表示　立板与横板采用双面焊缝,上面为单边 V 形焊缝,钝边高为 4mm,坡口角度为 45°,根部间隙为 2mm;下面为角焊缝,焊脚高为 4mm　。

(4)焊接符号 ⤍ 表示肋板与横板、圆筒采用　焊脚高为 5mm 的角焊缝　。

(5)焊接符号 ⤍ 表示肋板与立板采用　焊脚高为 4mm 的双面角焊缝　。

(6)焊接符号 ⤍ 表示圆筒与立板采用　焊脚高为 4mm 的周围角焊缝　。

(7)文字技术要求：　各焊缝均采用焊条电弧焊;切割边缘表面粗糙度 Ra 值为 12.5μm;所有焊缝不得有透熔蚀等缺陷　。

(8)构件 1 为　立板　,材料为　Q235A　,数量为　1　;构件 2 为　横板　,材料为　Q235A　,数量为　1　;构件 3 为　肋板　,材料为　Q235A　,数量为　1　;构件 4 为　圆筒　,材料为　Q235A　,数量为　1　。

(9)标题栏:名称为轴承挂架,比例为　1∶2　,表示　缩小　比例,构件的材料均为 Q235A,表示　普通碳素结构钢　,Q 代表这种材料的　屈服强度　,235 指材质的　屈服值　,Q235 表示屈服强度为　235MPa　,A 表示钢的　质量等级　。

参考文献

[1]宋敏声.机械图识图技巧[M].北京:机械工业出版社,2007.

[2]钱可强.机械制图[M].北京:高等教育出版社,2003.

[3]程时甘.机械制图[M].北京:化学工业出版社,2007.

[4]冯秋官.机械制图与计算机绘图[M].北京:机械工业出版社,2002.

[5]黄云清.公差配合与技术测量[M].北京:机械工业出版社,2002.

[6]李澄,吴天生,闻百桥.机械制图[M].北京:高等教育出版社,2003.

[7]金大鹰.工人速成识图培训与自学读本[M].北京:机械工业出版社,2006.

[8]周湛学,吴书迎.机电工人识图及实例详解[M].北京:化学工业出版社,2012.

[9]雷鸣,王影建.焊工应知应会 300 问[M].北京:科学出版社,2012.

[10]陈祝年.焊接工程师手册[M].北京:机械工业出版社,2002.

[11]国家质量监督检验检疫总局.GB/T 324—2008　焊缝符号表示法[S].北京:中国标准出版社,2008.